Bernhard Henning

Forsttechnik für Kleinwaldbesitzer und Landwirte

Maschinen, Erschließung und Holzernte

Leopold Stocker Verlag
Graz – Stuttgart

Impressum

Umschlaggestaltung:
DSR Werbeagentur Rypka GmbH 8143 Dobl/Graz, www.rypka.at
Titelbild: www.landpixel.de
Bildnachweis: Die Abbildungen wurden, so nicht anders angeben, dem Verlag vom Autor zur Verfügung gestellt.

Bibliografische Information der Deutschen Nationalbibliothek
Die Deutsche Nationalbibliothek verzeichnet diese Publikation in der Deutschen Nationalbibliografie; detaillierte bibliografische Daten sind im Internet über http://dnb.d-nb.de abrufbar.

Hinweis:
Dieses Buch wurde auf chlorfrei gebleichtem Papier gedruckt. Die zum Schutz vor Verschmutzung verwendete Einschweißfolie ist aus Polyethylen chlor- und schwefelfrei hergestellt. Diese umweltfreundliche Folie verhält sich grundwasserneutral, ist voll recyclingfähig und verbrennt in Müllverbrennungsanlagen völlig ungiftig.

Auf Wunsch senden wir Ihnen gerne kostenlos unser Verlagsverzeichnis zu:
Leopold Stocker Verlag GmbH
Hofgasse 5/Postfach 438
A-8011 Graz
Tel.: +43 (0)316/82 16 36
Fax: +43 (0)316/83 56 12
E-Mail: stocker-verlag@stocker-verlag.com
www.stocker-verlag.com

ISBN 978-3-7020-1592-3

Layout:
CONCARNE Grafik-Design & Illustration/Cornelia Schwingenschlögl, 8010 Graz, www.concarne.at

Inhaltsverzeichnis

Danksagung

Hiermit möchte ich mich bei allen Personen bedanken, welche die Erstellung dieses Werkes durch ihre Mithilfe möglich machten.

Besonders hervorheben möchte ich Herrn Franz Plasser von der Forstlichen Ausbildungsstätte (FAST) in Ort, der mir sowohl durch seine Manuskripte als auch durch seine Fotos ermöglicht hat, dieses Buch praxisnah zu gestalten.

Des Weiteren möchte ich mich bei folgenden Personen für Ihre Mithilfe herzlichst bedanken:
Peter Voderholzer (Pfanzelt Maschinenbau)
Stefan Befeld (Wald und Holz NRW)
Dr. Philipp Toscani (Institut für Forstökonomie BOKU Wien)
Univ.-Prof. Dr. Walter Sekot (Institut für Forstökonomie BOKU Wien)
Christian Schardax (Biastec KG)
Benedikt Rodens (Sozialversicherungsanstalt für Landwirtschaft, Forsten und Gartenbau)
Ing. Daniel Jonach (FAST Ossiach)
Ing. Dieter Seebacher (FAST Ossiach)

Für die ausgezeichnete grafische Umsetzung möchte ich mich bei Cornelia Schwingenschlögl bedanken. Last but not least für die Realisierung des Projekts bei den Mitarbeitern des Leopold Stocker Verlages.

© privat

Der Autor

DI Bernhard Henning lebt im Waldviertel und ist auf einem bäuerlichen Betrieb aufgewachsen. Das Studium der Forstwirtschaft an der Universität für Bodenkultur, Wien, ergänzte er mit Auslandsaufenthalten auf den renommierten Fakultäten der SLU in Umea, Schweden, und der School of Forestry in Berkeley, Kalifornien. Bei diversen Arbeitgebern lernte er die forstliche Praxis in Mittel- und Osteuropa sowie in Zentralasien kennen. Nach mehreren Jahren als forstlicher Berater war er als Redakteur für den Bereich Forst beim Fachmagazin LANDWIRT tätig. Heute nutzt er seine umfangreiche Erfahrung in der Branche, um als freier Journalist und Buchautor über Themen aus der Forstwirtschaft zu berichten. Auf seinem Online-Infoportal forestbook.info bietet er Fachwissen und Beratung rund um die Waldbewirtschaftung an.

© Bernhard Henning/forestbook

Forsttechnik gestern und heute

Von der Steinaxt zum Harvesterkopf

Mit dem Augenblick, als der Mensch in Mitteleuropa sesshaft wurde, begann er, Holz zu fällen. Holz war für die ersten Siedler nicht nur der universelle Rohstoff für Werkzeuge und Gebäude, sondern auch der mit Abstand wichtigste Brennstoff. Zudem musste der Wald gerodet werden, um Platz für Ackerflächen zu schaffen. Damals war ganz Europa von Wald dominiert und nur wenige Flächen, wie Moore und Hochgebirge, wurden nicht vom üppigen Grün der Baumkronen beschattet.

Mit einfachsten Werkzeugen, wie der Steinaxt, wurden die Bäume gefällt. Der damit verbundene Arbeitsaufwand ist für moderne Menschen nur noch schwer vorstellbar. Über Jahrhunderte hinweg sollte die Axt das wichtigste Werkzeug bleiben, wenn es darum ging, Holz zu ernten. Zwar wurden die Schneiden durch immer härteres Metall verbessert, am Grundprinzip änderte sich aber wenig. Dieses einfache Werkzeug half dabei, den Wald in Europa schrumpfen zu lassen. Obwohl die Mittel einfach waren, wurde trotzdem enorm viel Holz eingeschlagen, denn der Bedarf war immens: Salinen, Köhlereien, der Bau und auch der Herd des einfachen Bauern brauchten Holz. Viel Holz.

Schließlich wurden auch die ersten Gebirgswälder eingeschlagen. Von nachhaltiger, schonender Bewirtschaftung wusste man damals noch wenig

Die Möglichkeiten der Forsttechnik haben sich stark weiterentwickelt. © Bernhard Henning/forestbook

und die geringen technischen Möglichkeiten ließen auch keine schonende Nutzung zu. In den Alpen war die Drift die wichtigste Methode, um eingeschlagenes Holz zum Verbraucher zu bringen. Dabei wurden die Stämme in die Wildbäche geworfen, die den weiteren Transport übernahmen. Damit sich die Drift lohnte, musste aber viel Holz geerntet werden. Ganze Hänge wurden so entwaldet. Forststraßen, die von LKWs befahren werden können, waren damals noch nicht mal in der Fantasie der Forstleute vorstellbar. In manchen ergiebigen Waldgebieten wurden Waldeisenbahnen gebaut, doch auch ihr Betrieb lohnte sich nur, wenn große Holzmengen gefällt wurden.

Allerdings litt nicht nur der Wald unter dieser Bewirtschaftung. Auch der Mensch, der im Wald tätig war, wurde aufs Äußerste belastet. Noch heute wird mit dem Begriff des Holzknechts oder Holzfällers Kraft und Vitalität verbunden und tatsächlich war die Waldarbeit nur den kräftigsten Männern möglich. Diese Arbeit war nicht nur immens anstrengend, sie war auch enorm gefährlich. Zahlreiche Gefahren traten bei der Holzernte auf und diese forderten ihren Blutzoll. Tödliche Arbeitsunfälle waren an der Tagesordnung. Die Holzknechte kannten damals weder eine persönliche Schutzausrüstung noch die Grundlagen der Ersten Hilfe.

Den großen Modernisierungsschub erhielt die Waldarbeit nach Ende des Zweiten Weltkrieges: Zu diesem Zeitpunkt wurden die ersten Motorsägen bei der Holzernte verwendet. Aus heutiger Sicht wirken diese primitiv und mühsam in der Handhabung, doch für die damaligen Verhältnisse waren die motorbetriebenen Sägen ein echter Fortschritt, wobei er aber auch die Gesundheit der Waldarbeit belastete: Die Abgase waren stark gesundheitsgefährdend und würden nach heutigen Maßstäben keine Zulassung mehr erhalten.

Nach dem Einzug der Motorsägen entwickelte sich die Forsttechnik, die jahrhundertelang nur aus Axt sowie menschlicher und tierischer Muskelkraft bestand, rasch weiter. Forststraßen wurden gebaut, die Motorsägen wurden weiterentwickelt und für die Forstarbeiter entwarf man die ersten Behelfe, wie z. B. Schutzhelme. Seilwinden übernahmen die Rückung der Holzstämme und mithilfe von Seilkränen wurde es sogar

Harvester sind der vorläufige Höhepunkt der Forsttechnik. © Bernhard Henning/forestbook

möglich, das Holz der Gebirgswälder waldschonend zu rücken.

Neben den verbesserten Maschinen wurden ständig neue Konzepte zur Holzernte von Waldarbeitsschulen und Ausbildungsstätten entwickelt, um die Produktivität zu steigern und die Sicherheit zu erhöhen. Der Erfolg spiegelt sich in den folgenden Zahlen: Im Jahr 1977 lag der Holzeinschlag bei 11 Mio. Erntefestmetern (Efm), insgesamt 5.167 Unfälle wurden aufgezeichnet. Im Jahr 2013 wurden 17,4 Mrd. Efm eingeschlagen, aber nur noch 1.368 Unfälle verzeichnet. Die moderne Forsttechnik ermöglicht es also, den Wald produktiver und nachhaltiger zu nutzen und gleichzeitig die Sicherheit zu erhöhen.

Dieses Buch richtet sich an Landwirte und Kleinwaldbesitzer, die ihren eigenen Wald selbst bewirtschaften wollen. Es soll einen Überblick geben über Arbeitsverfahren und Forstmaschinen, die für kleine Waldbesitzer geeignet sind. Trotzdem werden hier auch Großmaschinen, wie Harvester und Seilkräne, vorgestellt, da diese Maschinen häufig von Lohnunternehmern verwendet werden.

Vor der eigentlichen Holzernte gilt es, unabhängig davon, ob es eine schwache Durchforstung oder ein Kahlschlag ist, den Einsatz sorgfältig zu planen. Deshalb beschäftigt sich das erste Kapitel mit der Arbeitsplanung. Hier wird auch besonders auf die Bedeutung und Notwendigkeit der Auszeige hingewiesen und es werden Tipps für deren Durchführung geliefert.

Auf den Faktor Mensch wird bei der Holzernte gerne vergessen: Doch von einer erfolgreichen Holzernte kann nur dann gesprochen werden, wenn der Landwirt unverletzt und ohne gesundheitliche Folgeschäden die Arbeit durchführen konnte.

Im Kapitel **Arbeitssicherheit und Ergonomie** finden Sie hierfür Hinweise und Praxistipps.

Das Kapitel **Forstmaschinen** richtet sich nicht nur an Technikfreaks: Die im landwirtschaftlichen Betrieb üblichen Forstmaschinen, wie Motorsäge, Traktor, Seilwinde und Krananhänger, werden vorgestellt und dabei werden Beispiele für den korrekten Einsatz und die richtige Wartung präsentiert.

Im Kapitel **Erschließung** werden Planung und Anlage von Rückegassen behandelt, außerdem finden sich hier Hinweise zur Instandhaltung der Forststraßen.

In den Kapiteln **Holzernte und Bringung** werden verschiedene Fällmethoden sowie Arbeitsverfahren für die Entastung und die Vorrückung vorgestellt. Außerdem werden alle notwendigen Werkzeuge und Ausrüstungsgegenstände vorgestellt. Bei der Bringung werden neben den üblichen Verfahren mittels Seilwinde und Krananhänger auch die Einsatzmöglichkeiten der Pferderückung besprochen.
Das geerntete Holz ist das Ergebnis eines jahrzehntelangen Produktionsprozesses: Wie Sie die Entwertung des Holzes durch die **richtige Lagerung** vermeiden können und worauf Sie dabei achten müssen, lesen Sie im Kapitel **Lagerung**. Zudem werden die Vor- und Nachteile der Nasslagerung vorgestellt.

Im Kapitel **Betriebswirtschaft** finden Sie viele Ansätze, wie Sie die Wirtschaftlichkeit Ihrer Holzernte überprüfen können. Außerdem werden Kalkultionsmodelle vorgestellt, um herauszufinden, ob sich z. B. die Anschaffung von Forsttraktor oder Seilwinde lohnt.

Im Kapitel **Pflegliches Arbeiten** finden Sie Hinweise, wie die Holzernte gestaltet wird, um Schäden zu vermeiden, bzw. was Sie tun können, wenn diese passiert sind.

Ich wünsche beim Lesen viel Vergnügen und hoffe, Ihnen mit diesem Buch eine Arbeitserleichterung zu liefern. Damit Sie und Ihr Wald gesund bleiben.

Herzlichst,
Bernhard HENNING

© Bernhard Henning/forestbook

Auszeige

Die Auszeige ist in den letzten Jahren in vielen Forstbetrieben, aber auch bei privaten Waldbesitzern eine vergessene Kunst geworden. Zeitmangel, immer größer werdende Reviere und mangelndes Fachwissen führten dazu, dass man auf die Auszeige gänzlich verzichtet oder sie dem Harvesterfahrer überlässt. Dabei setzt die Auszeige den waldbaulichen Plan um und ist daher entscheidend für die Weiterentwicklung des Bestandes. Oder anders formuliert: Einige Stunden für die Auszeige sollte man bereit sein zu opfern, wenn es um die langjährige Zukunft eines Bestandes geht.

Vor dem Eingriff in den Bestand sollte unbedingt eine Auszeige erfolgen, bei der man die zu entnehmenden Bäume bestimmt. Die Auszeige kann auch mehrere Wochen vor dem geplanten Eingriff stattfinden. Planen Sie ausreichend Zeit dafür ein. Pro ha Waldfläche muss mit mindestens einer Stunde Zeitaufwand gerechnet werden. Sollte ein Kahlschlag geplant sein, bei dem alle Bäume auf der Fläche geschlägert werden, darf auf die Auszeige trotzdem nicht verzichtet werden. Sie dient auch dazu, sich die Bestandesverhältnisse am Schlägerungsort genauer anzusehen, um die örtlichen Gegebenheiten in die Planung mit einfließen zu lassen.

Bei der Auszeige wird der Abtransport des Holzes gedanklich vorbereitet sowie verschiedene Hindernisse für die Schlägerung und Rückung (Felsblöcke, Nassstellen, Hangabbrüche) erkannt und in der Planung berücksichtigt. Abschließend soll bei der Auszeige auch die Menge an geschlägertem Holz bestimmt sowie eine grobe Vorstellung über die anfallenden Sortimente gewonnen werden.

Nadelholz muss in frühen Bestandesstadien gepflegt werden, da sich sonst kurze Kronen ausbilden.

Volumensformel nach Denzin:

Volumen = (Durchmesser bei 1,3 m Baumhöhe in cm) ^{2} / 1000

Beispiel:
Baum mit 35 cm Durchmesser
Volumen = 35 x 35 / 1000 =
1,225 Festmeter

Die Faustformel von Denzin dient dazu, die Holzmenge grob abzuschätzen. Die Vermarktung des Holzes ist leichter durchführbar, wenn man potentiellen Käufern bereits vorab mitteilen kann, welche Holzmengen und Sortimente zum Verkauf bereitstehen werden.

Bevor man sich jedoch an die Auszeige macht, sollte entschieden werden, welche waldbaulichen Ziele mit der Maßnahme umgesetzt werden sollen. Neben der Förderung der Verjüngung oder der Regulierung der Baumartenmischung gehören zwei Zielsetzungen zu jeder erfolgreichen Maßnahme im Wald:

- Das Zuwachspotential an Holz soll auf die besten, also die vitalsten, stabilsten und wertvollsten Bäume konzentriert werden.
- Die Stabilität des Bestandes soll erhöht werden.

Waldbauliche Zielsetzungen

Es gibt eine Reihe von Zielen, abhängig vom Bestandeszustand und den Wünschen des Waldbesitzers, die man durch die Auszeige und eine nachfolgende Durchforstung umsetzen kann.

Förderung der Verjüngung: Kommt vor allem in älteren Beständen (ab 80 Jahren) zum Einsatz. Durch die Schlägerung soll die Naturverjüngung eingeleitet werden bzw. die bestehende Verjüngung gefördert werden. Ein zu starker Eingriff (Kahlschlag) führt jedoch zur Förderung von Konkurrenzvegetation, wie Sträuchern und Gräsern.

Förderung von Mischbaumarten: Vor allem in standortsfremden Fichtenbeständen sollen in den Bestand eingesprengte Mischbaumarten gefördert werden, um den Bodenzu-

Eine der Aufgaben der Durchforstung ist die Regulierung der Baumartenanteile. © Bernhard Henning/forestbook

stand sowie die Bestandesstabilität zu verbessern. Am geeignetsten sind hierfür Bäume mit einer leicht zu zersetzenden Blattstreu, wie Birken, Eberesche, Pappel oder Salweide.

Lichtungszuwachs: Durch die Schlägerung von Bäumen verfügen die verbleibenden Bäume über einen besseren Zugang zu Wasser, Nährstoffen und Licht, was sich in einem verstärkten Wachstum wiedergibt. Diesen Effekt nennt man Lichtungszuwachs. Sichtbar ist dieser auch an den Jahrringen.

Verbesserung der Bestandesstabilität: Um die Bestandesstabilität zu verbessern, muss die Stabilität des Einzelbaums vergrößert werden. Ein wichtiges Merkmal ist hierfür die Kronenlänge. Ein Baum kann nur eine gesunde Krone entwickeln, wenn er über ausreichend viel Wuchsraum verfügt. Um die Bestandesstabilät zu verbessern, ist es daher notwendig, schon früh (ab einem Alter von 20 Jahren) zu durchforsten und Konkurrenzbäume zu entfernen.

Gelingen kann das, indem man sorgsam die Bäume auswählt, die im Bestand verbleiben sollen, sowie eine Eingriffstärke wählt, die einerseits stark genug ist, um von den verbleibenden Bäumen den Konkurrenzdruck zu nehmen, und gleichzeitig nicht die Stabilität des Bestandes gefährdet.

Die Bäume, die im Bestand verbleiben und die Zuwachsträger sind, werden **Z-Bäume** oder **Zukunftsbäume** genannt.

Von diesen Baumindividuen wird aufgrund ihres aktuellen Erscheinungsbildes erwartet, dass sie wertvolle Stämme bilden.

Die typischen Merkmale eines Z-Baumes sind:

- Stamm ohne Fehler wie Astigkeit, Drehwuchs, Zwiesel
- keine Wurzelbeschädigungen
- keine Rindenschäden
- gut ausgebildete Krone (min. 30 % der Baumlänge)
- vorherrschende Stellung im Bestand

Um diese Bäume zu fördern, sollen mögliche Konkurrenten entfernt werden. Allerdings ist nicht jeder Baum, der in der Nähe eines Z-Baums steht, ein tatsächlicher Konkurrent. Bäume, die nicht in die Krone oder nur bis in den unteren Teil der Krone eines Z-Baums drängen, stellen keine Konkurrenz dar und können daher im Bestand verbleiben. Lange Zeit war es üblich, die Z-Bäume im Bestand auszuzeigen.

Der Nachteil dieser Methode ist aber der hohe Arbeitsaufwand, da nahezu jeder Baum auf seine Tauglichkeit als Z-Baum überprüft werden muss. Oft ist man bei der Auszeige auch zu zögerlich, einem Baum tatsächlich den Rang eines Z-Baums zu verleihen. Der größte Nachteil der Z-Baummethode ist aber, dass man kommende Ereignisse nicht vorhersehen kann und nicht weiß, ob der auserwählte Z-Baum in den kommenden Jahrzehnten nicht doch Opfer von Wind, Käfer, Schnee oder Blitzschlag wird.

Vor Beginn der Holzernte ist der Bestand nochmals zu überprüfen. © Bernhard Henning/forestbook

Daher erscheint es praktikabler, die Bäume auszuwählen, die aus dem Bestand ausscheiden sollen, da sie über eine schlechte Qualität verfügen. **Eine schlechte Qualität äußert sich durch:**

- kleine oder unvollständig ausgebildete Kronen (weniger als 20 % der Baumlänge)
- Fehler wie Drehwuchs, Astigkeit, Zwieselbildung
- offene Verletzungen von Rinde oder Wurzeln
- schlechtes Verhältnis von Höhe und Durchmesser

Die Auszeige sollte sich daher auf diese Bäume konzentrieren. Nur in folgenden Fällen ist das nicht zutreffend:

- bei Laubmischbaumarten, deren ökologische Wirkung (Bodenverbesserung) wichtiger ist als der Holzertrag.
- bei Bäumen, die am Rande von Rückegassen stehen. Diese sollen belassen werden, da nach deren Entfernung die nachfolgende Baumreihe durch den Holztransport beschädigt werden würde.

Bestandesstadien

Von der Bestandesbegründung bis zur Endnutzung durchlebt ein Bestand verschiedene Stadien. Gekennzeichnet ist die Stadienentwicklung dadurch, dass die Höhen und Durchmesser der Bäume zunehmen (und damit der Holzvorrat) und gleichzeitig die Stammzahl stark abnimmt.

Kultur: Waldfläche unmittelbar nach der Aufforstung. Sehr stammzahl-

Nach dem Fällen wird der Stamm entastet und in Sortimente geschnitten (Aufarbeitung). © Bernhard Henning/forestbook

reiches Bestandesstadium mit bis zu 2.500 Bäumchen (Nadelholz) bzw. bis zu 10.000 bei Laubholz pro Hektar.

Dickung: Alle Bestände, die Baumhöhen unter 2 m vorweisen. Sehr stammzahlreiches Bestandesstadium, in dem hoher Konkurrenzdruck herrscht.

Stangenholz: Bäume höher als 2 m und Durchmesser von bis zu etwa 20 cm. In diesem Bestandesstadium herrscht immer noch hoher Konkurrenzdruck, es fallen jedoch schon viele Bäume aus. Es sind jetzt erste Eingriffe (Mischungsregulierung, Durchforstung) durchzuführen, um die Bestandesziele zu erreichen.

Baumholz: Bäume mit Durchmessern ab 20 cm. Der Konkurrenzdruck ist in diesem Bestandesstadium geringer.

Starkholz: Bäume mit Durchmessern ab 50 cm. Durch die geringe Stammzahl kann mit leichten Eingriffen (Schlägerung von 20–30 % der Stammzahl) die Verjüngung gefördert werden.

Neben der Zuwachssteigerung soll durch die Auszeige auch die Stabilität des Bestandes erhöht werden, die mit der Stabilität der Einzelbäume zusammenhängt.

Die Stabilität eines Baumes ist auf seine Vitalität zurückzuführen und diese ist am leichtesten am Kronenzustand erkennbar. Geringe Kronenlängen (weniger als 20 % der Baumlänge) weisen darauf hin, dass der Baum von anderen Bäumen stark bedrängt wird und sich dieser Konkurrenz nicht erwehren kann. Kronenverlichtungen, Verfärbungen der Blätter oder nicht gleichförmig ausgebildete Kronen sind Zeichen für Erkrankungen und eine geringe Vitalität. Bäume mit schlechten Kronen müssen daher aus dem Bestand ausscheiden. In Laubwäldern findet daher die Auszeige am besten im Frühjahr statt, um den Kronenzustand richtig beurteilen zu können. Durch Witterungsverhältnisse (trockener Sommer, kalter Herbst mit Frühfrost) kann der Kronenzustand beeinflusst werden und zu einer Fehleinschätzung führen.

Ein weiterer Indikator für die Stabilität eines Einzelbaums ist das Höhen-Durchmesser-Verhältnis (h/d-Wert). Je größer dieser Wert ist, desto instabiler ist der Baum einzustufen. In gleichaltrigen Beständen mit geringer Durchmesserverteilung sind die h/d-Werte sehr ähnlich, daher ist es nicht notwendig, den Wert für jeden Baum extra zu berechnen. Bestände, bestehend aus Bäumen mit hohen Werten, sind meist ein Resultat von fehlender Pflege.

Der h/d-Wert

Der h/d-Wert wird berechnet, indem man die Höhe in cm durch den Durchmesser in cm dividiert. Beispiel: Baum mit 35 m Höhe und 28 cm Durchmesser. h/d-Wert: 3500/28 = 125, der Baum ist instabil.

Werte bis 80: Stabiler Baum

Werte von 80 bis 120: Tendenz zur Instabilität, durch Freistellung (höherer Zuwachs durch weniger Konkurrenz) kann der Wert aber noch verbessert werden.

Werte über 120: Instabiler Baum, der aus dem Bestand ausscheiden muss.

Ein Rundgang durch den Bestand nach der Auszeige ermöglicht es, sich ein Bild über die Eingriffstärke zu machen. Eingriffe sollten stets in Maßen durchgeführt werden, denn zu starke Eingriffe können **negative Auswirkungen** zur Folge haben:

- Instabile Bestände werden durch zu starke Eingriffe noch zusätzlich geschwächt und das Risiko eines Schadens (Windwurf, Schneebruch) wird dadurch zusätzlich vergrößert.
- Zu starke Eingriffe können auch zur Förderung der Konkurrenzvegetation führen und die Verjüngung gefährden.

Eingriffe, bei denen bis zu 25 % der Stämme entnommen werden, sind als pfleglich und schonend einzustufen. Bei der Auszeige sollte man sich nicht an starren Vorgaben orientieren. Weder ist es förderlich, eine Mindestanzahl von Z-Bäumen zu definieren noch eine bestimmte Mischungsregulierung verschiedener Baumarten vorzugeben.

In stark ungepflegten Beständen kann es durchaus passieren, dass nur noch 50 Z-Bäume pro ha verbleiben. Ebenso sind die Mischungsverhältnisse im Naturwald von vielen verschiedenen Faktoren (Kleinklima, Samenverfügbarkeit verschiedener Baumarten, Vorhandensein von Parasiten und Schädlingen, Witterung) abhängig.

Eine fixe Vorgabe, dass ein Bestand z. B. zu 50 % aus Fichte, zu 30 % aus Tanne und zu 20 % aus Buche bestehen muss, ist eine gedankliche Vorwegnahme der Realität. In der modernen Waldwirtschaft werden Bestände nicht mehr „erzogen", vielmehr wird das Potential der Natur erkannt und genutzt.

Im Bauernwald wird häufig mittels Krananhänger gerückt. © Pfanzelt Maschinenbau

Planung der Holzernte

Die Auszeige ergibt die Menge an Holz, die bei der Schlägerung anfällt und transportiert werden muss. Sollte es sich nicht um einen Eingriff in einer Dickung handeln, bei der nur schwache Stämme anfallen, wird es in den meisten Fällen notwendig sein, mechanische oder tierische Hilfsmittel für die Rückung des Holzes vom Schlägerungsort zur Forststraße zu verwenden. Hierfür werden Rückegassen benötigt. Sind keine Rückegassen in unmittelbarer Nähe (über 50 m Distanz) vorhanden, so muss vor dem Eingriff eine neue Rückegasse angelegt werden. Ihre Breite richtet sich nach dem Rückemittel (Seilwinde, Pferd etc.). Wird eine Seilwinde verwendet, soll die Rückegasse mindestens einen Meter breiter sein als der Traktor. Stehende Bäume, die bei der Rückung beschädigt wurden, verbleiben im Bestand, um bei zukünftigen Nutzungen als Abweiser dienen zu können. Um die Befahrbarkeit der Rückegasse zu verbessern, können verschiedene Arbeiten notwendig sein: Entfernen größerer Steine, Nachsägen alter Stöcke oder Befestigen von Weichstellen. Den Waldboden schont man, indem man die Rückegasse mit Reisig bedeckt.

Für Schlägerung und Rückung des Holzes stehen heute eine Vielzahl von Maschinen und Verfahren zur Verfügung. Von der Fällung durch Harvester bis zum Holztransport per Langstreckenseilbahn oder Hubschrauber reicht heutzutage die Palette an technischen Möglichkeiten. Für die meisten landwirtschaftlichen Waldbesitzer, die ihre Holzernte in Eigenregie ausführen, wird die Kombination aus Motorsäge, Traktor, Seilwinde und Krananhänger die praktikabelste – und wirtschaftlichste – Form darstellen. Zu beachten ist allerdings, dass landwirtschaftliche Traktoren einige Vorrausetzungen erfüllen müssen, um im Wald einsatzbereit zu sein. Auch für Seile und Ketten sind Sicherheitsbestimmungen einzuhalten, da diese Maschinenelemente während des Holztransports großen Belastungen ausgesetzt sind.

Der Holzeinschlag besteht aus vier Arbeitsschritten: Fällung, Astung, Sortimentierung (Holzausformung) und Vorrückung. Bei der Fällung (Richtung, stabile Lage des aufzuarbeitenden Stammes) und der Vorrückung sollten nachfolgende Arbeitsschritte (Entastung, Sortimentierung bzw. Holztransport) berücksichtigt werden. Auch sollte der Sortimentierung ausreichend Aufmerksamkeit geschenkt werden. Speziell beim Laubholz kann ein Trennschnitt an der falschen Stelle den Wert des Blochs stark vermindern.

In den meisten bäuerlichen Betrieben wird die Fällung von lediglich einer Person durchgeführt. Aus Gründen der vorteilhaften Arbeitsgestaltung tendieren auch Forstbetriebe und Schlägerungsunternehmen eher zu kleinen Arbeitsgruppen. Die Vorteile der Einmann-Arbeit liegen darin, dass die Arbeitsbelastung durch häufiges Wechseln zwischen den verschiedenen Tätigkeiten geringer ist. Da lange monotone Tätigkeiten so verhindert werden, ist die Sicherheit ebenfalls höher. Führt nur eine Person die Fällungsarbeiten durch, sollte sich für den Fall eines Arbeitsunfalls eine (wenn möglich erwachsene) beobachtende Person außerhalb des Gefahrenbereichs (mindestens 1,5 Baumlängen) aufhalten. Die hohe Zahl an Todesfällen bei der Waldarbeit resultiert auch daraus, dass sich Verletzte allein im Wald befinden und deshalb keinerlei – oft lebenserhaltende – Rettungsmaßnahmen erfolgen können. Arbeitsunfälle erfolgen auch häufig durch Müdigkeit. Deshalb sollen regelmäßige Pausen eingelegt werden. Kurze „Raucherpausen“ von wenigen Minuten sind besonders förderlich, da der Erholungswert einer Pause sinkt, je länger die Pause andauert. Während der gesamten Holzarbeit ist das Tragen der persönlichen Schutzausrüstung, unabhängig von Witterung und Bequemlichkeit, Pflicht.

Gebirgsharvester gehören zu den modernsten Entwicklungen der Forsttechnik. © Koller Forsttechnik

Unter Vorrücken versteht man den Transport des Holzes, meist durch menschliche oder tierische Arbeitskraft.

Eine kräftige Baumkrone ist ein Zeichen für Vitalität und Wachstum. © Bernhard Henning/forestbook

Dabei sollen die geschlägerten Stämme auf den Abtransport vorbereitet werden. Durch das Vorrücken des Holzes zur Rückegasse soll der Traktor optimal ausgelastet werden. Deshalb sollte die Vorrückung auch abgeschlossen sein, bevor die Rückung mit dem Traktor beginnt. Das starke Ende des Holzes soll dabei an der Rückegasse liegen. Die Bündel sind so zu lagern, dass sie bei der Rückung leicht und ohne Schaden am verbleibenden Bestand zu einer Fuhre erfasst werden können.

Bei der Rückung wird das gefällte Holz vom Schlägerungsort zum nächsten Holzlagerplatz transportiert. Im landwirtschaftlichen Betrieb sind die gängigsten Rückemethoden der Bodenzug mittels Seilwinde oder der Transport mit einem Krananhänger. Pro Fuhre soll nur ein Sortiment transportiert werden. Frost und trockene Böden begünstigen die Rückearbeit, da der Transport so bodenschonend erfolgt. In schwierigem Gelände sind unbedingt Gleitschutzketten an die Räder des Forsttraktors anzulegen. Der Maschinenführer hat die persönliche Schutzausrüstung mit Ausnahme von Sichtschutz und Schnittschutzhose (keine Tätigkeit mit der Motorsäge) zu tragen.

Die Witterung sowie der Zeitraum der Lagerung entscheiden über den

© Bernhard Henning/forestbook

Für eine bessere Bestandesstabilität müssen die Stangenholzbestände konsequent durchforstet werden.

Lagerungserfolg. Lagerschäden durch Pilze und Insekten lassen sich in aller Regel vermeiden, wenn die Holzfeuchtigkeit sehr hoch bleibt („saftfrisch") oder das Holz rasch bis unter den Fasersättigungspunkt austrocknet. Deshalb ist als Erstes die Entscheidung zu treffen, ob das (Sturm-)Holz nass oder trocken gelagert werden soll. Danach müssen sich alle weiteren Maßnahmen richten. Um einen möglichst hohen Lagerungserfolg zu erzielen, darf nur gesundes Holz gelagert werden. Häufig entscheidet die Präsentation der Ware mit über den Verkaufserfolg.

Deshalb sollte in jedem Fall, auch nach einer Sturmsituation, das Holz sauber und korrekt sortiert gelagert werden. Kompakt und bündig aufgesetzte Polter verbessern das Erscheinungsbild außerordentlich. Trotz aller Sorgfalt kann ein ungünstiger Witterungsverlauf den Erfolg auch bei bewährten Verfahren gefährden. Um möglichst lange eine hohe Holzfeuchte zu erhalten, müssen die Lagerplätze im Schatten liegen, bei Windruhe und hoher Luftfeuchtigkeit.

Checkliste vor der Holzernte

- Welches waldbauliche Ziel möchte ich mit dem Ernteeingriff erfüllen?
- Wer führt die Auszeige durch?
- Wieviel Holz fällt an?
- Welche Sortimente und welche Baumarten?
- Wer wird das Holz kaufen?
- Wie stellt sich die aktuelle Situation am Holzmarkt dar?
- Gibt es am Einsatzort Hindernisse für die Ernte (Felsen, Nasstellen)?
- Zu welcher Jahreszeit ernte ich und kann die Witterung ein Problem darstellen (verschneite Zugangswege, keine Abnehmer für das Holz während der Sommermonate)?
- Wie wird die Ernte durchgeführt (Motorsäge, Harvester, Seilkran)?
- Wie wird das Holz gerückt (Seilwinde, Pferd, Seilkran)?
- Sind Rückegassen vorhanden? Wie ist deren Zustand?
- Wo wird das Holz gelagert? Eignet sich der Lagerplatz?

© Stihl

Ergonomie

Ziel der Ergonomie ist die Anpassung von Verfahren und Geräten an die körperlichen Eigenarten des Menschen. Dadurch soll die Waldarbeit keine schädlichen Folgewirkungen haben, wie etwa die Beeinträchtigung des Gehörsinns oder langfristige Schädigungen der Rückenpartie.

Trotz zahlreicher technischer Hilfen ist die Waldarbeit – und dabei speziell die Holzernte – immer noch körperlich anstrengend und herausfordernd. Insbesondere, weil bei der Waldarbeit viele Belastungen in ungewohnten Lagen, wie etwa beim Entasten, auftreten. Diese Arbeit kann faszinierend sein und Freude machen, sie kann aber auch eine Belastung für die Gesundheit darstellen. Denn auch wenn der Wald ein wunderbarer Arbeitsplatz ist, ist die Waldarbeit körperlich anstrengend, verlangt hohe Konzentration und man ist dabei auch negativen Einflüssen, wie Lärm, ausgesetzt. Zudem kann Stress dazukommen, wenn die Arbeit unter hohem Zeitdruck ausgeübt wird.

Arbeitsmedizinische Untersuchungen an Forstarbeitern zeigen, welche Tätigkeiten besonders belastend sind:

- das Gewicht der Arbeitsgeräte (Motorsäge, Werkzeuge) und der persönlichen Schutzausrüstung, das zusammen rund 20 kg erreichen kann
- extreme Witterungsbedingungen wie Nässe, Kälte und Hitze, wobei besonders bei Hitze das Tragen der Schutzkleidung sehr belastet
- schwierige Geländebedingungen

Bei der Waldarbeit wird neben dem Herz-Kreislauf-System vor allem die Muskulatur samt Sehnen und Bänder beansprucht. Dabei sollen lange Phasen der Anspannung der Muskulatur vermieden werden, da diese besonders

Kraftdemonstrationen sollten im Wald die Ausnahme bleiben, da durch die enormen Belastungen Folgeschäden drohen. © Bernhard Henning/forestbook

Beim Entasten und bei Trennschnitten liegt die Motorsäge zur Entlastung am Oberschenkel oder am Stamm an. © Bernhard Henning/forestbook

anstrengend sind und rasch zur Ermüdung führen. Die Arbeiten sollen daher locker ausgeführt werden. Auch sollen möglichst viele Muskeln gleichzeitig verwendet werden, um möglichst viel Kraft erzeugen zu können. Körperhaltungen, bei denen gebeugt, verkrampft oder unnatürlich gearbeitet werden muss, sind zu vermeiden. Tiefe Hocken sollten ebenfalls vermieden werden, da diese Position die Oberschenkelmuskulatur und die dazugehörenden Gelenke stark belastet. Auch sollen die Arme nicht ausgestreckt verharren müssen, die Muskulatur ermüdet dabei sehr rasch. Soweit es möglich ist, sollte ein Arbeitswechsel durchgeführt werden, damit stets andere Muskelpartien belastet werden.

Trotz aller technischer Hilfen ist die Waldarbeit körperlich immer noch immens anstrengend. Selbst in flachen Waldgebieten ist allein der Weg durch den Bestand anstrengender als die Fortbewegung auf befestigten Wegen. Das Gewicht von Motorsäge und Werkzeugen, steiles Terrain und ungünstige Witterungsbedingungen, wie Schnee und Kälte, erschweren die Arbeit zusätzlich. Um Kreislaufprobleme sowie langfristige Schäden an Muskeln und Gelenken zu vermeiden, muss der Landwirt seine eigenen Leistungsgrenzen erkennen und die Arbeit schonend gestalten. Gerade für Landwirte ist das wichtig, da im Gegensatz zu Forstarbeitern nicht regelmäßig im Wald gearbeitet wird und sich der Körper auf die ungewohnte Belastung erst einstellen muss.
Untersuchungen an Forstarbeitern, bei denen der Verlauf der Herzfrequenzen gemessen wurde, beweisen, dass die Arbeit im Wald körperlich höchst anstrengend ist. Die Dauerleistungsgrenze von ca. 120 Pulsschlägen in der Minute wird regelmäßig überschritten, in einzelnen Situationen geht es bis an die Leistungsgrenze. Entasten ist besonders anstrengend: Gründe dafür sind der unsichere Stand auf herumliegendem Geäst und die körperfernen Handlungen mit der Motorsäge.

Die Spitzenpulse werden beim Aufstieg im glitschigen, steilen Gelände erreicht. Neben dem eigenen Körpergewicht fordern das Gewicht der Motorsäge (ca. 9 kg) mit dem Treibstoff und das Gewicht von weiteren Werkzeugen ihren Tribut. Bei der maschinenunterstützten Arbeit ist dies beim Ausziehen des Drahtseils von der Seilwinde hinauf zum anzuhängenden Baum der Fall. Dabei werden mehr als 30 kg hochgezogen. Verfängt sich das Seil oder kann man es nicht in gerader Linie ziehen, muss mit viel höheren Werten gerechnet werden. Schläge beim Keilen, Vibrationen, ständiger Lärm, schwere Schutzausrüstung

Regelmäßige, kurze Pausen erhalten die Leistungsfähigkeit. © Bernhard Henning/forestbook

sind Beispiele weiterer offensichtlicher Belastungsfaktoren.

Beim normal trainierten Menschen liegt die Dauerleistungsgrenze bei 120 Herzschlägen pro Minute. Wird dieser Wert über längere Zeit überschritten, ist der Körper überfordert. Ermüdung und Konzentrationsschwächen sind die Folgen, die Unfallgefahr steigt an. Bei kurzfristigen Tätigkeiten kann der Puls auch höher liegen, allerdings sollte eine kurze Pause (etwa eine Minute) eingelegt werden, damit der Herzschlag wieder sinkt. Den Puls kann man entweder über eine Pulsuhr oder durch Messung am Handgelenk bestimmen. Um den Körper zu entlasten, müssen Pausen eingelegt werden. Je kürzer eine Pause andauert, desto höher ist ihr Erholungswert. Viele kurze Pausen sind daher günstiger als wenige lange. Die Arbeitsplanung soll so gestaltet werden, dass die körperliche Anstrengung beachtet und möglichst gering gehalten wird. Alle technischen Hilfsmittel, die

Tab.: **Dezibelwerte verschiedener Lärmquellen und ihre Auswirkungen auf den Körper**

<table>
<tr><th>Dezibel</th><th>Beispiel für Geräusch</th><th>Wirkung auf den Organismus</th></tr>
<tr><td>10</td><td>Blätterrascheln</td><td rowspan="2">Erholung</td></tr>
<tr><td>20</td><td>Nieselnder Regen</td></tr>
<tr><td>30</td><td>Flüstern</td><td rowspan="4">Geistige Konzentration möglich</td></tr>
<tr><td>40</td><td>Starkes Blätterrauschen</td></tr>
<tr><td>50</td><td>Schreibmaschine</td></tr>
<tr><td>60</td><td>Unterhaltung</td></tr>
<tr><td>70</td><td>Küchenmixer</td><td rowspan="2">Risikoerhöhung von Erkrankungen</td></tr>
<tr><td>80</td><td>Staubsauger</td></tr>
<tr><td>90</td><td>Moped</td><td rowspan="3">Gefahr von Gehörschäden bei einer Wirkung von 40 h/Woche</td></tr>
<tr><td>100</td><td>Motorsäge</td></tr>
<tr><td>110</td><td>Diskothek</td></tr>
<tr><td>120</td><td>Propellerflugzeug (50 m)</td><td rowspan="2">Schon bei kurzer Wirkung Gehörschaden</td></tr>
<tr><td>130</td><td>Düsenflugzeug (100 m)</td></tr>
<tr><td>150</td><td>Raketenstart</td><td>Trommelfell platzt</td></tr>
<tr><td>180</td><td></td><td>Tödlicher Geräuschpegel</td></tr>
</table>

verfügbar sind, sollen eingesetzt werden, um die Belastung zu verringern. Findet die Holzernte im Steilgelände statt, so sollen lange Wege möglichst vermieden werden, da der Aufstieg im Steilhang zu den anstrengendsten Tätigkeiten gehört. Werkzeuge, Kettenöl und Treibstoff sollten ebenfalls günstig positioniert sein, um lange Wege zu vermeiden.

Lärm ist ein Umwelteinfluss, der sehr belastend wirkt und nicht nur den Gehörsinn schädigt. Ist der Organismus über längere Zeit Lärm ausgesetzt, so kann dies weitrechende gesundheitliche Folgen haben. Motorsägen können einen Lärmpegel von über 100 Dezibel erreichen. Das entspricht der Lautstärke eines Presslufthammers. Damit befindet sich der durch die Motorsäge erzeugte Lärm bereits an der Schmerzschwelle und somit im Schädigungsbereich. Es kann dabei in Einzelfällen sogar zu akuten Gehörschäden kommen. Um Folgeschäden zu vermeiden, muss daher bei der Arbeit mit der Motorsäge permanent der Gehörschutz getragen werden.

Unfallursachen & Vermeidung

Unfälle passieren nicht,
Unfälle werden verursacht.

So lautet ein Leitspruch für die sichere Arbeitsgestaltung. Im Wald ist die Unfallgefahr besonders hoch, da viele Faktoren zusammenkommen:

- schwieriges Terrain
- Arbeit mit Maschinen, die schwere Verletzungen verursachen können
- enorme Lasten (Bäume, Stämme), die ein Mensch körperlich nicht bewältigen kann
- anstrengende Arbeit über längere Zeit, die Konzentration benötigt

Auch bei kleineren Arbeiten mit der Motorsäge sollen Schnittschutzhose und Helm getragen werden.

All diese Faktoren stellen Gefahren dar. Deshalb ist die Waldarbeit auch ein Bereich, in dem besonders viele und darunter vor allem schwere Unfälle passieren. Die Folge davon sind Verletzungen mit langfristigen Folgewirkungen (Einschränkung des Bewegungsapparats, Verlust von Körperteilen) und in manchen Fällen sogar der Tod.

Rund ein Drittel der Forstunfälle wird durch Bäume und Äste verursacht. Bereits durch Kennen und Anwenden der richtigen Schneidetechniken können viele Forstunfälle verhindert werden. Eine der Gefahren ist das Aufreißen des Holzes beim Schnitt. Der bäuerliche Waldbesitzer kann hierbei eingeklemmt werden. Erkennt er aber Spannungen und die Reaktion des Holzes auf gesetzte Schnitte, kann ein Unfall vermieden werden.

Zwei Drittel der tödlichen Unfälle passieren, wenn der Baum gefällt wird. Dabei ist der Gefahrenbereich von eineinhalb Baumlängen unbedingt einzuhalten. Innerhalb dieses Bereichs darf sich niemand aufhalten. Im steilen Gelände erhöht sich dieser Abstand bergab ganz wesentlich.

Die Ernte von scheinbar harmlosen, mittelstarken Bäumen verursacht die meisten Unfälle. Durch den relativ

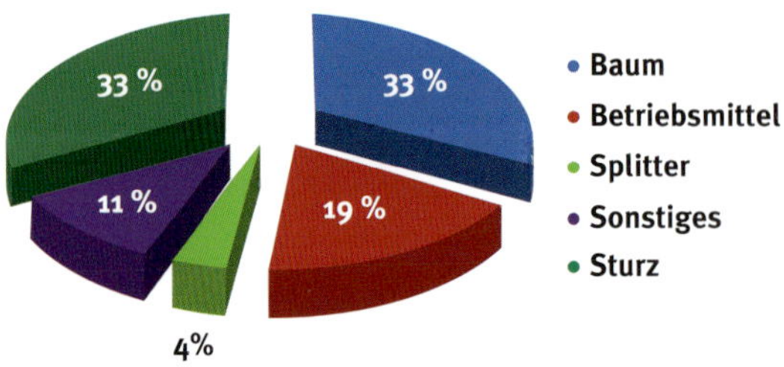

Unfallursachen

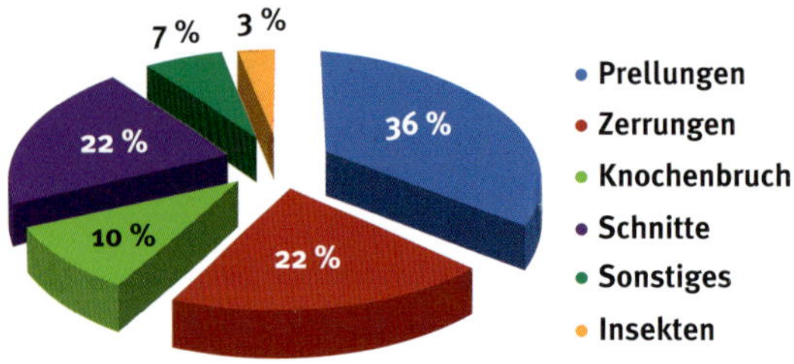

Unfallfolgen

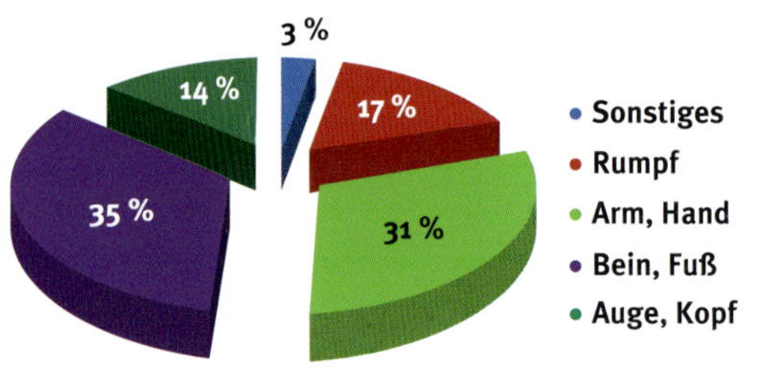

Verletzte Körperteile bei Waldarbeitsunfällen

schwachen Durchmesser von 20 bis 30 cm ist die Bruchleiste schnell einseitig durchschnitten, sodass sich der Baum dann ungewollt in eine beliebige Richtung dreht. Befindet sich dann noch eine zweite Person im Gefahrenbereich, ist das Unglück schnell geschehen. Speziell ältere Personen nehmen die Gefahr der Waldarbeit durch die jahrelange Routine nicht mehr ausreichend wahr. Besondere Gefahren drohen auch nach Schneedruck und Windwurf. Die dabei verspannten Bäume sollten nur durch möglichst erfahrene Motorsägenführer geschnitten werden.

Auch bei der Bringung ereignen sich häufig Unfälle. Moderne Funkwinden verleiten dazu, die Waldarbeit alleine zu verrichten. Die gleichzeitige Konzentration auf das zu ziehende Bloch, den Traktor und die Fernbedienung ist schwierig. Steht ein kurzes Bloch an einem Stock an, lässt die zugkräftige Winde das Bloch blitzartig zur Seite schnellen. Man sollte deshalb im ausreichenden, sicheren Abstand von etwa eineinhalb Blochlängen nebenhergehen. Unzureichend dimensionierte Umlenkrollen und alte Ketten sollte der Waldbauer nicht verwenden. Beide Maschinenelemente sind stets auf die maximale Zugkraft der Winde abzustimmen.

Ein kleines Erste-Hilfe-Paket soll immer am Mann getragen werden. Bei der Forstarbeit sollte sich nach Möglichkeit immer eine zweite Person in Rufweite befinden. Schon ein eingeklemmtes Bein kann den Notruf unmöglich machen, weil das Handy in der Traktorkabine liegt. Die zweite Person kann dabei entscheidende Hilfe leisten. Ist wirklich einmal ein Unglück passiert, ist das Smartphone sehr hilfreich und kann lebensrettend wirken. In waldreichen Gegenden sind die dabei ermittelten GPS-Koordinaten für den Rettungshubschrauber oft entscheidend. Auch ein rauchendes Signalfeuer kann dem Piloten den Unglücksort schnell anzeigen.

So senken Sie das Unfallrisiko

- Vorsichtig und aufmerksam arbeiten.
- Persönliche Schutzausrüstung tragen.
- Nur gewartete Maschinen und Werkzeuge verwenden.
- Die richtigen Arbeitsverfahren anwenden.

Im Steilgelände ist die Holzernte besonders anstrengend – und gefährlich. © Sozialversicherungsanstalt d. Bauern

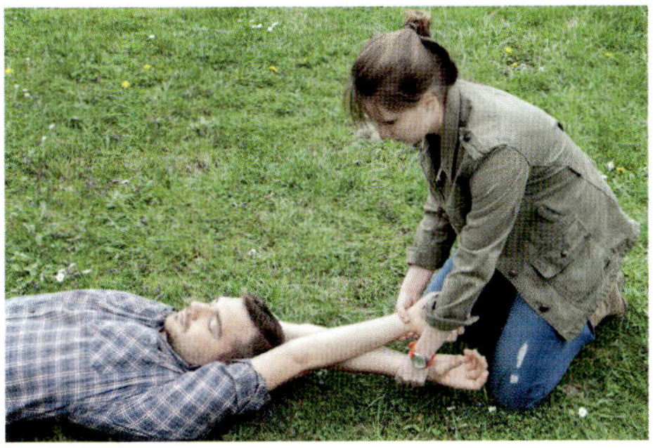

Bergung aus der Gefahrenzone: Arme überkreuzen und wegziehen. © Rotes Kreuz

Stabile Seitenlage: Bei Bewusstlosigkeit den Körper zur Seite drehen. © Rotes Kreuz

Erste Hilfe

Jeder kann Erste Hilfe leisten! Aber traut es sich im Ernstfall auch jeder zu? Aus Unsicherheit wagen es viele Menschen im Notfall nicht, Erste Hilfe zu leisten. Im land- und forstwirtschaftlichen Bereich ist der Ersthelfer sehr oft auf sich alleine gestellt. Schnelles und sicheres Handeln helfen, Verletzungsfolgen zu lindern oder sogar Leben zu retten. Die Aufgabe des Ersthelfers besteht darin, den Notruf abzusetzen und den Verletzten bis zum Eintreffen der Rettungskräfte zu versorgen. Motiviert durch die gute Ausbildung weiß der Ersthelfer, dass der Schaden bereits eingetreten ist. Jede Versorgung kann die Lage nur verbessern bzw. die Zeit bis zum Eintreffen der Rettungskräfte überbrücken. Ersthelfer können sich am leichtesten an Leitsymptomen orientieren. Offensichtliche Verletzungen, wie Blutungen oder Schwellungen, stechen natürlich zuerst ins Auge. Wichtig ist es aber, Lebenszeichen festzustellen. Ist der Verletzte bei Bewusstsein? Ist eine normale Atmung feststellbar? Den erkennbaren Verletzungs- bzw. Erkrankungsmuster folgend sind einfache Maßnahmen zu setzen. Das Mindeste, was ein Ersthelfer tun muss, ist, einen Notruf abzusetzen. Zunächst muss bei aller Nervosität, die ein Unfall mit sich bringt, eine Notrufnummer gewählt werden. Um Verwirrungen zu vermeiden, bietet sich der EURONOTRUF 112 an. Bei Mobiltelefonen lässt sich die Verbindung mit dieser Notrufnummer leichter herstellen. Die Notrufzentrale ist dann auf die Aussagen des Ersthelfers angewiesen. Je präziser die Beschreibung der Unfallsituation, umso schneller und effizienter kann geholfen werden.

Bei starken Blutungen: Fingerdruck, mit dem Finger fest auf die Wunde drücken oder Druckverband anlegen. Die Wundauflage plus einen Druckkörper mit einer elastischen Binde fest einwickeln. © Rotes Kreuz

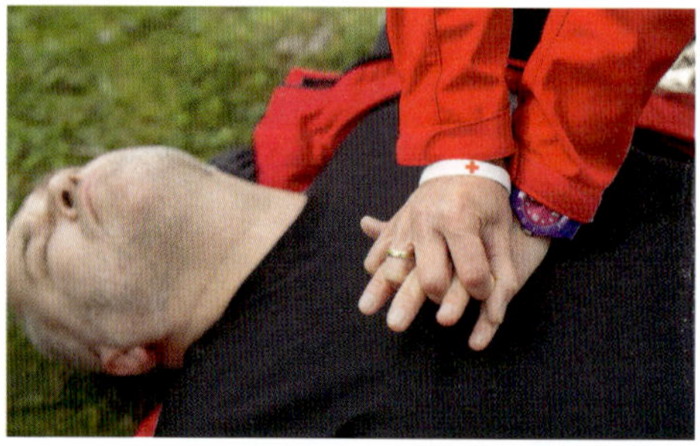

Atem-Kreislauf-Stillstand: Ist keine normale Atmung wahrnehmbar 30 Herzdruckmassagen danach 2 Beatmungen bis zum Erscheinen des Rettungdienstes durchführen. © Rotes Kreuz

Sind mehre Personen am Unfallort vorhanden, so erwartet eine Person die Rettungskräfte an einem Treffpunkt. © Rotes Kreuz

Nachfolgend die Empfehlungen des Österreichischen Roten Kreuzes für Forstunfälle:

Bevor gehandelt wird, soll sich der Ersthelfer beruhigen und dann die Situation vor Ort beurteilen. Damit soll geklärt werden, was passiert ist und wer verletzt ist. Eventuelle vorhandene Restrisiken wie hängende Bäume oder abrollende Stämme sollen wahrgenommen werden. Ist die Situation zu gefährlich für den Ersthelfer, ist die Erste Hilfe zu unterlassen!! Es gilt: Eigenschutz vor Fremdschutz!!

Ist der Unfallort für den Ersthelfer begehbar, soll in folgender Reihenfolge gehandelt werden:

- **Absichern**
- **Retten**
- **Alarmieren**
- **Erste Hilfe leisten**

Bei der Alarmierung wird die Einsatzzentrale durch den Notruf über den Unfall informiert. Wesentlich ist dabei, dass möglichst viele – relevante – Informationen an die Einsatzzentrale übermittelt werden:

- **Wer meldet?**
- **Name und Telefonnummer bekanntgeben!**
- **Was ist passiert?**
- **Forstunfall**
- **Art der Verletzung**
- **Zustand des Verletzten**
- **Wo ist der Unfallort?**
  Wurde vor Arbeitsbeginn festgelegt durch Koordinaten (GIS, GPS, Smartphones, Navigationsgerät);
  Festgelegte Hubschrauber-Landeplätze;
  Referenzmeldung (z. B. „100 m nördlich der Pfarrerhütte auf 1.200 m Seehöhe");

Revierkarte oder ÖK50 mit Bundesmeldenetz
- **Hinweise für Einsatzkräfte**
  Zufahrtswege, Straßenbeschaffenheit (z. B. Schranken, Schneeketten, Gegenverkehr);
  festes Schuhwerk
- **Hinweise für Hubschrauber**
  Wetter (z. B. Sicht, Wind, Föhn);
  Seile, Stromleitungen, Funkmasten, stark rauchendes Signalfeuer

© Rotes Kreuz

Bei Forstunfällen ist aufgrund der oft schweren Verletzungen der Hubschraubereinsatz notwendig.

Persönliche Schutzausrüstung (PSA)

Sie ist für den Fall der Fälle gedacht und sollte eigentlich nie benötigt werden: **die persönliche Schutzausrüstung (PSA)**. Für manche ist sie immer noch ein lästiges Anhängsel, das Kosten verursacht und die schweißtreibende Arbeit im Wald kaum erleichtert. Die Entwicklung der PSA entstand aber aus den Erfahrungen zahlloser schwerer Verletzungen und Todesfälle. Viele dieser Unfälle hätten zwar durch die PSA nicht verhindert werden können, die oft schwerwiegenden Unfallfolgen aber sehr wohl.

Der Kopf ist zwar der Körperteil, der bei der Waldarbeit seltener verletzt wird als der restliche Körper, Verletzungen am Gehirn, den Augen und Ohren können aber für den Betroffenen schwerwiegende Folgen haben. Durch das **Tragen eines geeigneten Schutzhelms** können die Verletzungsgefahren verhindert werden bzw. die Folgeschäden reduziert werden. Der Helm soll vor allem vor herabfallenden oder weggeschleuderten Gegenständen (Holzsplitter, Äste) schützen. Nach spätestens vier Jahren soll der Helm ausgetauscht werden, aber nur dann, wenn er keinen besonderen Belastungen ausgesetzt wurde. Kontrollieren kann man die Tauglichkeit des Helmes, indem man ihn leicht seitlich zusammendrückt (etwa 1 bis 2 cm). Ist ein Knistern zu hören oder sind Haarrisse an der Oberfläche erkennbar, ist der Helm auszutauschen!

Lärm kann zu schweren Folgeschäden führen und wird in seiner Wirkung häufig unterschätzt. Der am Schutzhelm **angebrachte Gehörschutz** schützt vor gesundheitsschädlichem Lärm. Ab einem Lärmpegel von 85 Dezibel muss der Gehörschutz unbedingt getragen werden. Das entspricht dem Lärm der Motorsäge. Die Lärmminderung muss aber dem Arbeitsplatz angepasst werden. Deshalb ist es bei der Waldarbeit notwendig, dass zwar der gesundheitsschädigende Lärm reduziert wird, Nebengeräusche, wie das Zurufen eines anderen Waldarbeiters, sollen aber noch gehört werden können.

Die Augen sind besonders empfindliche Organe, weshalb sie bei der Waldarbeit unbedingt geschützt werden müssen. Der **Gesichtsschutz des Schutzhelms** verhindert, dass Sägespäne beim Führen der Motorsäge ins Gesicht geschleudert werden und die Augen verletzen. Beschädigte Gesichtsschützer sind auszutauschen. Wird mit einem Freischneider gearbeitet, so muss zusätzlich zum Gesichtsschutz noch eine Schutzbrille getragen werden. Beim Freischneiden können Metallspäne vom Werkzeug ab-

Unabhängig von der Dimension der Bäume ist die PSA immer zu tragen. © Sozialversicherungsanstalt der Bauern

© Sozialversicherungsanstalt der Bauern

Der Forsthelm besteht aus der Kopfschale, dem Gehörschutz und dem Gesichtsschutz.

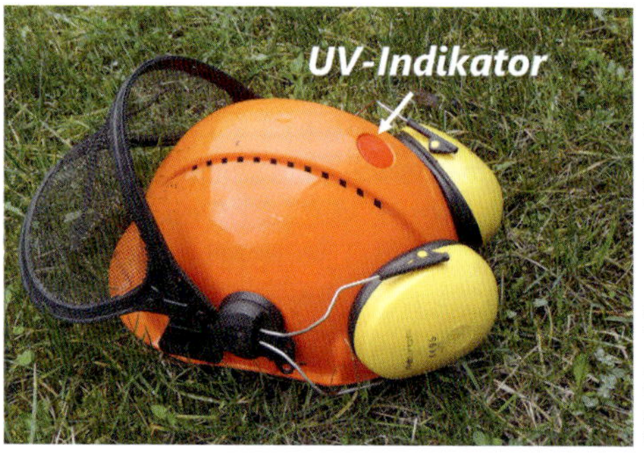

© Sozialversicherungsanstalt der Bauern

Der UV-Indikator zeigt an, ob der Helm noch zu gebrauchen ist.

splittern, die allein durch den Gesichtsschutz des Helms nicht aufgehalten werden.

Waldarbeitshosen für Motorsägenarbeiten, wie **Schnittschutzhosen** auch genannt werden, sind mit Einlagen ausgerüstet, die Verletzungen durch die Motorsäge vermeiden soll. Der Schnittschutzhose kommt aus zwei Gründen besondere Bedeutung zu:

- 35 % aller Arbeitsunfälle betreffen die Beinregion, damit sind Beinverletzungen die häufigste Unfallfolge
- Verletzungen an den Beinen durch die Motorsäge können tödlich enden: Die Oberschenkelarterie ist eines der größten Blutgefäße im menschlichen Körper. Bei einer Verletzung kann es in kürzester Zeit zum Verbluten kommen.

Die Schutzwirkung der Schnittschutzhose basiert auf dem Prinzip, das bei Kontakt der Motorsägenkette mit der Einlage lange Fasern herausgerissen werden, die sich sowohl zwischen Kette und Schiene setzen und auch das Ritzel der Motorsäge verstopfen. Dadurch wird die Kette nicht nur gebremst, sondern schlagartig zum Stillstand gebracht.

Herausfliegende Späne können die Augen verletzen, deshalb ist der Gesichtsschutz zu verwenden.
© Bernhard Henning/forestbook

Prinzip der Schnittschutzhose: Die Fasern verklemmen den Kettenlauf, wodurch die Kette sofort stoppt.
© Stihl

Neben der **Schutzwirkung** ist vor allem der **Tragekomfort** wichtig bei der Schnittschutzhose. Die sicherste Schnittschutzeinlage hilft wenig, wenn das Tragen derart mühsam ist, dass die Versuchung entsteht, auf die Schnittschutzhose zu verzichten. Wie bei allen anderen Elementen der PSA gilt auch für die Schnittschutzhose: Bei Beschädigung unbedingt austauschen!

Die **Schutzjacke** komplettiert die Schutzkleidung. Sie ist in Schnitt und Ausstattung der Waldarbeit angepasst. Die Signalfarbe hebt den Träger deutlich von der Umgebung hervor. Lüftungslöcher, verstellbare Ärmelabschlüsse, viele Taschen, ein verdeckter Reißverschluss sowie ein reißfester Stoff sind weitere Kennzeichen einer hochwertigen Schutzjacke.

Pflege von Schnittschutzhosen

Bei vielen Landwirten, aber auch bei Forstarbeitern herrscht Unsicherheit über die Pflege von Schnittschutzhosen. Hierfür wurden einige Untersuchungen duchgeführt, die folgende Ergebnisse für die Praxis brachten:

- Das Waschen von Schnittschutzhosen ist weitgehend unproblematisch.
- Hosen, die gewaschen werden, sind sicherer als lange Zeit ungepflegte Hosen.
- Vor dem Erstgebrauch soll die Hose unbedingt gewaschen werden.
- Wichtig: Nach dem Waschvorgang darf die Schnittschutzhose nicht auf links gedreht in der Sonne trocknen (UV-Strahlung zerstört das Material).
- Der Preis ist nicht entscheidend: Teure Schnittschutzhosen sind nicht zwangsläufig sicherer als billige Schnittschutzhosen. Vielmehr ist das Schnittschutzmaterial und die Art des Einnähens von Bedeutung.
- Sollte die Schnittschutzeinlage mit Kettenhaftöl durchtränkt werden, muss die Schnittschutzhose sofort gewaschen werden, weil öldurchtränkte Schnittschutzeinlagen sich als extrem leicht durchtrennbar erwiesen haben. Einmaliges Waschen führt wieder zur gleichen Schnittsicherheit wie vor dem Ölkontakt!

Kauf von Schnittschutzhosen

Die Schnittschutzhose bietet Schutz, aber damit sie auch konsequent getragen wird, muss sie auch komfortabel zu tragen sein. Deshalb sind beim Kauf einige Dinge zu überprüfen:

- Lässt sich die Hose problemlos über die Schuhe ziehen oder ist sie zu eng?

- Welche Reaktion zeigt das Material auf Nässe?
- Wie soll die Hose gereinigt werden? Wie reagiert sie auf die Reinigung in der Waschmaschine?
- Sind die Nähte reißfest?
- Welcher Klasse entspricht die Schnittschutzhose?
- Lässt sich die Hose bequem tragen (dehnbar, atmungsaktiv)?
- Für welche Jahreszeiten ist die Hose konzipiert?
- Welche Prüfzeichen sind vorhanden und geben Auskunft über die Qualität und Sicherheit der Hose?

Sägeschutz-Piktogramm für Klasse 2.

Zu achten ist auch auf das Sägeschutz-Piktogramm. Es handelt sich dabei um eine Motorsäge, die von einem Schild umrahmt ist, dem eine Nummer beigefügt ist. Die Nummer gibt die Sägeschutzklasse an.

- Klasse 1 = Kettengeschwindigkeit von 20 m / Sekunde
- Klasse 2 = Kettengeschwindigkeit von 24 m / Sekunde
- Klasse 3 = Kettengeschwindigkeit von 28 m / Sekunde

Sicherheitsschuhe für Arbeiten mit Motorsägen sind im vorderen und seitlichen Schaftbereich mit Schnittschutzmaterialien ausgestattet. Sie unterliegen der gleichen Prüfpflicht, die auch für Schnittschutzhosen gilt. Außerdem sollen Schuhe für die Waldarbeit noch folgende Schutzvorrichtungen enthalten:

- mindestens 1,5 mm dickes Profil im Sohlensteg
- 6 mm dicke Profilsohle
- stabiler Schaft
- Knöchelschutz
- Zehenschutzkappe

Waldarbeiter, die mit den ersten Motorsägengenerationen gearbeitet hatten, litten unter der so genannten Weißfingerkrankheit: Dabei sterben aufgrund der großen Vibration der Motorsäge die feinsten Blutgefäße in den Fingern und Händen ab, was zu einer gestörten Durchblutung führt. Moderne Motorsägen sind mit einem Vibrationsschutz ausgestattet.

Handschuhe verbessern bei der Motorsägenarbeit den Griff. © Bernhard Henning/forestbook

Trotzdem sollte der Schutz der Hände bei der Waldarbeit nicht vergessen werden. Aus der Erfahrung können folgende Empfehlungen gegeben werden:

- Handschutz der Arbeit und Witterung anpassen: für reine Motorsägenarbeit griffige Handschuhe mit Noppen verwenden, zusätzlich bei Kälte fein verarbeitete Unterziehhandschuhe tragen!
- Richtige Größe und Passform wählen!
- Auf gute Qualität und Verarbeitung achten!
- Nasse Handschuhe gegen trockene austauschen!

Trotz aller Sicherheitsvorkehrungen wird die Waldarbeit immer eine gefährliche Tätigkeit bleiben. Die persönliche Schutzausrüstung soll schützen und gleichzeitig ein Gefühl der Sicherheit vermitteln, sie soll aber nicht dazu verleiten, Risiken einzugehen. Die beste Schutzausrüstung kann eine aufmerksame und sicherheitsbewusste Arbeitsweise im Wald nicht ersetzen.

© Stihl

Forstmaschinen

In diesem Kapitel werden die für den Landwirt wichtigsten Forstmaschinen, namentlich Motorsäge, Forsttraktor, Seilwinde und Krananhänger, behandelt. Dabei werden neben der Funktion auch die Wartung und die Pflege beschrieben.

Die Arbeitsverfahren und der richtige Einsatz werden dann in den Kapiteln Holzernte bzw. Bringung abgehandelt. Neben den Forstmaschinen, die in landwirtschaftlichen Betrieben üblicherweise verwendet werden, werden auch noch Spezialmaschinen, wie Harvester, Forwarder, Seilkran, und der Hubschraubereinsatz kurz behandelt.

Da diese Maschinen mittlerweile Teil der modernen Waldwirtschaft sind und von vielen Lohnunternehmern eingesetzt werden, wird ein Überblick über ihre Funktion und Einsatzmöglichkeiten gegeben.

Motorsäge

1918 wurde in Schweden mit der „Sector" die erste Motorsäge gebaut. Seither hat sich die Technologie stark weiterentwickelt: Waren die ersten Modelle aufgrund des hohen Gewichts noch schwer zu handhaben, so sind die modernen Motorsägen aufgrund der laufenden Verbesserungen und der Anforderungen vonseiten der forstlichen Praxis dahingehend konstruiert, dass sie dem Motorsägenführer die Arbeit erleichtern und eine möglichst schonende Arbeitsgestaltung ermöglichen.

Zu den wichtigsten Bauteilen der Motorsäge gehören:

- Motor
- Zündanwerfvorrichtung
- Gehäuse
- Tank
- Griffe
- Sägeeinrichtung, bestehend aus Schiene, Kette, Ritzel und Ölpumpe

1. Hinterer Handgriff (AV-Griff)
2. Gashebelsperre
3. Hinterer Handschutz
4. Kurzschlussschalter
5. Vorderer Handgriff (AV-Griff)
6. Vorderer Handschutz
7. Automatische Kettenbremse
8. Kettenfang
9. Krallenanschlag
10. Kettenschutz (für Transport)

Die wichtigsten Elemente der Motorsäge

Kauf

Beim Kauf einer neuer Motorsäge treten bei den Anwendern immer wieder dieselben Fragen und Unsicherheiten auf. Bei den Kaufüberlegungen entscheidend sind die Handhabung, die Wartung und Pflege, Vergasereinstellung und Ketteninstandsetzung. Kettensägen werden in der Regel über Jahre benutzt, daher sollte die Entscheidung gut durchdacht sein. Freude, Sicherheit und die Zufriedenheit des Anwenders werden durch die Kaufentscheidung beeinflusst. Kettensägen sollen die Arbeit erleichtern sowie bei entsprechender Arbeitstechnik und richtiger Handhabung das Unfallrisiko minimieren. Nachfolgend werden die wichtigsten Kriterien, die die Kaufentscheidung beeinflussen, näher besprochen.

Profi- oder Semiprofisäge

Die Lebensdauer einer Säge ist abhängig vom Einsatzort, von der Einsatzweise, des verwendeten Treibstoffgemisches sowie der Wartung und der Pflege. Eine exakte Angabe von Betriebsstunden ist aus diesen Gründen nicht möglich. Angeführte Werte entsprechen etwa der Höchstgrenze, falls die Säge optimale Einsatzbedingungen hat. Profisägen haben aufgrund von einer höherwertigen

Tab.: **Übersicht der Motorsägenklassen nach betriebsfertigem Gewicht (montierte Schneideeinrichtung, befüllte Tanks) und der Leistung**

Einteilung	Betriebsfertiges Gewicht	Hubraum ccm	Leistung		Einsatz/ Holzstärke
			kW	PS	
Hobbysäge	Bis ca. 5 kg	Bis ca. 35	Bis 2,2	3	Läuterung, kein Dauereinsatz
Leichte Motorsäge	Ca. 5–7 kg	Bis ca. 55	2,3–3	3–4	Durchforstung
Mittelklasse Motorsäge	Ca. 7–9 kg	Bis ca. 70	3,1–4,2	4–5,5	Starkholz
Schwere Motorsäge	Über 9 kg	Über 70	4,2 kW aufwärts		Fällsägen

Die Motorsäge ist das wichtigste Werkzeug in der Waldbewirtschaftung. © Stihl

Für starkes Holz werden leistungsstarke Motorsägen benötigt. © Stihl

Bau- und Bauteileart eine Lebensdauer von bis zu ca. 3.000 Betriebsstunden, Semiprofisägen durch kostengünstigere Bauteile („Billigsägen") ca. um ein Drittel weniger, Hobbysägen der stärkeren Bauweise haben nach etwa 1.500 Betriebsstunden ausgedient. Das Starten der Motorsäge kann anstrengend sein, weswegen Hersteller auf dieses Problem entsprechend reagiert haben. Eine Starterleichterung wird bei diversen Modellen angeboten.

Stärkeklasse des Holzes

Ein wesentliches Kriterium ist die Dimension des Holzes. Für die jeweilige Holzstärke ist unbedingt die optimale Gewichtsklasse der Motorsäge zu verwenden. Zu schwache Motorsägen in zu starkem Holz werden nur frühzeitig störungsanfällig oder gänzlich defekt. Der alte Grundsatz gilt nach wie vor: Stärkeres Holz – schwerere Säge, schwaches Holz – leichtere Säge!

Schwertlänge

Motorsägen sind in der Regel mit der Standardschwertlänge ausgestattet. Die verwendete Schwertlänge ist abhängig vom Gelände, der Körpergröße, der anfallenden Arbeit sowie der Arbeitstechnik. Ein längeres Schwert kann ergonomische Vorteile bringen, die Leistung der Säge nimmt jedoch ein wenig ab. Die vom Hersteller erlaubte maximale Länge der Führungsschiene muss eingehalten werden. Auch die Variante einer zweiten Schneideausrüstung (längeres Schwert und Kette) für die Säge ist denkbar. Die gebräuchlichsten Längen der Schneideausrüstung sind 38 cm (15 Zoll) und 45 cm (18 Zoll).

Griffheizung

In der kalten Jahreszeit ist die Griffheizung ein Faktor für die Sicherheit und die Gesundheit. Zusätzlich zum Antivibrationssystem vermeidet die Griffheizung die Weißfingerkrankheit (Durchblutungsstörung). Mit warmen Fingern kann die Säge besser und sicherer geführt werden. Ein weiterer Vorteil der Griffheizung besteht auch darin, dass die mit der Motorsäge arbeitende Person auf dicke, „wuchtige" Arbeitshandschuhe verzichten kann. Mit dünneren Arbeitshandschuhen wird die Kettensäge mit mehr Gefühl und somit sicherer geführt. Die Griffheizung wird über einen Kippschalter ein- und ausgeschaltet. Bei manchen Modellen besteht die Kombinationsmöglichkeit von Griff- und Vergaserheizung. Die Griffheizung ist kein Luxus, sondern dient der Sicherheit!

Sonderkraftstoffe schonen sowohl die Umwelt als auch den Motorsägenführer. © Stihl

Schneidezahnform

Nur eine optimal geschärfte Kette bringt den erwünschten Arbeitsfortschritt, steigert die Arbeitssicherheit und minimiert die Ermüdung.

Der Halbmeißelzahn ist, um eine gute Schnittleistung zu erreichen, einfach und unkompliziert zu schärfen. Der Meißelzahn (eckiger Zahn) bedarf einer genaueren Instandsetzung und wird für jene Personengruppe empfohlen, welche die Feiltechnik exakt beherrscht.

Wartungsfreundlichkeit

Können die wichtigsten Wartungsarbeiten ohne Spezialwerkzeug durchgeführt werden? Der Kombischlüssel sollte als Werkzeug genügen. Das benötigte Werkzeug zum Festziehen von allen äußerlich sichtbaren Schrauben und Muttern sollte beim Zubehör enthalten sein. Bei vielen Motorsägenmodellen ist die Kettenspannung bereits im Kettenraddeckel seitlich integriert.

Um Sicherheit und Arbeitsproduktivität gewährleisten zu können, muss die Motorsäge laufend gewartet werden. © Stihl

Zu erwähnen ist auch die Schnellspannvorrichtung, durch welche kein Werkzeug für die Regulierung der Kettenspannung benötigt wird.

Fachwerkstätte

Gute, kompetente Beratung ist ein wesentlicher Faktor beim Kauf. Grundsätzlich gibt es keinen Hersteller am Markt, von dem abgeraten werden muss. Nicht die Sägemarke entscheidet, sondern die in der Nähe gelegene Fachwerkstätte.

Das Gerät wird nur während der Arbeit defekt, darum sollte eine Fachwerkstätte stets die wichtigsten Ersatz- und Verschleißteile lagernd haben, damit keine unnütze Wartezeit für die Reparatur und dadurch wertvolle Arbeitszeit verstreicht.

Informieren Sie sich unbedingt über das optimalste Treibstoffgemisch.

Verschleißteile

Entsprechend der Kettenteilung ist die passende Schärfausrüstung anzuschaffen. Eine Reservezündkerze sollte stets bereit sein.

Preis

Im Fachhandel werden immer wieder Aktionen für Motorsägen angeboten. Es ist nicht sinnvoll, in eine alte Säge hohe Reparaturkosten zu investieren. Werden größere Reparaturen erwartet, wird ein frühzeitiger Tausch des Gerätes empfohlen.

Schutzausrüstung

Kettensägen dürfen nur mit ordnungsgemäßer und entsprechender Schutzausrüstung verwendet werden.

Wer zu diesen Fragen ausreichend Überlegungen angestellt hat, dem wird es sicher leicht gelingen, die für ihn optimale Kettensäge vom Fachhändler mit nach Hause zu nehmen!

Checkliste vor dem Kauf

Abschließend als Gedankenstütze beim Kauf einer Kettensäge die „Wichtigen zehn Ws“:

- Wo arbeite ich mit der Säge?
- Was schneide ich damit?
- Wie viel schneide ich?
- Welche Motorsägengewichtsklasse?
- Wie lang soll die Schneideausrüstung sein?
- Welche Schneidezahnform?
- Welche Marke?
- Wie wartungsfreundlich?
- Wo ist die Fachwerkstätte?
- Wie viel ist zu bezahlen?

Wartung

Die Motorsäge ist ein Arbeitsgerät, das dem Benützer Arbeitserleichterung bei entsprechender Leistung ermöglichen soll. Dabei sind stets die Sicherheits- und Unfallverhütungsregeln einzuhalten. Um ein störungsfreies und sicheres Arbeiten mit der Motorsäge zu gewährleisten, wird empfohlen, Wartung und Pflege laufend durchzuführen. In der Betriebsanleitung, welche unbedingt gelesen werden sollte, findet man dazu auch herstellerspezifische Angaben und Details. Deshalb kann hier nur ein genereller Überblick und Tipps für die Pflege der Motorsäge gegeben werden. Ebenfalls laufend zu kontrollieren sind die Sicherheitseinrichtungen der Motorsäge.

Je nach Einsatzdauer des Gerätes unterscheidet man vier Wartungsintervalle:

- tägliche Wartung (nach drei bis fünf Betriebsstunden)
- wöchentliche Wartung (nach mehreren Tagen)
- monatliche Wartung (nach mehreren Wochen)
- jährliche Wartung (nach langer Einsatzzeit)

Erwähnt soll auch die „Periodische Wartung“ werden. Alte, störungsanfällige und nicht mehr der Sicherheit entsprechende Motorsägen sollten durch neue ersetzt werden.

Im landwirtschaftlichen Bereich ist häufig eine Vermischung der verschiedenen Wartungsarbeiten und Wartungsintervalle anzutreffen. Den Motorsägenbenützern ist das Reinigen der Säge oft eine lästige Angelegenheit. Daher sind hier einige motivierende Gründe für diese Tätigkeit angeführt, die durch eine permanente und sachgemäße Wartung und Pflege erreicht werden:

- geringere physische und psychische Belastung des Anwenders
- minimierter Abgaswert und Treibstoffverbrauch
- Unfallgefahren durch verabsäumte Wartungsarbeiten ausschließen
- geringerer Verschleiß
- mehr Leistung

© Franz Plasser/FAST Gmunden

„Beflockte" Filter sollten nicht mit zu hohem Druck oder mit einer groben Bürste gereinigt werden.

© Franz Plasser/FAST Gmunden

Für die Kühlung des Zylinders müssen die Lufteinlassöffnungen sauber und so luftdurchlässig sein.

- störungsfreier Betrieb
- weniger Vibration
- weniger Reparaturkosten
- längere Lebensdauer des Gerätes

Tägliche Wartung

Bei der täglichen Wartung sind nur die fünf großen S durchzuführen:
- Säubern
- Spannen
- Schmieren
- Schärfen
- Störungsbehebung

Die Säuberung betrifft vor allem den Luftfilter (eventuell Vorfilter), der als Lunge der Motorsäge bezeichnet werden kann. Nur saubere Luftfilter gewähren ein optimales Kraftstoff-Luftgemisch. Für die Reinigung ist er abzuschrauben, der doppelte Filter auseinanderzunehmen und mit Druckluft von der Innen- zu Außenseite auszublasen sowie mit einer weichen Bürste oder mit einem speziellen Reiniger zu säubern. Vor der Montage soll sichergestellt sein, dass der Luftfilter trocken ist und sich keine Feuchtigkeit im Netzteil befindet.

Das Säubern der Lufteinlassöffnungen am Gehäuse der Anwerfvorrichtung ist notwendig, damit genügend Luft zum Lüfterrad für die äußere Kühlung des Zylinders gelangen kann. Der Dekompressor soll den Start der Motorsäge erleichtern. Wird das Dekompressionsventil beim Starten gedrückt, muss es selbstständig wieder „herausspringen" können. Das Gestänge für den Druckknopf darf weder verbogen noch verschmutzt sein. Ein nicht optimal funktionierendes Dekompressionsventil führt zu Startproblemen.

Merke!

In Vergaser, Zylinder und Auspuff dürfen weder Wasser noch Schmutz gelangen!

Die Kette soll so gespannt sein, dass sie mit zwei Fingern in Laufrichtung gezogen werden kann und dabei an der Führungsschienenunterseite anliegt. Beim Hantieren mit der Motorsägenkette den Motor abstellen und Arbeitshandschuhe tragen. Eine zu lockere Kette erhöht den Verschleiß an Kette, Schwert und Kettenantriebsrad. Die Ursache für eine rausspringende Kette ist lediglich eine zu geringe Kettenspannung!

Ist für die Umlenkrolle der Führungsschiene ein Loch zur Schmierung vorgesehen, so ist diese nach Betriebsanleitung mittels Spezialfett und Spitznippelfettpresse beidseitig zu fetten. Minderwertige Fette sind nicht geeignet! Die Schneidezähne der Kette sollen immer scharf gehalten werden.

Je nach Einsatz des Gerätes täglich Kettenraddeckel innen, Kettenbremse und Schwertnut reinigen.

Motorsäge äußerlich reinigen. Ist der Luftfilter demontiert, ist der Luftdurchlass vom Vergaser abzudecken.

Die Kette darf im Betrieb nie so durchhängen!

Optimale Kettenspannung

Das Loch für die Schmierung ist mittels Spezialfett beidseitig zu fetten.

Auf Arbeitshandschuhe darf bei der Instandsetzung nicht vergessen werden. Die Unfallverhütung bei der Motorsägenarbeit beginnt bereits beim Schärfen zu Hause!

Aufgetretene Störungen müssen unbedingt sofort behoben werden. Dafür sind die notwendigsten Verschleißteile bereitzuhalten. Folgende Sicherheitseinrichtungen sind zu kontrollieren: Kettenbremse, Kettenfänger, Stoppschalter, Gashebelsperre, Antivibrationselemente.

Wöchentliche Wartung

Die wöchentliche Wartung stellt sich etwas aufwändiger dar.

Folgende Instandhaltungsarbeiten sind bei der wöchentlichen Wartung durchzuführen:

- Arbeiten der täglichen Wartung
- Reinigung von Anwerfvorrichtung und Zündanlage
- Reinigung des Lüfterrades, eventuell Starterklinken ölen.
- Kettenraddeckel demontieren und säubern.

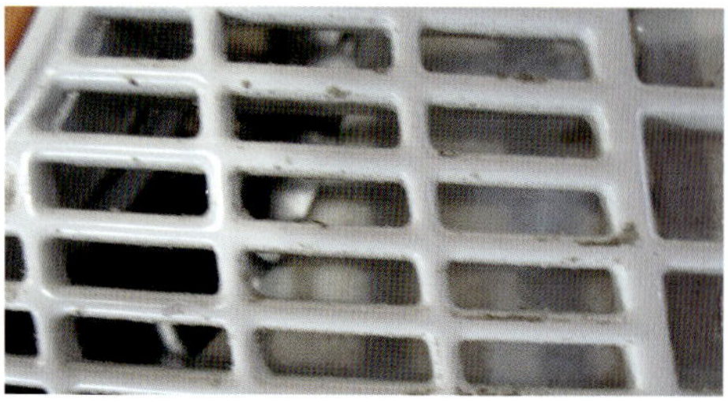

Die Kühlrippen sind zu reinigen, damit der Motor nicht überhitzt. © Bernhard Henning/forestbook

© Franz Plasser/FAST Gmunden

Einlegen der Feder von außen nach innen

Das „Kerzengesicht" weist bei optimalen Bedingungen eine Braunfärbung auf. Der Elektrodenabstand beträgt 0,5 mm. © Bernhard Henning/forestbook

© Franz Plasser/FAST Gmunden

LInks neues, rechts abgenütztes Ringritzel

- Führungsschiene auf Geradheit und Aufgratung an der Unterseite kontrollieren. Nut und Öleintrittsbohrung der Führungsschiene reinigen. Bei der Montage das Schwert in gewendetem Zustand montieren. Bei Beschädigungen erneuern.
- Reinigen der Kühlrippen des Zylinders, damit die äußere Kühlung (= Wärmeabgabe) gewährleistet bleibt und Motorschäden durch Überhitzung vermieden werden
- Schraubenkontrolle (Griffrohrbefestigung), Kontrolle aller Befestigungsschrauben auf ihren festen Sitz
- Ketteninstandsetzung: Linke und rechte Schneidezähne sollen optisch die gleiche Länge aufweisen. Sichtprüfung auf Beschädigungen, Kontrolle und Instandsetzung der Tiefenbegrenzer
- Fetten des Nadellagers zwischen Kupplungsglocke und Kurbelwelle
- Zündkerze nach ca. 100 Betriebsstunden erneuern.

Das Reinigen einer Zündkerze ist weniger sinnvoll als der Tausch. Es gilt der Grundsatz: Eine Zündkerze gehört nicht gereinigt, sondern getauscht! Nur die vom Hersteller empfohlenen Zündkerzen sind zu verwenden.

Monatliche Wartung

- Arbeiten der täglichen und wöchentlichen Wartung
- Demontage und Reinigung der Kupplungsglocke bei innen liegenden Kupplungen.
- Ölen der Starterfeder. Vor dem Zerlegen der Startvorrichtung ist die Feder zu entspannen. Nach der Reinigung der Starterfeder wird diese in den dafür vorgesehenen „Federkäfig" oder in den Starterdeckel eingelegt und anschließend geölt. Die Starterfeder ist so zu spannen, dass der Startergriff immer eingezogen wird.
- Kontrolle der Zündkerze, eventuell erneuern (Elektrodenabstand 0,5 mm).

Tab.: **Wartungsarbeiten und ihre Häufigkeit**

	täglich	wöchentlich	monatlich	jährlich
Kontrolle der Sicherheitseinrichtungen	X			
Luftfilter	X			
Kette schärfen	X	X		
Kettenraddeckel	X			
Kettenbremse	X			
Schwertnut	X			
Schwert entgraten		X		
Schwert wenden		X		
Ansaugöffnungen	X			
Gerät äußerlich reinigen	X			
Zündkerze		X		
Schraubenkontrolle	X	X		
Startvorrichtung		X		
Starterfeder			X	
Nadellager		X		
Kontrolle der Kettenschmierung	X			
Kettenantriebsrad			X	
Fliehgewichte		X	X	
Benzintank reinigen			X	X
Öltank reinigen				X
Kraftstofffilter				X

- Funkenschutzgitter des Schalldämpfers (falls vorhanden) reinigen, gegebenenfalls erneuern.
- Vibrationselemente auf Beschädigungen kontrollieren.
- Laufflächen der Führungsschiene plan schleifen, damit beide gleich hoch sind. Ungleich hohe Laufflächen führen zu schiefen Schnitten.
- Kontrolle der Kupplungsfliehgewichte, deren Federn oder Klammern
- Kontrolle des Kettenantriebsrades
- Benzin- und Öltank reinigen.

Das Kettenantriebsrad (Ritzel) ist nach etwa vier verbrauchten Ketten zu tauschen. Alte, eingelaufene Kettenantriebsräder erhöhen den Kettenverschleiß und können zu einem Kettenriss führen.

Sicherheitshinweise

- Kein Benzin für die Reinigung verwenden.
- Kontakt mit Benzin vermeiden.
- Für gute Be- und Entlüftung in geschlossenen Räumen sorgen.
- Bei Arbeiten mit Druckluft oder Schleifgeräten Schutzbrille und Gehörschutz verwenden.
- Beim Hantieren mit der Motorsägenkette sind Arbeitshandschuhe zu tragen.

Die Arbeitsweise eines Schneidezahnes ist vergleichbar mit der eines Hobels, daher auch der Name „Hobelzahnkette“. © Franz Plasser/FAST Gmunden

© Franz Plasser/FAST Gmunden

Bestandteile eines Schneidezahnes. Ganz links das Zahndach, das die Zahnlänge vorgibt, darauf folgt die Hauptschneide und das vordere Ende des Zahndachs. Unterhalb davon die Nebenschneide, die den Abschluss der seitlichen Zahnbrust bildet und neben der Dachschneide liegt. Gegenüber davon ganz rechts liegt der Tiefenbegrenzer.

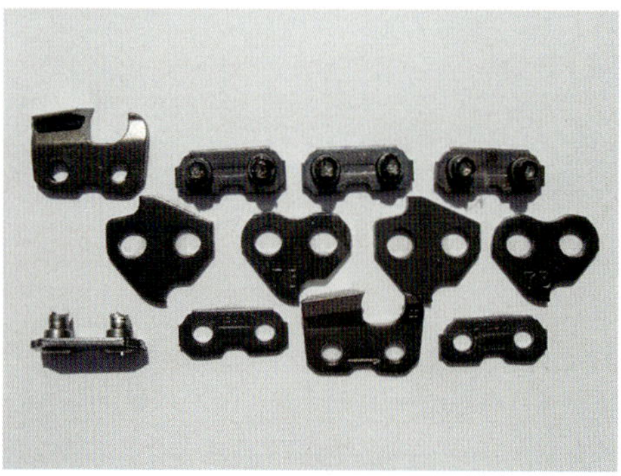

© Franz Plasser/FAST Gmunden

Bestandteile einer Motorsägenkette. 1. Reihe, linkes Glied: linker Schneidezahn. 1. Reihe, 3. Glied: Verbindungsglied mit Nieten. 2. Reihe, 1. Glied: Sicherheitstreibglied. 2. Reihe, letztes Glied: Treibglied. 3. Reihe, vorletztes Glied: rechter Schneidezahn. 3. Reihe, letztes Glied: Verbindungsglied.

Beim Meißelzahn treffen sich Haupt- und Nebenscheide exakt an einem Punkt, welcher sehr empfindlich ist. © Franz Plasser/FAST Gmunden

Sonderkraftstoffe und Öle

Eine der Freuden der Waldarbeit ist es, in der frischen Waldluft tätig zu sein. Das trifft aber nur zu, solange die Motorsäge nicht in Betrieb ist. Denn die Abgase der Motorsägen stinken nicht nur, sie sind sogar krebserregend. Keine Frage, die Motorsäge ist unverzichtbar bei der Waldarbeit. Die enorme Arbeitserleichterung und Steigerung der Produktivität ging aber lange Zeit auf Kosten der Gesundheit. Die ersten handelsüblichen Modelle waren sehr schwer und führten bei Forstarbeitern zu Rückenproblemen. Im Laufe der Zeit wurden die Motorsägen zwar leichter, es gab aber noch keinen Vibrationsschutz. Das führte zur Weißfingerkrankheit, bei der die feinsten Blutgefäße in den Fingern absterben. Mittlerweile gehört der Vibrationsschutz zur Standardausstattung von Motorsägen. Die Hersteller sind durchaus bemüht, die Motorsägen ergonomisch zu gestalten. Ein Problemfeld bleibt trotzdem bestehen: die Abgasbelastung. Die Abgase einer Motorsäge sind alles andere als gesundheitsfördernd: Sie bestehen zu etwa zwei Dritteln aus Kohlenmonoxid und fast einem Drittel aus Kohlenwasserstoffen. Den Rest machen Stickoxide und Schwefel aus. Motorsägen sind besonders ineffizient, was das Verhältnis von Leistung zu Abgasen betrifft. Selbst moderne Motorsägen stoßen pro Betriebsstunde elfmal so viel Benzol aus wie ein Automotor – bei älteren Modellen ist es sogar das 24-fache. Dabei ist zu beachten, dass sich der Auspuff einer Motorsäge, anders als beim Auto, in unmittelbarer Nähe des Gesichts befindet.

Viele Forstarbeiter, die ständig den Abgasen der Motorsäge ausgesetzt sind, nutzen schon seit einigen Jahren Sonderkraftstoffe, auch Alkylatbenzin genannt. Diese sind zwar etwas teurer als herkömmlicher Kraftstoff, dafür aber schwefelarm, frei von Blei und Benzol. Die Gesundheitsgefährdung reduziert sich dabei erheblich. Weitere Vorteile sind: eine geringere Rauchbildung, das Öl-Kraftstoffgemisch muss nicht selbst hergestellt werden und die längeren Lagerzeiten von mindestens zwei Jahren. Der Betrieb einer Motorsäge mit Sonderkraftstoffen ist unproblematisch. Nur bei Motorsägen, die über viele Betriebsstunden hinweg mit herkömmlichem Kraftstoff betrieben wurden, sollte der Motor vor der Umstellung von einem Fachmann gereinigt werden. Denn Sonderkraftstoffe können Rußablagerungen ablösen. Die Abgase der Sonderkraftstoffe sind für den Menschen weniger gefährlich und gesundheitsschädigend. Dennoch handelt es sich um Gefahrenstoffe, die nicht in die Umwelt gelangen dürfen.

Was ist Benzol?

Benzol erhöht die Klopffestigkeit von Benzin (höhere Druck- und Temperaturstabilität), weshalb es lange eine wichtige Rolle bei der Produktion von Treibstoffen einnahm. Heute ist es nur noch als Zusatz in einer Konzentration bis zu einem Prozent zulässig. Benzol ist eine flüchtige organische Verbindung, die beim Menschen krebserregend wirken kann. Nach derzeitigem Wissensstand existiert keine Wirkungsschwelle, unter der Benzol keine Schädigungen hervorrufen kann. Zur Risikominimierung sollten daher die Immissionskonzentrationen auf ein möglichst niedriges Niveau gesenkt werden. Benzoldämpfe sind beim Einatmen giftig, die Symptome akuter Vergiftungen treten erst bei relativ hohen Konzentrationen ein. Leichte Vergiftungen äußern sich in Schwindelgefühl, Brechreiz, Benommenheit und Apathie. Bei einer schweren Vergiftung kommt es zu Fieber und Sehstörungen bis hin zu vorübergehender Erblindung und Bewusstlosigkeit. Eine langzeitige Aufnahme kleinerer Benzolmengen führt vor allem zu Schädigungen der inneren Organe und des Knochenmarks. Letzteres resultiert in einer Abnahme der Zahl der roten Blutkörperchen (Anämie), was sich in Herzklopfen, Augenflimmern, Müdigkeit, Schwindel, Blässe und Kopfschmerzen äußert. Benzol wird im Gehirn, Knochenmark und Fettgewebe gespeichert. Es wird nur langsam über die Niere ausgeschieden.

Kettenhaftöl

Sägeketten werden beim Betreib laufend geschmiert. Dabei gelangen ständig winzige Öltropfen in die Umwelt. Der Kettenölverbrauch von Motorsägen liegt durchschnittlich bei 0,33 Litern pro produktiver Maschinenstunde. Bedenkt man, dass bei jedem Betanken der Motorsäge auch Öl nachgefüllt werden muss, kann man abschätzen, welche Ölmengen auf diese Weise in die Umwelt, also in den eigenen Wald, kommen. Deshalb ist der Einsatz biologisch schnell abbaubarer Kettenhaftöle für den Schutz von Boden, Wasser und lebender Umwelt unbedingt erforderlich. Die Umstellung von mineralischem Kettenhaftöl auf biologisch leicht abbaubares ist unproblematisch. Bei längerer Standzeit der Säge sollte die Kette abgenommen und gereinigt werden, weil sonst Kette und Schwert miteinander verkleben können.

Die Verwendung von biologisch leicht abbaubarem Kettensägeöl sollte aus Gründen des Umwelt- und Gesundheitsschutzes selbstverständlich sein. Biologisch abbaubare Kettensägeöle werden sowohl auf Pflanzenbasis als auch vollsynthetisch hergestellt.

Hydrauliköle

Die Hydrauliksysteme von Forstmaschinen verfügen über ein Füllvolumen von oft bis zu mehreren hundert Litern. Bei der Handhabung dieser Mengen ist größte Vorsicht angebracht. Bereits kleine Unachtsamkeiten, defekte Ölschläuche oder Brüche von Leitungen können dazu führen, dass Öl in großen Mengen ausläuft und den Waldboden sowie das Wasser verschmutzt.

Umweltverträgliche Hydrauliköle sind als biologisch schnell abbaubare Druckflüssigkeiten auf dem Markt. Sie haben im Vergleich zu konventionellen Produkten eine geringere Boden- und

Umgang mit Kraftstoffen im Wald

Wahl des Kraftstoffes: Setzen Sie nur schadstoffarme Gerätebenzine ein. Diese werden unter Markennamen wie Agrola, Aspen, CleanLife oder Motomix angeboten.

Kettensägeöle, Schmierfette und Hydrauliköle: Vermindern Sie die Verschmutzung der Böden, indem Sie umweltverträgliche Produkte verwenden. Auf dem Markt gibt es auch Produkte, die die Ölwechsel-Intervalle verlängern.

Wahl der Geräte: Achten Sie bereits beim Kauf der Motorsägen und Maschinen auf Geräte, die deutlich weniger Abgase ausstoßen.

Reinigung: Verwenden Sie für die Reinigung von Werkzeugen, Geräten, Maschinen, Fahrzeugen und Motoren biologisch rasch abbaubare Reinigungsmittel.

Lagerung: Kontrollieren Sie regelmäßig Öl- und Treibstoffleitungen in Lagern und an den Fahrzeugen. Halten Sie ein geeignetes Bindemittel für organische Flüssigkeiten (Granulate, Soforthilfe-Vlies) bereit. Fässer nie liegend, sondern immer stehend lagern. Alle Kraftstoffe sind im Wald so zu lagern, dass sie sich nicht in der Nähe von Zündquellen befinden. Rauchen ist in der Nähe von Kraftstofflagern selbstverständlich verboten.

Schadensbegrenzung: Ist der Schaden eingetreten, gilt es zunächst rasch das Leck abzudichten, damit die Menge an austretendem Öl möglichst gering bleibt. Die ausgelaufene Flüssigkeit muss schnell aufgefangen und mit geeigneten Mitteln am Versickern gehindert werden.

Öl-Notfallset bereithalten: In der Kabine der Forstmaschine sollten stets Öl-Notfallsets vorhanden sein. Diese Bindemittel sind sehr saugfähig und saugen ausschließlich Öl und kein Wasser auf.

Grundwasserbelastung zur Folge. Deshalb können durch Ölunfälle oder durch Lecke an Behältern und Schläuchen verursachte Schäden problemloser beseitigt oder begrenzt werden. Der Vorbeugung durch regelmäßige Kontrolle von Öl- und Treibstoffleitungen und -tanks in Lagern und an den Fahrzeugen sollte große Beachtung beigemessen werden.

Akkus im Wald

Lithium-Ionen-Akkus haben die Akkugeräte deutlich vorangebracht, erlauben sie doch ein kabelloses und dennoch kraftvolles Arbeiten. Mittlerweile steigen auch im Forstbereich die Verkaufszahlen. Aber sind die Akkusägen tatsächlich geeignet für die anspruchsvolle Arbeit im Wald? Grundsätzlich lässt sich diese Frage mit Ja beantworten – allerdings mit Einschränkungen. Akkusägen können vor allem für die Jungbestandspflege empfohlen werden: keine Abgase, kaum Lärm und keine Gefahrstoffe, die Wald und Umwelt belasten. Das steht auf der Habenseite der Elektroniksägen. Oder anders formuliert: Für Tätigkeiten, bei denen eine Motorsäge bis 2 kW Leistung benötig wird, stellt die Akkusäge eine interessante Alternative dar.

Noch gibt es ein Missverhältnis zwischen Leistung und Gewicht der wieder aufladbaren Batterieeinheiten. Ein Akku, der die Energie von nur 0,3 l Benzin speichert, wiegt derzeit etwa 8 kg – das ist das Gesamtgewicht einer Profisäge. Zwar ermöglicht der Fortschritt in der Akkutechnologie einiges, was früher undenkbar war, doch bei mittelschweren Sägen stoßen Akkus dennoch schnell an ihre Leistungsgrenze. Daher bleibt die Akkusäge vorerst zumindest beschränkt auf den Einsatz in der Jungbestandspflege bzw. beim Zaunbau und ähnliche Tätigkeiten. Die meisten Hersteller bieten Einschubakkus an. Anstelle des Auftankens tauscht man die Batterieeinheit aus. Zu einer echten Gewichtsersparnis kommt es dabei nicht, für Arbeiten in Jungbeständen muss man mit zwei Akkus für einen halben Tag Arbeit einberechnen.

Akkusägen sind zwar deutlich teurer als die Benziner, dafür sind die Betriebskosten niedriger. Hochgerechnet auf die Nutzungsdauer sind die Maschinenkosten fast ident. Vorsicht ist geboten in den Wintermonaten bzw. wenn man in kühlen Regionen arbeitet, denn die Laufzeit der Akkus hängt wesentlich von den Umgebungstemperaturen ab. Bei frostigen Temperaturen sinkt die Akkulaufzeit merklich. Positiv hervorzuheben ist allerdings die Ergonomie: Akkusägen verursachen geringere Vibrationen. Und auch die Lärmbelastung fällt deutlich geringer aus, der Schalldruckpegel liegt bei etwa 90 Dezibel (dB). Der Gehörschutz ist aber auch bei Akkusägen zu tragen, denn der Grenzwert hierfür liegt bei 85 dB. Motorsägen sind mit bis zu 107 dB aber deutlich lauter.

Als die ersten Benzinmotorsägen eingeführt wurden, wollten sie viele Forstarbeiter nicht verwenden und lieber weiter mit Axt und Säge arbeiten. Denn die ersten Motorsägen waren nicht nur schwer und laut, auch ihre Abgasbelastung war enorm. Doch nur ein Jahrzehnt später waren sie ein unverzichtbares Werkzeug in der Waldbewirtschaftung. Mit den Akkusägen könnte ein ähnlicher Technologiewandel bevorstehen und zukünftige Generationen von Forstarbeitern und Waldbauern sich darüber wundern, wie man früher mit den lauten und stinkenden Motorsägen gearbeitet hat.

Fazit: Die Akkutechnologie ist auf dem Vormarsch. Es gibt auch im Wald bereits Einsatzgebiete und die Vorteile, wie der abgasfreie Betrieb und der geringere Lärm, sprechen vor allem aus Gründen des Gesundheitsschutzes für die Akkusägen. Der Wirkungs-

© Franz Plasser/FAST Gmunden

Beim Halbmeißelzahn ist der Übergang von Haupt- zur Nebenscheide abgerundet.

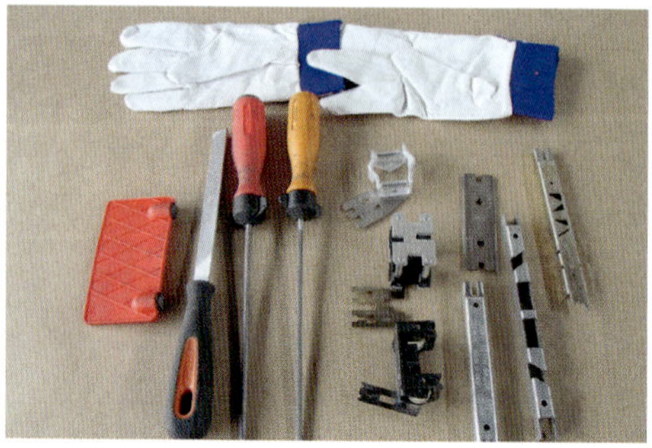

Das Werkzeug, das zum Kettenschärfen benötigt wird

© Franz Plasser/FAST Gmunden

© Franz Plasser/FAST Gmunden

Ist es notwendig, die Kette während der Holzernte zu feilen, so kann sie auch in einem Stock oder Baumstumpf eingespannt werden.

Eingespannte Kette im Schraubstock. Vor dem Schärfen muss unbedingt die Kettenspannung überprüft werden.

© Franz Plasser/FAST Gmunden

grad der Lithium-Ionen-Akkus ist aber noch nicht soweit, dass man ganz auf die Motorsäge verzichten kann. Vor allem im Winter bei tiefen Temperaturen kommen die Akkusägen schnell an ihre Grenzen. Eine Weiterentwicklung der Leistungsfähigkeit der Akkus vorausgesetzt, scheint es aber nur eine Frage der Zeit zu sein, bis Akkusägen eine echte Alternative darstellen.

Kettenschärfen

Mit einer Kettensäge zu arbeiten, die man nur führen muss, da sie von selbst in das Holz zieht und schneidet, ist angenehm und motivierend. Gerade bei der anstrengenden Holzernte ist man dankbar für Werkzeug, das einem die Arbeit erleichtert. Soll das Werkzeug aber gut funktionieren, muss es auch regelmäßig gewartet werden. Dies gilt besonders für die Motorsägenkette. Die Schneidegarnitur besteht aus Kettenantriebsrad, Führungsschiene und Sägekette und setzt die Motorleistung in Schnittleistung um. Bei gleichbleibender Motorleistung lässt jedoch die Schnittleistung durch Abnützung oder Verletzung der Schneide nach und die Kette muss wieder instand gesetzt werden. Beachtet man nur wenige Punkte bei der Instandsetzung, so gelingt sie garantiert.

Wer die Kette nicht instand setzt, hat in der Regel eine höhere körperliche Belastung, mehr Materialverschleiß und benötigt für die Arbeit mehr Zeit. Die Unfallverhütung bei der Waldarbeit beginnt nicht erst im Wald, sondern bereits bei der Ketteninstandsetzung zu Hause! Das Schärfen der Schneidezähne ist eine leichte Arbeit, wenn man die Feiltechnik beherrscht.

Unterschiede in der Zahnlänge zwischen linken und rechten Schneidezähnen ergeben einen schiefen Schnitt.
© Franz Plasser/FAST Gmunden

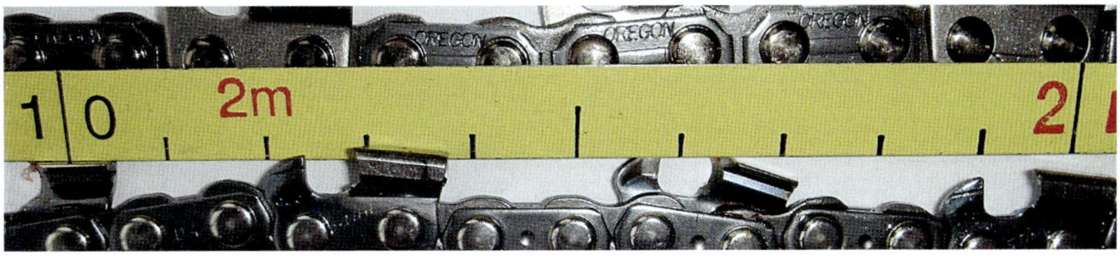

© Franz Plasser/FAST Gmunden

Durch das Messen der Kettenteilung wird bestimmt, welche Feile beim Schärfen verwendet werden soll.

Vorteile einer optimal instand gesetzten Kette:

- geringere Unfallgefahr und Ermüdung
- Reduzierung der Rückschlaggefahr und Vibration
- Leistungssteigerung
- weniger Materialverschleiß und Treibstoffverbrauch

Das Zahndach bildet auch die Zahnlänge. Es ist derart gestaltet, dass es von vorne nach hinten niedriger wird. Nur wenn linke und rechte Zahnreihe gleich lang und somit gleich hoch sind, wird auch ein gerader, gleichförmiger Schnitt zu erwarten sein.

Weisen die Zahnreihen ungleiche Längen auf, greift die höhere Zahnreihe mehr ins Holz ein. Dies führt zu einem schiefen Schnitt.

Die Hauptschneide bildet den vorderen Abschluss des Zahndaches. Hier wird auch der Schneidezahn am meisten beansprucht. Der Schärfwinkel der Hauptschneide beträgt je nach Holzart und Holzzustand zwischen 25 und 35 Grad.

Die Nebenschneide ist der Beginn der Zahnbrust und mitverantwortlich für die Spanabtrennung. Der Tiefenbegrenzer bestimmt die Arbeitstiefe. Die Differenz der Höhe zwischen Hauptschneide und Tiefenbegrenzer wird als Span entnommen. Diese Differenz darf nie zu groß sein!

Beim Kauf einer Sägekette haben Sie die Wahl zwischen zwei unterschiedliche Zahnformen: dem **Meißelzahn** und dem **Halbmeißelzahn**. Der Meißelzahn ist, bedingt durch eine etwas kompliziertere Instandsetzung, eher dem Profibereich vorbehalten. Der Halbmeißelzahn ist sehr einfach zu schärfen und hält auch die Schneide gut. Daher sollte beim Kauf der Kette für Kettensägenanwender, die mit dem Feilen nicht bestens vertraut sind, folgender Grundsatz gelten: Kaufen Sie eine Kette, die keine eckigen Schneidezähne hat!

Das Schärfen der Kette erfolgt mittels Rundfeile, das Schleifen mit einem Schärfautomat. Die Instandsetzung sollte stets nur durch eine der beiden Varianten erfolgen, da eine Vermischung keine Vorteile, sondern eher Nachteile bringt.

Damit ein optimales Ergebnis erreicht wird, sind grundsätzlich die Empfehlungen des Herstellers einzuhalten.

Überprüfung, ob die Feile ausreichend über das Zahndach hinausragt © Franz Plasser/FAST Gmunden

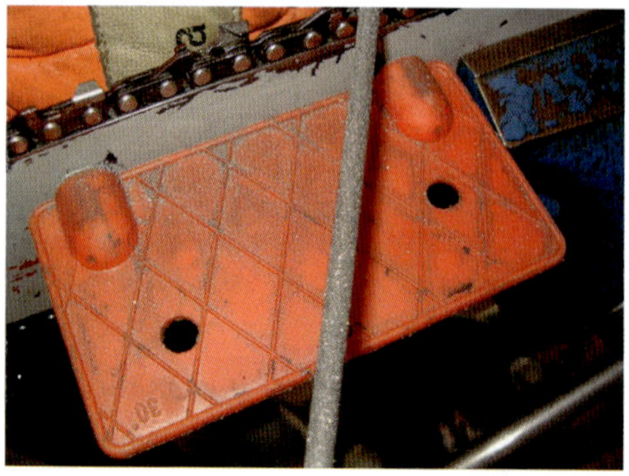

Mit dem Schärfgitter soll der richtige Winkel gefunden werden. © Franz Plasser/FAST Gmunden

Material zum Schärfen der Schneidezähne:

- Rundfeile entsprechend der Kettenteilungund Zahnhöhe
- Feilgriff
- Schärfgitter
- Tiefenbegrenzerlehre
- Flachfeile

Um einer Verletzungsgefahr der Finger vorzubeugen, sind Arbeitshandschuhe zu tragen.

Tab.: **Bestimmung der Kettenteilung**

Abstand von 11 Nieten in cm	Kettenteilung
< 7	¼ Zoll
zwischen 8 und 9	0,325 Zoll
zwischen 9 und 10	3/8 Zoll
> 10	0,404 Zoll

Tab.: **Kettenteilung und Feilendurchmesser**

Kettenteilung/ Zoll	Profi	Nicht-profi
0,404	5,5 u. 4,8 mm	5,5 mm
3/8	5,2 (5,5) u. 4,8 mm	5,2 mm
0,325	4,8 u. 4,5 mm	4,8 mm
3/8 Niedrigprofil	4,5 u. 4 mm	4,5 mm
1/4	4,0 u. 3,5 (3,2) mm	4,0 mm

Nachfolgend die sieben Teilschritte des Kettenschärfens.

1. Überprüfen der Kettenspannung
Die Kette muss so straff gespannt sein, dass sie sich beim Durchziehen mit der Feile nicht rückwärts bewegt.

2. Einspannen der Motorsäge
Das Einspannen der Motorsäge kann in einem Schraubstock, Feilbock oder durch Einschneiden in einen Stock oder einen Baumstumpf erfolgen.

3. Beurteilung der Zahnlänge
Alle Schneidezähne sollen optisch ungefähr gleich lang sein. Wenn die Schneidezähne ungleich lang sind, so wird auch der Schnitt ungleichförmig werden.

4. Wahl der richtigen Feile entsprechend der Kettenteilung
Die Kettenteilung ergibt sich durch den Abstand der Nieten. Ermittelt wird die Kettenteilung durch das Messen von 11 Nieten. Dabei wird von Nietenmitte zu Nietenmitte gemessen.

Die verwendete Rundfeile soll 1/5 bis 1/10 ihres Durchmessers über das Zahndach ragen. Dadurch wird eine entsprechende Stabilität der Dachschneide und somit der Standzeit erreicht. Die Zahnhöhe ist bei den Kettenteilungen unterschiedlich, deshalb werden je nach

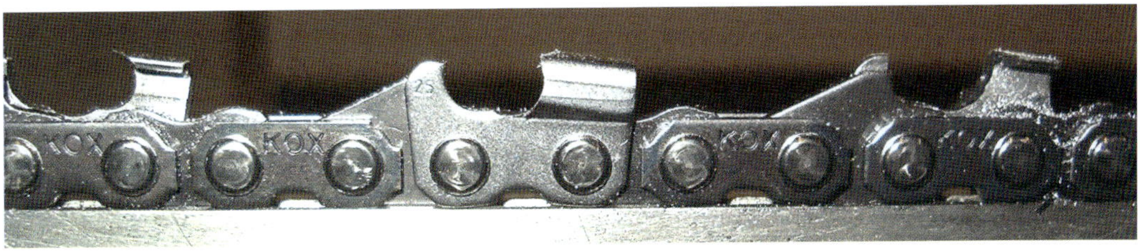

Vergleich verschiedener Feilergebnisse: Der erste Zahn ist ein Vorhänger, der mittlere Zahn hat eine optimale Nebenschneide, der letzte Zahn ist ein Rückhänger. © Franz Plasser/FAST Gmunden

Teilung unterschiedliche Feilendurchmesser verwendet:

Die 3/8-Niedrigprofilkette ist vorwiegend auf „Hobbysägen" und Motorsägen für die Baumpflege zu finden. Ist etwa die Hälfte des Schneidezahnes weggefeilt, kann laut Tabelle von der größeren auf die kleinere Rundfeile gewechselt werden.

5. Schärfwinkel der Hauptschneide

Der Schärfwinkel der Hauptschneide beeinflusst die Leistung und Vibration beim Schneiden.

Um den richtigen Winkel zu wählen, haben viele Ketten auf dem Zahndach eine Markierung eingestanzt.

Der Schärfwinkel soll nicht weniger als 25 Grad und nicht mehr als 35 Grad betragen. Ein Winkel von 35 Grad wird bei ungefrorenem Weichholz verwendet, für Hartholz und gefrorenes Weichholz wird ein Winkel zwischen 25 und 30 Grad gewählt. Der größere Schärfwinkel ergibt bei nicht gefrorenem Weichholz mehr Leistung. Ein kleinerer Schärfwinkel bringt bei gefrorenem Holz und Hartholz einen ruhigeren Lauf und weniger Vibration.

Damit bei jedem Schneidezahn der richtige Winkel erreicht wird, empfiehlt es sich, ein Schärfgitter zu verwenden.

Die Schneidezähne sind mit einer Hartchromschicht überzogen (vergütet). Diese ist wesentlich härter als die Feile und somit muss von der Zahninnenseite zur Zahnaußenseite gefeilt werden.

6. Feilführung

Die Rundfeile ist mit beiden Händen zu führen. Beim Halbmeißelzahn erfolgt die Feilführung parallel zum Zahndach. Die Feile muss mit der Hauptschneide „bündig" sein. Das heißt, zwischen der Rundfeile und der Hauptschneide darf kein Leerraum sein!

Beim Meißelzahn hingegen (insbesondere bei der 3/8-Zoll-Kettenteilung) wird die Feile mit zehn Grad von unten nach oben und mit einem um fünf Grad größeren Schärfwinkel, als der Hauptschneidewinkel betragen soll, durchgezogen. Ziel des Bergauffeilens ist es, eine möglichst stabile Spitze beim Treffpunkt von Haupt- und Nebenschneide zu erhalten. Feile und Unterarm sollen in einer möglichst geraden Linie geführt werden. Der Daumen am vorderen Feilenende darf nicht obenauf liegen, sondern soll die Feile seitlich in den Schneidezahn drücken.

Beim Feilen gilt folgender Grundsatz: Nie ein Verbindungsglied oder Treibglied anfeilen! Die Feile mit mäßigem Druck führen! Greift eine Feile nicht mehr, ist sie sofort zu ersetzen.

Der Rechtshänder schärft in der Regel zuerst die rechten Schneidezähne, anschließend durch Wenden der Motorsäge oder Standortwechsel die linken Schneidezähne. Um ein gleichmäßigeres und besseres Ergebnis

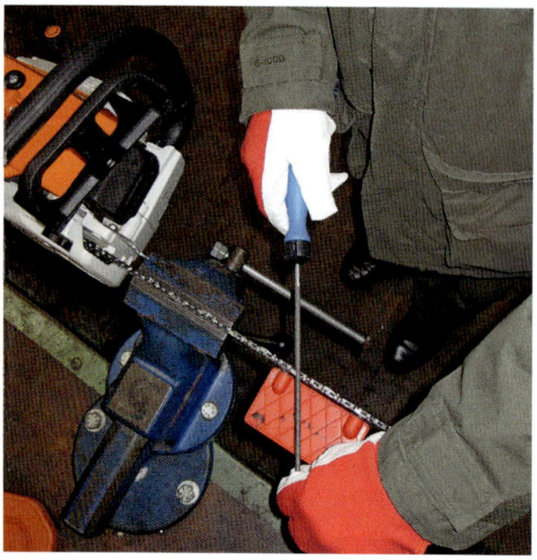

© Franz Plasser/FAST Gmunden

Die Feile ist mit beiden Händen zu führen.

© Franz Plasser/FAST Gmunden

Achtung auf den Daumen bei der Feilführung. Dieser soll nicht an der Feile aufliegen, sondern die Feile in den Schneidezahn drücken.

zu erreichen, sollten die rechten Schneidezähne mit der rechten Hand und die linken Schneidezähne mit der linken Hand gefeilt werden.
Die Rundfeile wird beim Feilen unter Ausnützung ihrer gesamten Länge mit mäßigem Druck in den Schneidezahn gedrückt, wobei sie mit dem Zahndach (Hauptschneide) bündig sein muss. Ein Drehen der Feile ist nicht notwendig. Der Zahn ist geschärft, wenn auf der Hauptschneide keine Verletzung der Hartchromschicht mehr sichtbar oder ein durchgehender Grat erkennbar ist.

Während des Feilvorganges soll auch immer die Nebenschneide beachtet werden, damit kein „Vorhänger“ entsteht. Die optimale Nebenschneide beträgt beim Halbmeißelzahn etwa fünf Grad und beim Meißelzahn 10–15 Grad Neigung.

Mögliche Ursachen für das Entstehen von Vorhängern können eine falsche (zu kleine) Feile oder eine zu tiefe Feilenführung sein. Der Nachteil beim Vorhänger ist eine zu dünne Dachschneide. Dadurch ist die Lebensdauer der Schneide wesentlich kürzer. Rückhänger werden durch eine zu große Feile oder übermäßiges Aufwärtsfeilen verursacht, die Dachschneide wird stabiler, aber die Schneideleistung sinkt.

Tab.: **Einstellung des Tiefenbegrenzers**

Motorsägenklasse	Weichholz	Hartholz
Hobbysäge	0,6 mm	0,5 mm
Leichte Motorsäge	0,65–0,7 mm	0,6 mm
Mittelklasse Motorsäge	0,75–0,8 mm	0,7 mm
Schwere Motorsäge	0,85–1 mm	0,7–0,8 mm

Den Grundsatz „häufiges Feilen bringt weniger Feilfehler und mehr Leistung“ einhalten!

7. Kontrolle der Tiefenbegrenzer

Nach etwa drei- bis fünfmaligem Schärfen ist der Tiefenbegrenzer des Schneidezahnes mittels einer dafür geeigneten Lehre und Flachfeile zu kontrollieren.

Ein zu niedriger Tiefenbegrenzer erhöht die Rückschlaggefahr sowie Vibrationen und die Kette hackt sich beim Schneiden fest. Je nach Motorsägenstärke, Holzart und Holzzustand soll der Tiefenbegrenzer um ca. 0,6–0,8 Millimeter tiefer gesetzt werden. Gefrorenes Holz ist wie Hartholz zu betrachten.

Werden die Tiefenbegrenzer waagrecht abgefeilt, sind sie gegebenenfalls abzurunden oder abzuschrägen. Ihre Form im Neuzustand sollte beibehalten werden.

Für den Forsteinsatz benötigt der Traktor die entsprechende Ausrüstung. © Steyr Traktoren

Traktoren

Neben der Motorsäge gehört der Traktor zu den wichtigsten Maschinen. Der Einsatzschwerpunkt ist die Holzbringung, wobei Traktoren aber auch für andere Aufgaben einsetzbar sind.

Die wichtigsten Bauteile eines Traktors sind das Fahrgestell, der Aufbau und die elektrische Anlage. Besondere Bedeutung hat die Rahmenbauweise beim Forsttraktor. Der Rahmen ist das tragende Gerüst des Fahrzeugs. Im Forsteinsatz wird der Rahmen durch Geländeunebenheiten und ungleichmäßige Belastungen stark beansprucht. Die meisten Forsttraktoren sind daher in der so genannten Blockbauweise gefertigt, was bedeutet, dass die einzelnen Bauteile dabei zu einem starren, selbsttragenden Block verbunden sind. Diese selbsttragende Bauweise erfordert für den Rückeeinsatz eine zusätzliche Verstärkung durch einen Hilfsrahmen aus Stahl für zusätzliche Anbauten, da der Block bei starker Belastung sonst brechen könnte.

Überhaupt unterliegt der Traktor im Forsteinsatz wesentlich stärkeren Belastungen als im landwirtschaftlichen Betrieb. Um unnötigen Ärger und Standzeiten durch Beschädigungen am Traktor zu vermindern, ist es nötig, gewisse Komponenten zu schützen.

Eine der Hauptunfallursachen bei der Bedienung von Forsttraktoren ist das Reißen, Brechen oder Splittern von Teilen. Dies können herabfallende Baumteile, herumschleudernde Teile von Seilen und Anschlagmitteln oder auch brechende Holzteile sein.

Dank seiner Dreipunktaufhängung ist der Traktor vielseitig im Forst einsetzbar. © Pfanzelt Maschinenbau

Tab.: **Einsatzmöglichkeiten von Forsttraktoren. Der Forsttraktor dient als Trägermaschine verschiedener Anbaugeräte, wodurch er in der Waldbewirtschaftung vielseitig einsetzbar ist.**

Einsatzart	Tätigkeit	Anbaugerät
Holzernte	Zufallbringen von Bäumen	Seilwinde
	Bringen von Langholz	Seilwinde
	Holzbringungen aus nicht schleppertauglichem Gelände	Seilkran
	Bringen von Kurzholz	Krananhänger, Rückezange
	Antrieb von Aufarbeitungsgeräten	Anbauprozessor
	Holzspalten	Anbauspalter
	Energieholzproduktion	Anbauhacker
Kulturpflege	Räumen von Hiebsflächen	Reisigräumgerät
	Bodenbearbeitung	Streifenpflug, Grubber
	Ziehen und Antrieb von Pflanzgeräten	Pflanzgerät
	Kultur- und Landschaftspflege	Mährgerät, Fräsen
Forstschutz	Zaunbau	Erdbohrer
Wegeinstandhaltung	Ziehen und Antrieb von Wegepflegegerät	Wegepflegegerät
	Mähen von Banketten	Mäher
Sonstiges	Transportarbeiten	Diverse Hänger
	Ausbringung von Dünger	Düngegeräte
	Schneeräumen	Schneepflug

Komponenten der Forstausrüstung

Funkgesteuerte Seilwinde: Wird front- oder heckseitig aufgebaut und zählt zur Standardausrüstung. Die Zugkraft der Seilwinde, die Motorleistung des Traktors und das Gewicht sind aufeinander abzustimmen. Die maximale Seilzugkraft in Kilonewton (= kN: ist eine Maßeinheit für die Zugkraft, 1 kN entspricht 100 kg) sollte etwa der Motorleistung in kw entsprechen.

Frontpolterschild: Der Polterschild ermöglicht das Verschieben und Heben von Stämmen. Der Kippmechanismus erlaubt in Verbindung mit einem zweckmäßigen Schild ein leichtes und sicheres Ablegen der Stämme. Damit Gleitschutzketten leicht montiert werden können, sollen die Vorderräder vom Polterschild hochgehoben werden können.

Rückeschild: Das Rückeschild hat eine doppelte Funktion: Es dient einerseits der Abstützung des Schleppers bei der Seilarbeit, gleichzeitig auch als Anschlag für die beigeseilten Stämme. Außerdem erleichtert das Rückeschild die Tragfahrt durch das hydraulische Hochheben der Last.

Sicherheitseinrichtungen: Sollen den Fahrer und den Traktor selbst schützen. Der Unterbodenschutz hilft dabei, Motor, Getriebe, Spurstangen und Windenantrieb vor Beschädigungen durch Äste, Steine oder Stöcke zu bewahren. Das Schutzgitter vor der Heckscheibe soll den Fahrer vor zurückschlagenden Seilen sichern. Auch Kühler und Leuchten sollten mit einem Schutzgitter ausgerüstet sein.

Die Holzrückung ist eine der wichtigsten Aufgaben des Traktors im Forsteinsatz. © Steyr Traktoren

Beim Poltern mit dem Traktor Geschick gefragt.
© Bernhard Henning/forestbook

Schutzgitter an der Kabinenhinterseite oder Schutzplatten am Kabinendach erhöhen die Sicherheit!

Die wichtigsten schutzbedürftigen Bauteile gehören zum **Unterbodenverbau für Motor, Getriebe und Tank.** Dieser schützt vor schwerwiegenden Beschädigungen durch den Kontakt mit Ästen, Wurzelstöcken und Steinen. Ein Riss an Getriebeteilen oder an der Ölwanne entsteht oft unbemerkt und kann bis zum Totalschaden des Motors oder Getriebes führen. Die Verwendung von **Forstreifen mit stark dimensioniertem Ventilschutz und Schutzring** an der Felgenkante bietet bestmöglichen Schutz vor Beschädigungen durch Stich- oder Schnittverletzungen. Zusätzlich werden Verformungen an der Felgenkante oder das Abreißen des Ventiles verhindert.

Die Anbaugeräte müssen der Motorleistung des Traktors angepasst sein. © Steyr Traktoren

Stich- bzw. Schnittverletzungen an normaler Ackerbereifung sind oft irreparabel und daher sehr kostspielig.

Zum Schutz von Motorhaube, Kabine, Auspuff, Heckkotflügel und Scheinwerfern kann ein **Astabweiser** montiert werden. Dadurch werden Äste und Gestrüpp frühzeitig vom Fahrzeug abgelenkt. Da bei der Verwendung von Gleitschutzketten des Öfteren Astmaterial mit dem Kettennetz aufgenommen wird, empfiehlt es sich, spezielle Kotflügel zu verwenden, die entweder sehr massiv, kompakt oder abnehmbar ausgeführt werden, um Bruch oder Verformungen zu vermeiden.

Der Einstiegsbereich sollte so ausgeführt sein, dass es zu keinen Beschädigungen daran kommen kann, denn daraus resultierender Sturz und Fall gehört zu den weiteren Hauptunfallursachen bei der Waldarbeit.

Kräne erleichtern die Polterung der Stämme. © Steyr Traktoren

Die meisten Traktorenhersteller bieten die Möglichkeit, den Traktor mit einer Forstausrüstung aufrüsten zu lassen, u. a.: Claas, Deutz, Fendt, John Deere, Lindner, Massey Ferguson, New Holland, Steyr und Valtra. Prinzipiell statten die Hersteller nur eigene Produkte mit einer Forstausrüstung aus. In Fällen, in denen die Hersteller keine maßgeschneiderten Lösungen ab Werk anbieten, gibt es spezialisierte Händler, die individuelle Anpassungen ermöglichen. Je nach Hersteller gibt es verschiedene Komponenten, die sich für den Einsatz im Wald lohnen können: Unterbodenschutz, Leuchtenschutz, Kabinenschutz, Astabweiser, Tank- und Batteriekastenverkleidung, Haubenschutz, Lampenabdeckung, Ventilschutz, Heckhydraulik, Forstschutzplatte, Forstbereifung, Forstrahmen, Rückfahreinrichtung, seitlicher Motorschutz, Schutz für Getriebe und Tank, Spurstangenschutz, Forstschutzgitter, bewegliche und abnehmbare Stufen und Spiegel, Frontrahmen, Wegzapfwelle.

Die günstigsten Lösungen starten bei 15.000 Euro. Die Umrüstdauer beträgt zwischen vier und sechs Wochen. Auf Forstmessen können Sie sichin kurzer Zeit einen guten Überblick verschaffen und die Produkte vor Ort gut vergleichen.

Allgemeine Anforderungen an Traktorenkabinen

- Rutschfeste Auftritte
- Breiter, großzügiger Kabineneinstieg
- Haltegriffe als Einstiegshilfe
- Gegen Zufallen gesicherte Türen
- Keine Bedienungshebel im Einstiegsbereich
- Keine scharfen Kanten, an denen sich der Landwirt verletzen könnte
- Ablagefach
- Rundumsicht für den Lenker
- Gute Bedienbarkeit der angekuppelten Maschinen und Geräte
- Traktorsitz, der Schwingungen abdämpft und eine einstellbare Federung vorweist

Bedienelemente eines modernen Forsttraktors

© Pfanzelt Maschinenbau

Das Aufbäumen von Traktoren ist nicht nur sehr gefährlich, es führt auch zu starken Materialbelastungen am gesamten Fahrzeug.

Die Gewichtsverteilung liegt bei Traktoren zu 60 % auf der hinteren Achse ohne Last. Wird dem Traktor eine Last angehängt, etwa in Form von Stämmen, dann steigt die Lastverteilung auf der Hinterachse auf 75 % an. Ein sicheres Lenken wird dadurch erschwert, zusätzlich droht die Gefahr des Kippens. Durch den Einsatz von Frontgewichten oder wasserbefüllten Reifen kann eine bessere Gewichtsverteilung erzielt werden.

Eine Lösung zur Beseitigung der Kippgefahr für Traktoren bei Verwendung einer funkgesteuerten Seilwinde bietet ein elektronisches Überwachungsmodul. Bei Überschreitung eines vorgegebenen Neigungswinkels des Traktors unterbricht das Modul den Betrieb der Seilwinde und damit das weitere Anziehen des Windenseils. Das Anti-Kipp-Stystem AKS 2515 hat die Größe einer Zigarettenschachtel und

Beim Seilzug kann es passieren, dass der Traktor ins Kippen kommt. © Biastec KG

Das Modul verhindert das Kippen des Forsttraktors, indem es die Kraftübertragung der Seilwinde unterbricht. © Bernhard Henning/forestbook

Vorderaufbauten verbessern die Standfestigkeit des Traktors. © Pfanzelt Maschinenbau

wird ohne Umbaumaßnahmen in der Fahrerkabine angebracht. Das Steuerkabel der Seilwinde wird an das Modul angeschlossen. Bei Kippgefahr wird das Steuersystem blockiert. Ab einer Längsneigung von 25 Grad bzw. einer Querneigung von 15 Grad wird der Betrieb der Seilwinde gestoppt. Bei diesen Werten kann das Kippen des Traktors noch ausgeschlossen werden.

Der Traktor als Harvester

Die Zunahme an Schadholz sorgt für eine größere Nachfrage von Harvestereinsätzen. Forsttraktoren mit Harvesteraggregat können da vor allem im Kleinwald ein Teil der Lösung sein. Vor allem beim Nadelholz nimmt die Entastung viel Zeit in Anspruch. Mit Harvesteraggregaten läßt sich die Produktivität wesentlich steigern. Den Forsttraktor zum Harvester umzubauen ist aber nicht für jeden Waldbesitzer eine Lösung. Harvester sind der derzeitige Höhepunkt der Forsttechnik. Vor allem in stammzahlreichen Beständen ist ihre Produktivität konkurrenzlos, aber auch angesichts von immer häufigeren Sturmschäden wird der Einsatz von Harvestern in Zukunft zunehmen. Für den bäuerlichen Waldbesitzer ist es unrentabel einen Harvester anzuschaffen, da große Mengen an Holz für einen wirtschaftlichen Einsatz nötig sind. Viele Bauern nutzen daher die Dienste von Lohnunternehmern. Doch nicht jeder Forstunternehmer arbeitet so wie es sich der Landwirt wünscht. Das größere Problem liegt darin, dass die lokalen Forstunternehmer in Spitzenzeiten, also während der Winterernte und nach Sturmschäden, rasch ausgebucht sind.

Harvesteraggregate, die sich am Forsttraktor anbauen lassen, stellen eine Alternative dar. Damit der Einsatz von Prozessor- oder Harvesterkopf produktiv und effizient abläuft, muss auch der Forsttraktor einige Bedingungen erfüllen. Ohne Wendesitz und Rückfahreinrichtung lässt sich der Kranharvester nicht einsetzen. Von einem Frontanbau des Forstkrans ist eher abzuraten, da die Vorderachsen nur bedingt belastbar sind. Die Arbeitssicherheit erfordert, dass sämtliche Fenster in Arbeitsrichtung mit schusssicherem Polycarbonatglas ausgestattet sind. Die Forstkabine sollte auch über eine Panoramaverglasung verfügen, da der Maschinenführer in die Krone sehen können muss. Für eine entsprechende Stabilität der Maschine mit fixem Krananbau ist eine Vorderachsstabilisierung und Balancierung der Achsen mit Felgengewichten und Wasserfüllung Voraussetzung, da

Traktoren mit Harvesterköpfen sind wendig und mobil. Daher sind sie vor allem für Waldwirtschaftsgemeinschaften ideal einsetzbar.

diese Profimaschinen mit entsprechender Kranreichweite ohne Kranabstützung auskommen sollten.

Aufgrund der hohen Anschaffungskosten kann nicht generell zum Kauf geraten werden. Sowohl Schubprozessoren als auch Harvesteraggregate stellen eine produktive Möglichkeit der Holzernte dar, die Frage ist, ob die Produktivität genutzt werden kann. Daher gilt es, vor der Anschaffung genau zu kalkulieren, um welchen Betrag sich die Holzerntekosten senken lassen und wie lange es dauern würde, bis sich die Anschaffung rechnet. Liegt der Zeitraum deutlich über fünf Jahren, ist davon abzuraten. Auch der Bestandsaufbau ist entscheidend: Ist die Mehrzahl der Bestände jung und stammzahlreich, macht die Anschaffung eher Sinn als in alten Beständen mit dicken Stämmen. Interessant sind die Anbaugeräte für Landwirte, die in den Wintermonaten als forstliche Lohnunternehmer auftreten wollen.

Die Kombination aus Traktor, Harvesterkopf und Krananhänger hat gegenüber dem klassischen vollmechanisierten Einsatz bestehend aus Harvester und Forwarder den Vorteil, dass der Traktor schneller den Einsatzort wechseln kann. Gerade bei einer Kundschaft, die aus anderen bäuerlichen Waldbesitzern besteht, deren Auftragsvolumen gering ist, kann der Einsatz für beide Seiten Sinn machen.

Reifen

Ebenso wichtig wie die Motorisierung sind die Bereifung und die Gleitschutzketten. Der Reifen stellt das Bindeglied zwischen Maschine und Boden dar. Die Einsatzgebiete werden immer vielfältiger, daher ist es für den optimalen Maschineneinsatz wichtig, den richtigen Reifen und den korrekten Reifendruck zu wählen. Folgende Ansprüche sollten bedacht werden:

- Zugkraft
- Bodendruck
- Lebensdauer der Reifen

Diese werden durch Abmessungen (Dimension), Reifendruck und das Profil beeinflusst.

Diagonalreifen sind so konstruiert, dass sie auf der Lauffläche als auch

Tab.: **Einfluss des Reifendrucks**

Zu hoher Reifenfülldruck	Zu niedriger Reifenfülldruck
Erhöhte Bodenverdichtung	Gefahr für die Haltbarkeit der Reifenkarkasse
Starke Fahrrinnenbildung	Drehen der Felge im Reifen
Übermäßiger Schlupf (übermäßiger Verbrauch)	Ungleichmäßige Abnutzung auf der Straße
Schnelle und ungleichmäßige Abnutzung auf der Straße	Erhöhter Kraftstoffverbrauch auf der Straße
Gefahr von Stollenausbrüchen	Instabilität der Maschine
Mangelnder Komfort	

Kennzeichnung von Reifen

Auf jedem Reifen befindet sich eine Vielzahl von Informationen. Wichtig für den Anwender sind die Angaben zum Hersteller, dem Modell, der Reifengröße sowie der Geschwindigkeits- und Lastenindex.
Die Größenbezeichnung besteht aus folgenden Angaben:

- Reifenbreite in mm oder Zoll
- Seitenwandhöhe in Prozent der Reifenbreite
- Radial („R") oder Diagonal („–") Aufbau
- Innendurchmesser des Reifens in Zoll

Beispiel: 800/70R38 steht für

- 800 Breite (mm)
- 70 Querschnittsverhältnis %
- R – radial
- 38 Felgendurchmesser

Da die Tragfähigkeit eines Reifens von der Geschwindigkeit und dem Luftdruck abhängt, sind diese beiden Faktoren in standardisierter Form durch den Lastindex (LI) und das Geschwindigkeitssymbol (SI) auf dem Reifen vermerkt.

Beispiel: 142 A8 steht für
2650 kg Tragfähigkeit und 40 km/h

an der **Reifenseitenwand die gleiche Lagenanzahl haben.** Für Einsätze am Hang und dort, wo stabilere Seitenwände gefordert werden, empfehlen sich Diagonalreifen.

Radialreifen hingegen verfügen an der **Reifenseitenwand über weniger Lagen**. Dieser Reifentyp hat daher eine flexiblere Federung. Auch der Kontaktflächendruck ist gleichmäßiger. Im landwirtschaftlichen Betrieb und in der Praxis hat sich daher der Radialreifen als Standardbauweise durchgesetzt.
Die Reifen der Vorder- und Hinterachse müssen bei Allrad betriebenen Fahrzeugen aufeinander abgestimmt sein, denn die Reifenumdrehungen wurden vom Hersteller festgelegt. Ansonsten tritt durch die nicht aufeinander abgestimmten Drehzahlen erhöhter Reifen- und Maschinenverschleiß auf. **Reifenbreite und Reifendurchmesser** bestimmen maßgeblich, **neben dem Reifenluftdruck, die Aufstandsfläche und somit die Bodenverdichtung.** Eine größere Aufstandsfläche führt zu einer besseren Zugkraftübertragung, sofern kein Schlupf der Räder auftritt.

Weiters sind der Tragfähigkeits- und Geschwindigkeitsindex, welche an der Reifenseitenwand abgebildet sind, zu beachten. Diese Kennzahlen beschreiben die zulässigen Reifenbelastungen. Bei Einsätzen auf Hanglagen lässt sich durch die Wahl breiterer Reifen mehr Standsicherheit durch die Erhöhung der Fahrzeugbreite erreichen.

Werden am Fahrzeug Gleitschutzketten verwendet, so sollte auf ausreichend Freiraum zwischen Reifen und Kotflügel geachtet werden.

Die Tragfähigkeit von Reifen wird durch das Luftvolumen und den Luftdruck beeinflusst. Bei gleichen Reifen-

Tab.: **Geschwindigkeitsindex SI und zugeteilte Geschwindigkeiten**

SI	km/h	SI	km/h
A1	5	C	60
A2	10	D	65
A3	15	E	70
A4	20	F	80
A5	25	G	90
A6	30	J	100
A7	35	K	110
A8	40	L	120
B	50	M	130

Tab.: **Lastindex LI und Tragfähigkeit**

LI	kg	LI	kg	LI	kg	LI	kg	LI	kg	LI	kg
60	250	81	462	102	850	123	1.550	144	2.800	165	5150
61	257	82	475	103	875	124	1.600	145	2.900	166	5300
62	265	83	487	104	900	125	1.650	146	3.000	167	5450
63	272	84	500	105	925	126	1.700	147	3.075	168	5600
64	280	85	515	106	950	127	1.750	148	3.150	169	5850
65	290	86	530	107	975	128	1.800	149	3.250	170	6000
66	300	87	545	108	1.000	129	1.850	150	3.350	171	6150
67	307	88	560	109	1.030	130	1.900	151	3.450	172	6300
68	315	89	580	110	1.060	131	1.950	152	3.550	173	6500
69	325	90	600	111	1.090	132	2.000	153	3.650	174	6700
70	335	91	615	112	1.120	133	2.060	154	3.750	175	6900
71	345	92	630	113	1.150	134	2.120	155	3.875	176	7100
72	355	93	650	114	1.180	135	2.180	156	4.000	177	7300
73	365	94	670	115	1.215	136	2.240	157	4.125	178	7500
74	375	95	690	116	1.250	137	2.300	158	4.250	179	7750
75	387	96	710	117	1.285	138	2.360	159	4.375	180	8000
76	400	97	730	118	1.320	139	2.430	160	4.500	181	8250
77	412	98	750	119	1.360	140	2.500	161	4.625	182	8500
78	425	99	775	120	1.400	141	2.575	162	4.750	183	8750
79	437	100	800	121	1.450	142	2.650	163	4.875	184	9000
80	450	101	825	122	1.500	143	2.725	164	5.000	185	9250

dimensionen wird eine Erhöhung der Tragfähigkeit durch die Erhöhung des Luftdruckes erreicht. Durch einen voluminöseren Reifen hingegen lässt sich die Tragfähigkeit bei gleichem Luftdruck erhöhen. Durch unterschiedliche Luftdrücke lässt sich die Aufstandsfläche für den jeweiligen Einsatz anpassen.

Gleitschutzketten kommen zum Einsatz, wenn die Arbeitsbedingungen wirklich schwierig werden. Am häufigsten trifft das auf die Schneeräumung im Winterdienst sowie bei der Holzbringung zu, wo hohe Lasten durch schweres Gelände transportiert werden müssen. **Für den Forsteinsatz gilt, je rauer die Kettenoberfläche, desto besser der Halt.** Damit versteht man den **Selbstreinigungseffekt**. Eine feinmaschige Netzkette, wel-

© Bernhard Henning/forestbook

Gleitschutzketten sollten nur dann eingesetzt werden, wenn die Bodenverhältnisse schlecht sind und große Lasten transportiert werden müssen.

Vorder- und Rückansicht einer Seilwinde

© Holzknecht

che für den Wintereinsatz ausgelegt ist, hat zwar optimalen Gripp auf Schnee und Eis, jedoch bei weichem Untergrund im Wald neigt dieser Typ leichter dazu, zu verdrecken. Für den harten Forsteinsatz bewähren sich Forst- oder Stachelketten. Die stachelförmigen Kettenelemente geben optimalen Halt auf steinigem oder weichem Untergrund, nebenbei ist der Selbstreinigungseffekt sehr positiv zu bewerten. Nachteil der Stachelketten ist, dass damit nicht auf Asphaltstraßen gefahren werden kann, da die Stacheln starke Beschädigungen der Straßenoberfläche verursachen können.

Ein weiteres Augenmerk sollte auf Verschluss- und Spannsysteme gelegt werden. Im Idealfall funktionieren diese Teile durch spezielle Haken oder Verschlüsse und ohne weiteres Werkzeug. Besteht die Möglichkeit von Beschädigungen dieser Elemente, wie es im Forsteinsatz durch Steine oder Baumstümpfe möglich ist, so sollte man sich für sehr robuste Verschlüsse entscheiden. Die kostengünstigste Variante der Gleitschutzketten sind Spurketten. Diese haben die Hauptaufgabe, dem Fahrzeug eine gute Spurführung zu geben. Der Nachteil dieser Ketten besteht in den unruhigen Fahreigenschaften, da nicht die gesamte Reifenlauffläche von Kettengliedern überzogen ist. Bestehen größere Anforderungen an Traktion und Laufruhe, so stellen Netzketten eine bessere Alternative dar. Diese bedecken die gesamte Lauffläche und geben ausreichend Traktion in alle Richtungen.

Die Reifengröße gibt die Dimension der Gleitschutzkette vor. Diese sollte **fest am Reifen sitzen**, damit bei höheren Fahrgeschwindigkeiten keine Beschädigungen durch die Kettenglieder an den Kotflügeln und am Einstiegsbereich entstehen können. Gleitschutzketten werden in unterschiedlichen Gliedstärken gefertigt. Je nach Auslastung und Verwendungszweck sollte man sich beim Kauf für eine passende Stärke entscheiden. Aufgeschweißte Verschleißstücke erhöhen sowohl die Lebensdauer als auch die Traktion der Ketten.

Seilwinde

Seilwinden werden zur Vorrückung verwendet. Das frisch geschlagene Holz wird mittels Seilwinde an die Rückegasse gezogen und danach mittels Traktor oder Krananhänger weitertransportiert.

Fachbegriffe

Verhältnis Seiltrommelbreite zum Abstand von oberer Umlenkrolle zur Seiltrommel

Es handelt sich hierbei um eine Verhältniszahl, welche die Breite der Seiltrommel (B) zum Abstand von der Achsenmitte der oberen Umlenkrolle zur Achsenmitte der Seiltrommel (A) angibt. Je größer der Zahlenwert ist, desto besser ist die Wickelqualität. Bei stationären Seilwinden erreicht man eine optimale Wickelqualität bei einem Verhältnis von 1:20, was für Forstseilwinden allerdings nicht praktizierbar ist.

Trommelkerndurchmesser

In der ÖNORM ist der Mindestdurchmesser der Seiltrommel mit dem 14-fachen Seildurchmesser festgelegt. Winden, die einen geringerem Trommeldurchmesser haben, beschädigen das Seil durch Verformung nachhaltig und erreichen leichter eine hohe Zugkraft. Meist ist damit eine starke Reduktion der Windenzugkraft in den oberen Seillagen verbunden.

Obwohl die Seilwinde nur für die Vorrückung und in manchen Fällen noch als Unterstützung beim Baumfällen eingesetzt wird, ist sie sowohl im bäuerlichen Betrieb als auch im professionellen Forsteinsatz praktisch unverzichtbar. Eine Alternative ist der Pferdezug, der jedoch ab bestimmten Lasten an seine Grenzen stößt.

Am weitesten verbreitet sind Anbauseilwinden, die an die Dreipunktaufhängung von Traktoren montiert werden. In den meisten Fällen haben sie nur eine Seiltrommel und können innerhalb kürzester Zeit an die genormte Tragevorrichtung angekoppelt werden. Doppeltrommelseilwinden hingegen werden fest am Traktor installiert und sind daher hauptsächlich in Forstbetrieben oder bei bäuerlichen Waldbesitzern zu finden, die für die Waldarbeit über einen eigenen Forsttraktor verfügen. Eine Seilwinde sollte nur in Verbindung mit einer Bergstütze und einem Rückeschild eingesetzt werden. Diese beiden Maschinenelemente stabilisieren den Traktor während des Seilvorgangs, sie bieten Schutz vor Stämmen, die beim Seilen außer Kontrolle geraten sind, und erleichtern außerdem den Transport, indem es durch sie möglich ist, den Stamm leicht anzuheben. Bei Anbauwinden ist das Schild ein fix montierter Teil der Konstruktion.

Vom Rückewagen spricht man, wenn die angebaute Winde auf Rädern transportiert wird. Dadurch wird die Hinterachse des Traktors merklich entlastet. Allerdings kommt es dadurch zu einer zusätzlichen Belastung des Bodens, daher ist vom Rückewagen abzuraten, insbesondere beim Transport von Starkholz. Gewöhnlich werden Anbauseilwinden am Heck montiert.

Je nach anfallender Arbeit können auch noch folgende Optionen sehr nützlich sein:

- Funkfernsteuerung für Einzug und Bremse: Die Funkfernsteuerung gehört zur Grundausrüstung der Winde, gleich welcher Bauart, damit man sich immer außerhalb der Gefahrenzone aufhalten kann. Weiters eine einstellbare Bremse der Seiltrommel, damit sie nicht nachdreht und sich das Seil von der Trommel löst.

- Aufspulvorrichtung: Diese ist umso mehr anzuraten, je breiter die Trommel ist. Idealerweise arbeitet sie mit einer Aufspulbremse zusammen, damit das Seil immer stramm und gleichmäßig aufgewickelt wird.

- Ausspulvorrichtung: Diese wird mit konstanter Geschwindigkeit und sogar mit stufenlos einstellbarer Geschwindigkeit im Handel angeboten. Dies ist sehr praktisch, wenn man lange Auszugswege hat und sich so mit Wunschgeschwindigkeit am Seil abseilen kann.

- Überschneidungsvariante: Beim Anziehen des Seils wird die Bremse gelöst und der Antrieb eingeschaltet. Dazu ist eine Überschneidung nötig, damit weder der Stamm abrutscht noch der Motor zu sehr gegen die Bremse arbeitet. Je nachdem, ob man im Normalbetrieb arbeitet, einen Steilhang bewältigen muss oder mit einer Problemfällung beschäftigt ist, ist jeweils eine unterschiedliche Überschneidung optimal. Dafür werden anwählbare Voreinstellungen angeboten.

Durch den Einsatz der Seilwinde wird sowohl der Boden als auch der Bestand geschont, da die schweren Forstmaschinen, wie Traktor oder Forwarder, nicht den Bestand selbst befahren müssen.

Praktisch alle Typen verfügen über eine **Funkfernsteuerung, welche die Alleinarbeit möglich macht.** Die Funkfernsteuerung bietet den Vorteil, dass die Last begleitet und eventuellen Hindernissen ausgewichen werden kann. Ob eine Funksteuerung optimal arbeitet, erkennt man erst in kritischen Situationen. **Die Not-Aus-Funktion sollte derart konzipiert sein, dass nach Aktivierung der Not-Aus-Taste gefährliche Bewegungen und der Betrieb der Seilwinde ausgeschlossen werden.** Ihre einwandfreie Funktion muss so gut wie möglich gewährleistet werden. Neben der eigentlichen Steuerfunktion können auch Notrufsysteme in die Funksteuerung eingearbeitet sein. Sein aktives Not-Halt wird ausschließlich durch Drücken der Notruftaste aktiviert. Das passive Not-Halt wird vom System automatisch aktiviert.

Als Faustregel für Dreipunktanbauwinden gilt: Für 10 kW Traktorleistung gilt 1 t Windenzugkraft als Anhaltspunkt. Die Zugleistung soll so wie das Seilwindengewicht auf das Traktorgewicht abgestimmt sein. Die Winden-

Kriterien für eine normgerechte Seilwinde (ÖNORM L 5276)

- Herstellerschild mit Angaben über Name des Erzeugers, Type, Baujahr, Erzeugungsnummer, Maximal- und Minimalzugkraft, max. Seildurchmesser, Mindestbruchlast des Seiles, max. Seillänge, max. zulässige Steuer bzw. Anspeisedruck in bar
- Gesicherter Antrieb mit Gelenkwellenhaltung
- Selbsteinfallende Bremse, die unter Last rasch lösbar ist
- Totmannschaltung für die Kupplung
- Überlastsicherung
- Gekennzeichnete Bedienungselemente
- Schutzgitter
- Gesicherter Seileinlauf
- Verkleidete Kraftübertragungsstiele und Seilfreiraum
- Windenabstützung
- Mindesten 8 t Zugkraft bei Dreipunkt-Anbauseilwinden
- Mindestbruchlast von Zugseil, Seilschlingen und Anhängeketten: zweifache maximale Windenzukraft
- Seilgeschwindigkeit: max. 1,2 m/s
- Bergstütze, um Standsicherheit beim Betrieb zu gewährleisten

zugkraft soll nicht mehr als doppelt so groß wie das Eigengewicht des Traktors sein. Je näher die Winde an den Traktor angebaut ist, desto besser wird der Schwerpunkt der gesamten Gerätekombination.

Die Stabilität der Rahmenkonstruktion sollte ebenfalls adäquat zur Traktorleistung ausgeführt sein. Verschobene Seiltrommeln und verzogene Rahmen sind oft ein Zeichen unterdimensionierter Seilwinden.

Beim Kauf und Betrieb einer Seilwinde ist zwischen Nennzugkraft und Betriebszugkraft zu unterscheiden. Die Nennzugkraft gibt die Zugkraft bei komplett ausgespultem Seil an. Je mehr Seil aufgespult ist, desto geringer wird die Nennzugkraft. So kann es passieren, dass im steilen Gelände die Last problemlos hochgezogen wird, doch 20 m vor dem Traktor bleibt der Stamm liegen, da die Seilzugkraft nicht mehr ausreicht. Das liegt darin begründet, dass eine Forstseilwinde das Seil in mehreren Lagen aufspult. Je nach Seillage auf der Trommel wird auch der Wirkradius des Seils größer, und damit wird – bei gleichem Antriebsmoment – die Seilkraft kleiner. Das ist physikalisch bedingt.

Merke!

Die Betriebszugkraft steht immer zur Verfügung, auch bei voller Trommel. Die „Nennzugkraft" ist nur bei fast leerer Trommel verfügbar.

Die Betriebszugkraft ist diejenige Seilkraft, mit welcher man während des Betriebs immer rechnen kann, unabhängig von der Windenkonstruktion und unabhängig von der Seillage auf der Trommel. Ist das Rückegut nah am Schlepper, hat der Landwirt nur die Betriebszugkraft zur Verfügung (s. Bilder). Auch

Durch die Funkfernsteuerung kann sich der Landwirt außerhalb des Gefahrenbereichs bewegen. © Holzknecht

Seilwinde und Traktor müssen bezüglich der Leistung aufeinander abgestimmt sein. © Holzknecht

bei fast voller Trommel hat man ebenso nur die Betriebszugkraft zur Verfügung oder, wie es die Hersteller nennen, Seilkraft in der obersten Seillage. Nach den derzeit noch gültigen Vorschriften darf sich auch eine Winde, die nur in der untersten Seillage eine Zugkraft von 8 t hat, „8-t-Winde" nennen.

Entscheidungskriterien für den Kauf

Welche Zugkraft soll meine Winde haben?

Als Richtwert können pro Tonne Zugkraft 10 kW Motorleistung angenommen werden, wobei nicht die Motorleistung, sondern das damit verbundene Eigengewicht des Traktors maßgeblich ist – verwenden Sie lieber einen schwereren Traktor. Seilwinden mit 5–6 t Zugkraft sind im Bauernwald meist ausreichend.

Rechnet sich eine Funksteuerung?

Ausgehend von einer elektrohydraulischen Winde ist durch eine Funksteuerung eine Leistungssteigerung von 20–30 % zu erwarten. Funksteuerungen werden ab etwa 400,– Euro angeboten – zum Arbeiten in Wäldern ohne Geländekante sind diese meist ausreichend. Je nach Ausführung kann sich eine Funksteuerung bereits bei einer Windenauslastung von rund 30 Betriebsstunden pro Jahr rechnen – sicherheitstechnisch und ergonomisch allerdings schon früher.

Soll das Rückeschild breiter als der Traktor sein?

Die Breite des Rückeschildes gleicht einer Philosophie und ist deshalb nicht klar zu beantworten. Als Grundsatz kann gesagt werden, dass die Schildbreite kleiner als die Traktorbreite sein soll, um bei Fahrten im Bestand möglichst wenige Schäden an den verbleibenden Bäumen zu verursachen. Für das Angleichen von Querneigungen eignen sich breitere Ausführungen allerdings besser.

Zahlen sich Seilausstoß und Seileinlaufbremse aus?

Der Seilausstoß rechtfertigt sich beim Einsatz von Stahlseilen ab einem Seildurchmesser von 11 mm sowie bei längerem Seilauszug auf der Ebene und bergauf. Durch die Seileinlaufbremse, welche das Zugseil beim Zuzug mit 100–200 kg zurückbremst, wird ein günstigeres Wickelverhalten auf der Trommel erreicht. Dabei wird das Zugseil bereits bei Zuzugsbeginn gespannt und es entstehen kaum lockere Wicklungen auf der Seiltrommel. Die Kombination Seilausstoß mit Seileinlaufbremse bietet dabei die Möglichkeit, die Bildung von lockeren Seilwicklungen durch das Nachlaufen der Trommel beim Seilausziehen zu vermeiden. Dabei ist die Seiltrommelnachlaufbremse relativ streng eingestellt.

Welche Seilausstattung ist sinnvoll?

Im Allgemeinen geben die Windenhersteller eine bestimmte Seilausstattung vor. Vorteilhaft sind dabei verdichtete Seilmacharten. Die Wahl der Seillänge hängt von der Einsatzsituation ab. Als praktischer Richtwert sind 60 m Seil für viele Einsätze ausreichend – im Profibereich sind 45 m häufig anzutreffen. Ist die Winde mit der maximalen Seillänge ausgestattet, führt das zu einer geringeren Zugkraft in den oberen Seillagen.

Was ist für ein gutes Seilwickelverhalten entscheidend?

Seitens der Windenkonstruktion ist das Verhältnis der Breite der Seiltrommel zum Abstand von der Seiltrommel bis zur oberen Umlenkrolle entscheidend. Je größer der Abstand bei einer bestimmten Trommelbreite ist, desto besser wickelt die Winde. Günstig kann sich eine zusätzliche Spulhilfe auswirken. Mitentscheidend ist auch, ob die obere Umlenkrolle genau über der Trommelmitte sitzt. Die trommelseitig bewegliche obere Umlenkrolle von Tiger stellt einen positiven Sonderfall im Wickelverhalten dar. Seitens der Arbeitsweise des Bedieners ist darauf zu achten, dass das Seil nach Möglichkeit nur im gespannten Zustand aufgewickelt werden soll.

Welchen Vorteil bietet eine hydraulisch gesteuerte Kupplung?

Kupplungen, welche mit hydraulischem Ringzylinder angesteuert werden, haben einen konstanten Anpressdruck der Druckplatte an die Kupplung. Bei Anpressung mit Hebel und Kugeln bzw. Bolzen in Exzenterfunktion kann sich durch Verformung oder Abnützung die Anpressung und damit die Zugkraft ändern.

Ist ein Stahl- oder ein Kunststoffseil zu bevorzugen?

Kunststoffseile kosten das Zwei- bis Vierfache von Stahlseilen. Für das Stahlseil sprechen der geringere Verschleiß bei kantigen, schroffen und steinigen Verhältnissen sowie klare Ablagekriterien. Zu den Vorteilen des Kunststoffseiles zählen das geringe Gewicht beim Ausziehen, das bessere Spulverhalten auf der Trommel, die geringere Neigung zum Auflaufen auf der Trommel und die geringere Verletzungsgefahr. Ummantelte Kunststoffseile haben den Vorteil der längeren Lebensdauer und des klar definierten Ablagekriteriums durch den Schutzmantel sowie der Anwendbarkeit bei Winden mit Seilausstoß.

Die Preise von Seilwinden bewegen sich zwischen 10.000 Euro und 30.000 Euro. Ab Rückemengen von 500 Festmeter sollte auf jeden Fall eine qualitativ höherwertige Seilwinde verwendet werden.

Für den wirtschaftlichen Rückebetrieb im Bodenzug sind Rückedistanzen bis 60 m praxisgerecht. Daher sind auch 60 m Zugseil ausreichend. Neben der Seilschonung – untere Lagen werden selten abgespult, aber beim Einziehen immer belastet – erhöht sich auch die Zugkraft. Ein Viertel der Trommelhöhe kann frei bleiben.

Winden ohne Zugseilausstoß spulen das Seil geordnet auf, wenn der Wickelturm hoch genug ist. Ein hoher Wickelturm erleichtert auch das Zuziehen des Holzes über Böschungen, verschlechtert aber wieder den Gewichtsdruck auf die Vorderachse des Traktors.

Verstellbare Seileinzugsrollen sind in jedem Fall empfehlenswert. Die technische Ausführung reicht von der manuell verstellbaren bis zur hydraulisch-funkgesteuerten Verstellung der Seileinlaufrolle.

Sowohl bei Landwirten als auch bei Forstunternehmern, die häufig mit der Seilwinde arbeiten, sind Seilwinden mit klappbarem Polterschild sehr beliebt. Damit können Holzlager höher und sicherer angelegt werden. Mit etwas Übung kann jeder Stamm einzeln hochgehoben und sicher abgelegt werden.

Seilzwangsausspullungen erleichtern die Arbeit besonders bei Bergabseilungen. Sie unterstützen hydraulisch oder motorgetrieben den Seilauszug, der Maschinenführer muss weniger Kraft aufwenden.

Die entscheidenden Kriterien für die Wahl einer Seilwinde sind Holzmenge, Holzdimension sowie die Rückedistanz und der vorhandene Traktor. Welchen technischen Standard man sich gönnen möchte, hängt auch von persönlichen Interessen ab. Grundsätzlich sollte die Winde den Sicherheitskriterien entsprechen und technisch zuverlässig sein.

Forstseile

Einmal im Jahr, idealerweise vor der ersten Inbetriebnahme, sollte die Seilwinde samt dem Seil von einer fachkundigen Person auf ihre Einsatzfähigkeit überprüft werden. Werden Fehler am Seil entdeckt, wie Drahtbrüche, Quetschungen, Litzenbrücke oder Knicke, ist es auszutauschen und darf nicht mehr bei der Holzernte verwendet werden. Knoten Sie gerissene Seile auf keinen Fall aneinander! Neben der Kontrolle müssen Forstseile auch regelmäßig gewartet werden. Beim ganzjährigen Seileinsatz sollten Aufzeichnungen über die Seilwartung geführt werden. Das Seil ist in bestimmten Zeitabständen auf der ganzen Länge, insbesondere auf den über Rollen laufenden Seilstücken und an den Endbefestigungen, auf Brüche, Verschleiß, Korrosion und Verformungen zu untersuchen. Die Wartung und Überwachung umfasst Fettung und Kontrolle des Seiles auf seiner gesamten Länge sowie der Endverbindungen. Gespleißte Endverbindungen müssen auf Drahtbrüche und auf eventuelle Rutschen der Einstecklitzen untersucht werden. Vergossene Seilenden sind in gewissen Zeitabständen unmittelbar am Austritt aus dem Vergussmetall auf Drahtbrüche und Korrosion zu prüfen. Sobald diese Mängel an solchen Stellen auftreten, ist der Seilkopf abzutrennen und muss erneuert werden. Vor dem

Bei langen Rückedistanzen erleichtern Kunststoffseile die Holzernte erheblich. © Bernhard Henning/forestbook

Abtrennen muss das Seilstück beiderseits der Schnittstelle fest abgebunden oder abgeklebt sein. Beim Abziehen von einer Haspel oder beim Abwickeln von einem Seilring und beim Einbau in den Seiltrieb darf sich das Seil weder auf- noch zudrehen, da sonst der Seilverband gestört wird.

Die Seile müssen beim Auflegen vor mechanischen Beschädigungen und vor Verschmutzungen geschützt werden. Vor dem Auflegen des ersten Seiles und vor jedem Seilwechsel ist zu kontrollieren, ob die Rillen in den Rollen, Scheiben und Trommeln für das neue Seil passen. Bei Mehrseiltrieben ist darauf zu achten, dass jedes Seil den gleichen Kraftanteil übernimmt.

Bei mehrrilligen Scheiben müssen alle Seile mit gleichem Durchmesser arbeiten. Die Endverbindungen neu aufgelegter Seile sind am Anfang der Betriebszeit wiederholt zu kontrollieren. Schraubverbindungen sind wiederholt nachzuziehen. Vor Inbetriebnahme eines neu aufgelegten Seiles ist nachzusehen, ob das Seil richtig eingeschert ist und ordnungsgemäß in den Rillen der Scheiben und Trommeln liegt.

In der Regel werden laufende Seile in blanker, geschmierter Ausführung geliefert. Stehende Seile werden üblicherweise in verzinkter Ausführung eingesetzt. Insbesondere bei korrosiver Umgebung machen verzinkte Seile auch für den laufenden Einsatz Sinn. Es ist jedoch ein verbreiteter Trugschluss, dass verzinkte Seile nicht geschmiert werden müssen: Die Verzinkung übernimmt nur eine der Aufgaben der Drahtseilschmierung, nämlich den Korrosionsschutz. Die zweite Aufgabe des Schmiermittels, nämlich die Reibung zwischen den vielen Seilelementen beim Lauf über Rollen zu verringern, kann die Verzinkung nur unzureichend erfüllen. Daher dürfen stehende Seile sehr wohl angeschmiert eingesetzt werden, bei laufenden Seilen ist bei Verzicht auf die Seilschmierung mit einem starken Abfall der Seillebensdauer zu rechnen.

Kennzahlen für den Seilbetrieb

Füllfaktor: Der Füllfaktor ist das Verhältnis des metallischen Querschnittes zur Fläche des Seilquerschnittes.

Metallischer Querschnitt: Der metallische Querschnitt ist die Summe der Querschnitte aller Drähte im Seil.

Rechnerische Bruchkraft: Die rechnerische Bruchkraft des Seiles ist das Produkt aus metallischem Querschnitt und der Nennfestigkeit der Drähte.

Seilfestigkeit/Nennfestigkeit: Die Nennfestigkeit ist die Zugkraft des Drahtes in Newton (N) oder Kilopond (kp) bezogen auf 1 mm^2.

Ermittelte Bruchkraft: Die ermittelte Bruchkraft des Seiles ist die Summe der einzelnen im Zugversuch festgestellten Bruchkräfte aller Drähte des Seiles.

Wirkliche Bruchkraft: Die wirkliche Bruchkraft wird durch Zerreisen des Seiles im ganzen Strang festgestellt.

Mindestbruchkraft: Die Mindestbruchkraft des Seiles ist das Produkt aus rechnerischer Bruchkraft und Verseilverlust. Sie muss beim Zerreisen des Seiles im ganzen Strang erreicht werden. Die Mindestbruchkraft muss mindestens doppelt so groß sein wie die maximale Zugkraft der Seilwinde!

Für den optimalen Krananhängereinsatz muss das Holz an der Rückegasse so abgelegt werden, das der Kran problemlos danach greifen kann.
© Bernhard Henning/forestbook

Krananhänger

Neben der Seilwinde ist der Krananhänger oder Rückeanhänger die bedeutendste Maschine für Rückearbeiten und den Holztransport, besonders was die bäuerliche Waldwirtschaft betrifft. Der Krananhänger ist auch eine Alternative zum LKW, sofern er auch über eine Straßenzulassung verfügt. Sie sind auch erheblich günstiger als Forstschlepper. Eine geringe Jahresauslastung und die Anschafffungskosten führen häufig dazu, dass Maschinengemeinschaften dieses Rückemittel beschaffen und betreiben. Um Konflikte zu vermeiden, sollten Details, wie Wartung, Einsatzzeiten und Reparaturen, per Nutzungsvertrag geregelt sein.

Angetriebene Anhänger, die also über ein Antriebsmodul verfügen, sind einsatzfähig bis zu einer Steigung von 35 %. Nicht angetriebene Anhänger können bis zu einer Steigung von 20 % verwendet werden. Das sind allerdings häufig theoretische Werte, die von sehr geübten, professionellen Maschinenführern angenommen wurden. Prinzipiell sollten Rückegassen so wenig Neigung wie möglich vorweisen. Krananhänger sollten ebenso wie andere Forstmaschinen den Bestand nicht flächig befahren. Falls dies doch unvermeidlich ist, ist eine Route so zu wählen, dass das Gelände möglichst wenig geneigt ist. Arbeiten im Extrembereich sind nicht nur eine hohe psychische Belastung für den Maschinenführer, sondern auch eine hohe mechanische Belastung für die Maschinen selbst.

Traktor und Krananhänger stellen eine Einheit dar. Der Traktor soll hinsichtlich Gewicht, Leistung und Ausstattung an den Krananhänger angepasst sein.

Dabei gilt die Faustregel, dass pro Tonne Zuglast mindestens 10 PS Motorleistung zur Verfügung stehen sollten. Überdimensionierte Zugfahrzeuge sind meist nicht in der Lage, kurzfristige Hindernisse, wie zum Beispiel Baumstümpfe, zu überwinden.

Nicht der Krananhänger soll nach dem Rückewegenetz gewählt werden, sondern das Wegenetz samt Holzlagerplätzen soll sich an der Leistungsfähigkeit des Krananhängers orientieren. Nicht befestigte Rückegassen sollten immer in Fallrichtung angelegt werden. So vermeidet der Fahrer riskante Schrägfahrten und die Kippgefahr wird gesenkt. Die Fahrzeugbreite plus 2 m (1 m Abstand pro Seite) ergibt die Mindestbreite für Rückegassen. Damit soll Platz für Ladearbeiten geschaffen werden, um Bestandesschäden zu reduzieren. Berühren sich Kabine und Kran, kann es ebenfalls zu Schäden kommen. Verfügen Zapfwelle oder Deichselelemente nicht über den nötigen Spielraum, verformen sich diese Maschinenteile.

Wird der Krananhänger beladen, so ist das Fahrzeuggespann, bestehend aus Traktor und Krananhänger, durch die Feststellbremse zu sichern. Mittels der Feststellbremse ergibt sich ein sicherer Stand, aber auch unerwünschte Pendelbewegungen des Anhängers sowie des Kranes werden vermindert. Die ausfahrbaren Stützbeine vermeiden das Kippen des Anhängers. Auf weichem Untergrund empfehlen sich Stützfüße mit rauer Oberfläche, jedoch dürfen diese bei Ladearbeiten auf Asphalt zu keinen Beschädigungen führen.

Als Abhilfe können Unterlagen verwendet werden. Kräne verfügen über Überlastsicherungen. Für effizientes und maschinenschonendes Arbeiten sollte die Last immer nahe am Fahrzeug angehoben werden.

Ruckartige Bewegungen bei der Steuerung sind nicht nur störend, sondern auch gefährlich. Die Bauteile unterliegen dabei Spitzenbelastungen. Besondere Vorsicht ist bei Höchstlast geboten. Bei leicht geneigtem Untergrund, aber auch bei leerer Ladefläche kann

Je näher die Last am Krananhänger gehoben wird, desto geringer ist die Belastung für die Maschine.
© Bernhard Henning/forestbook

eine ruckartige Bewegung ein Kippen provozieren. Merkt man, dass sich das Fahrzeug zu neigen beginnt, so ist die Last abzusenken. In solchen Situationen darf keinesfalls vom Kran abgesprungen werden. Auch darf die Last nicht einfach fallen gelassen werden, sondern muss langsam gesenkt werden. Ansonsten ist das Risiko eines schweren Unfalls sehr groß.

Beim Transport von Astmaterial oder Scheitholz sollte eine Reisigwanne verwendet werden, damit kein loses Material beim Transport verlorengehen kann.

Wie beim Einsatz aller Forstmaschinen gilt: Befinden sich andere Personen im Umfeld des Krananhängers, so haben diese die nötigen Sicherheitsabstände einzuhalten. Diese ergeben sich aus der Länge des Ladekranes und der Lastlänge. Arbeiten unter schwebender Last sind verboten. Arbeiten im Gefahrenbereich des Kranes sind ebenfalls verboten, da lebensgefährliche Unfälle die Folge sein können.

Um nicht nur rechtlich, sondern auch unfallfrei die Transportarbeiten mit dem Krananhänger durchführen zu können, gibt es gewisse Rahmenbedingungen. Bei Transportfahrten darf der Kran den Laderaum nie maßgeblich überragen. Dieser ist entweder auf dem Ladegut

Die Stämme müssen so abgelegt werden, das sie während der Transportfahrt nicht verrutschen. © Bernhard Henning/forestbook

abzulegen und gegen Verrutschen zu sichern oder in die Transportstellung zu bringen. Das Ladegut darf das Prallgitter nicht überragen, da rutschiges, gefrorenes Material zur Gefahr für den Fahrer werden kann. Bei Schneelage, Geländefahrten oder gefrorenem Untergrund empfiehlt sich die Verwendung von Gleitschutzketten.

> Ob der Krananhänger straßentauglich ist, gibt die Betriebsanleitung bekannt. Auch bei nur kurzen Fahrten auf öffentlichen Straßen muss der Krananhänger über eine Zulassung verfügen. Im Falle eines Unfalls drohen sonst für den verantwortlichen Landwirt erhebliche juristische Konsequenzen, die auch strafrechtlicher Natur sein können.

Beim Transport von unüblichem Ladegut, zum Beispiel bei überlangen Sortimenten, muss nicht nur die nötige Kennzeichnung des Ladegutes erfolgen. Auch der möglicherweise verminderte Antrieb der Traktorhinterräder darf nicht vernachlässigt werden.

Im Bereich der Ladungssicherung gilt, dass bei formschlüssiger Verladung und wenn die Ladung am Prallgitter ansteht, mindestens zwei Zurrmittel zu verwenden sind.

Kauf

Vor der Anschaffung eines Rückeanhängers sollte gut überlegt werden, was wirklich benötigt wird. Je besser die Ausstattung ist, desto mehr steigt der Preis. Zubehör und Funktionen, die jedoch nicht benötigt werden, erhöhen den Kaufpreis aber unnötig. Es folgen die wichtigsten ausschlaggebenden Kriterien für die Anschaffung.

Ladevolumen und Gewichtsverteilung: Diese haben sich am Traktor zu orientieren, der für den Betrieb zur Verfügung steht. Wie bereits erwähnt, sind pro Tonne Nutzlast des Krananhängers 10 PS Motorleistung des Traktors notwendig. Abhängig ist das Ladevolumen vom Eigengewicht des Anhängers inklusive Kran sowie dem Aufbau von Rungenkorb und Stirnwand. Wird zu langes Holz transportiert, kann es dazu kommen, dass sich das Fahrzeuggespann nicht mehr vernünftig lenken lässt. Einige Hersteller bieten daher die Möglichkeit an, die Gewichtsverteilung der Maschinen durch verschiebbare Elemente wie Achsschemel, die Stirnwand oder die Rungenstöcke zu ändern.

Bei der Wahl des Ladevolumens ist die durchschnittliche Bringungs- bzw. Frachtdistanz entscheidend. Hat der Landwirt weitere Wege zurückzulegen, sollte auf eine passende Ladekapazität geachtet werden.

Wendigkeit: Das Heck muss beim Rückwärtsfahren gut einsehbar sein. Durch eine Lenkdeichsel oder Lenkachse kann die Maschine auch mit geringen Lenkmanövern durch enge Rückegassen bewegt werden. Für Straßenfahrten ist eine selbsteinfallende Arretierungsvorrichtung hilfreich.

Bremsen: Bei den Bremsen soll angesichts der erheblichen Lasten, die mit dem Krananhänger transportiert werden, nicht gespart werden. Als Mindestausstattung gilt eine hydraulische oder pneumatische Bremse, die an allen Rädern angebracht ist und gemeinsam mit der Traktorbremse wirkt. Bei Anhängern mit mehr als 8 t Gesamtgewicht und 25 km/h Zulassung müssen alle Räder des Wagens mit der Betriebsbremse des Zugfahrzeuges mitbremsen. Darüber hinaus ist eine rein mechanisch wirkende Feststellbremse erforderlich. Andernfalls darf der Anhänger nur mit 10 km/h gefahren werden. Bei einer Geschwindigkeit von 20 km/h droht bereits der Führerscheinentzug!

Alle Teile der Bremsanlage sollten für den rauen Forsteinsatz gut geschützt verbaut sein.

Stirnwand: Bei Fahrten auf öffentlichen Straßen darf das Holz nicht über die Stirnwand hinausragen. Eine stabile und hohe Stirnwand sollte daher zur Ausstattung gehören. Ohne Stirnwand müssen die Stämme vor dem Transport per Zurmittel fixiert werden, was einen erheblichen Mehraufwand bedeutet.

Antrieb: Das Einsatzgebiet ist entscheidend, ob ein Antrieb benötigt wird oder nicht. Für den forstlichen Einsatz kann gesagt werden, dass ein Antrieb für eine reibungslose und effektive Arbeit praktisch unverzichtbar ist. Ohne Radantrieb am Anhänger muss der gesteigerte Kraftbedarf vom Zugfahrzeug aufgebracht werden. Das führt zu unverhältnismäßigen Bodenschäden durch die Räder der Zugmaschine bei geringerer Rückeleistung.

Von den Herstellern werden entweder der Radnabenantrieb (mittels Ölmotor) oder der Zapfwellenantrieb angeboten. Der Antrieb sollte sich stufenlos steuern lassen und über eine Trommel- oder Scheibenbremse verfügen. Bedeutend ist das Vorhandensein einer entsprechenden Ölversorgung.

Kransteuerung: Eine EHC-Steuerung hat den Vorteil, dass der Landwirt nicht ständig zwischen Traktorkabine und Krananhänger wechseln muss. Bedient wird die EHC-Steuerung per Joysticks an den Armlehnen. Kommt die EHC-Steuerung nicht in Frage, so soll der Kranführerstand gut erreichbar sein und idealerweise über eine Gesäßstütze verfügen.

Kranreichweite: Eine Reichweite von sieben bis acht Metern ist erforderlich. Die Krandimension sollte gut auf die Anhängernutzlast abgestimmt sein. Hohe Hubkraft bedeutet auch ein hohes Krangewicht, wodurch wiederrum die Nutzlast und somit die zu transportierende Holzmenge sinkt. Aber auch die Dimensionen der Stämme im Wald sind ausschlaggebend. Dabei sind vor allem die Waldflächen wichtig, in denen in den nächsten fünf bis zehn Jahren auch Holz genutzt werden soll.

Wartung

Eine regelmäßig gewartete Maschine läuft nicht nur länger, sie läuft auch besser: Arbeitsproduktivität und Sicherheit werden erst dann garantiert, wenn die Maschine gepflegt wird.
So sind beim Krananhänger die Schmierstellen nachzufetten, um den Verschleiß zu vermeiden.

Hydraulikschläuche sind auf Risse und Materialermüdung zu untersuchen, da ausgetretenes Hydrauliköl eine hohe Belastung für das Ökosystem Wald ist und daher tunlichst vermieden werden sollte. Werden Risse gefunden, dann ist

Kontroll- und Wartungspunkte beim Krananhänger

Schraubverbindungen
Kransäule
Kranarm
Anhänger
Radmuttern

Schmierstellen
Zugöse
Stützfüße
Kran
Fahrgestell inkl. Knickdeichsel

Schweißverbindungen
Deichsel
Fahrgestell
Kran

Sonstige
Reifen
Bremsanlage
Hydraulikschläuche und Kupplungen
elektrische Anlagen
Hilfsantriebe
Hydraulikanlage

der Hydraulikschlauch konsequent auszutauschen, notdürftige Flickarbeiten sind nicht zulässig.

Die Bremsanlage muss auf ihre Funktionstüchtigkeit überprüft werden. Verriegelungen für Lenkachse und Lenkdeichsel sind ebenfalls zu prüfen.

Die Witterung muss beim Betrieb des Krananhängers beachtet werden, da das Hydrauliköl sensibel auf die Umgebungstemperaturen reagiert: Erreicht das Hydrauliköl bei Minusgraden nicht die nötige Betriebstemperatur, so verringert sich die Leistungsfähigkeit der Krananlage massiv. Das gleiche gilt für zu heiße Außentemperaturen. Bei diesen Verhältnissen ist das Hydrauliköl sehr dünnflüssig. Durch richtig dimensionierte Ölkühler kann ein Überhitzen der Anlage verhindert und Schäden der Dichtungen und Zylinder reduziert werden.

Transportvorrichtungen und Aufbewahrungsboxen für Motorsäge, Kanister, Zurrzeug, Ersatzteile und sonstiges Werkzeug gelten als bewährtes Zubehör für Krananhänger. Drehbare Rungen für diverses Ladegut, aber auch verschiedene Ladeflächen können für größere Einsatzgebiete des Krananhängers dienen. Vor der Inbetriebnahme des Ladekrans ist dieser täglich vom Kranführer auf mögliche Brüche, Lecke und andere Defekte genau zu untersuchen. Dabei werden alle Funktionen bis zu ihren äußersten Positionen ausgefahren.

Holzrückezangen

Aus technischer Sicht gehören Rückezangen zur Baugruppe der Hebezeuge. Im Laufe der Zeit wurden die ersten Maschinen, die lediglich zum Anheben von Lasten konstruiert wurden, so weiterentwickelt, dass damit auch Lasten über längere Strecken transportiert werden konnten. Im Unterschied zum Rückewagen fehlt bei der Holzrückezange der Transportwagen. In ihrer Funktion ist eine Holzrückezange daher eine Kombination aus Seilwinde und Rückewagen: Wie beim Rückewagen wird der Stamm zum Forsttraktor herangezogen, allerdings dann beim Transport – wie bei der Seilwinde – hinter dem Forsttraktor hergezogen.

Rückezangen sind für gewöhnlich mit einem mächtigen Greifer ausgestattet, während die Ausleger – im Gegensatz zu den modernen Krananhängern – über eine vergleichsweise geringe Reichweite verfügen. Rückezangen sind sowohl auf Forstspezialschleppern als auch auf konventionellen landwirtschaftlichen Schleppern, die im Forst zum Einsatz kommen, verwendbar. Damit die Trägerfahrzeuge sich nicht aufbäumen und noch lenkbar bleiben, beugt man durch zusätzlichen Frontballast vor – was allerdings das Gesamtgewichts des Fahrzeugs erheblich erhöht. Trotzdem sind die Frontballasten unverzichtbar, denn durch das angebaute Aggregat und der Last des anzuhebenden Stammes entstehen enorme Belastungen.

Ein großer Nachteil der Rückezangen ist die geringe Reichweite. Von einem flächigen Befahren von Hiebsflächen muss dringend abgeraten werden, da das hohe Gesamtgewicht von Forsttraktor samt Rückezangenaggregat den Waldboden schwer belastet. Der Einsatz von Rückezangen taugt für an der Rückegasse abgelegtes Stammholz. So kann die Rückezange mit dem Harvestereinsatz kombiniert werden. Oder auch im motormanuellen Holzernteverfahren, wo die Vorrückung durch Pferde übernommen wird. Das ideale Einsatzgebiet von Holzrückezangen liegt aber im Aufbau von Poltern.

Da beim Einsatz der Rückezange schwere Lasten angehoben werden, muss die Maschine einen sicheren Standplatz aufweisen. In der unmittelbaren Umgebung des Schleppers dürfen sich keine Personen aufhalten, ein Personentransport auf der Rückezange ist selbstverständlich verboten. Die Bedienung bzw. Steuerung der Holzrückezange darf nur vom Traktorfahrersitz aus erfolgen. Um Fehlhaltungen des Körpers zu vermeiden, müssen der Sitz und die notwendigen Bedienungseinrichtungen nach hinten schwenkbar sein.

Bei Leerfahrten ist die Greiferzange immer ganz zu schließen – und quer zur Fahrtrichtung zu stellen. Die Greiferzange ist frei pendelnd montiert und kann dadurch bei Fahrt in unebenem Gelände nach allen Seiten schwingen. Dementsprechend ist auch die Geschwindigkeit bei Leerfahrten anzupassen. Beim Ausziehen bzw. Transport von Holz ist zu beachten, dass das gezogene bzw. angehobene Gut schlingern kann. Das Anheben zum Stapeln von Holz und das Retourschieben ist nur mit größter Vorsicht und geringer Fahrgeschwindigkeit durchzuführen, Holzstücke könnten in die Traktorkabine eindringen. Die Längenänderung des teleskopierbaren Lastarmes darf nur bei am Boden aufgesetztem Rückeschild, geschlossener Greiferzange und stillstehendem Traktor erfolgen. Die Hydraulik ist gegen unbewusste Betätigung zu sichern. Beim Hangqueren und Kurvenfahren mit angehängter Last ist die Fahrgeschwindigkeit des Traktors so zu wählen, dass beim Abrutschen, Verkanten oder Verklemmen eines Baumstückes der Traktor nicht beschädigt wird – im ungünstigsten Fall kann die Zugmaschine stürzen. Der Forstschlepper

Mit Holzrückezangen lassen sich sehr stabile und formschlüssige Holzpolter errichten.

muss mit der üblichen Forstausrüstung ausgestattet sein, um den Landwirt beim Einsatz zu schützen.

Die Bedienung der hydraulischen Funktionen ist sitzend vom Zugfahrzeug aus durchzuführen. Beim Ziehen von schweren Holzstämmen, müssen die Zangenhochschwenkung und der Rotator unbedingt beim Steuerblock auf Schwimmstellung gestellt werden! Im Gefahrenbereich dürfen sich keine Personen aufhalten. Beim Greifen muss auf den Durchmesser der Stämme geachtet werden: Sind die Stämme unter 10 cm dick, sollen mehrere Stämme gleichzeitig gegriffen werden, da sonst die Gefahr droht, dass der Stamm während der Transportfahrt verloren geht. Das Zugfahrzeug muss bei angehobener Last noch mind. 20 % des Fahrzeugleergewichts auf der Vorderachse haben, damit Lenkung und Bremsfähigkeit gewährleistet sind. Die Fahreigenschaft wird durch die angebaute Rückezange sowie das Holz beeinflusst. Die Fahrweise ist dementsprechend anzupassen. In Arbeitspausen ist die Holzrückezange am Boden abzustellen.

In der nachhaltigen Waldbewirtschaftung ist der Einsatzbereich von Holzrückezangen relativ beschränkt. Aufgrund der geringen Reichweite ist es notwendig, die Hiebsfläche zu befahren, um Holz rücken zu können. Dies ist jedoch aus Gründen des Bodenschutzes nicht zulässig. Holzrückezangen können sowohl in der vollmechanisierten Holzernte mit dem Harvester kombiniert werden, wie auch bei der motormanuellen Fällung mit Motorsäge und Pferd. Der ideale Einsatzfall ist der Aufbau von Poltern. Das ist zwar ein sehr enges Arbeitsspektrum, der geringe Preis für Holzrückezangen (meist deutlich unter 3.000 Euro) und deren geringe Anforderung an das Leistungsvermögen des Traktors (in den meisten Fällen reicht eine Leistung von 50 PS) rechtfertigen deren Anschaffung und Einsatz. Insbesondere in Zeiten von großen Schadholzmengen ist es notwendig, die Holzpolter schnell und vor allem auch sicher aufzubauen.

Kippmastanlagen

Ist das Gelände zu steil oder die Bodenverhältnisse zu feucht, wird das Holz über eine Seilanlage transportiert. Im bäuerlichen Betrieb kommen hier Kippmastseilanlagen zum Einsatz. Gegenüber der Bringung am Boden können mit der schwebenden Seilbringung nicht nur Hindernisse problemlos überwunden werden, sondern Boden und Bestand werden ebenfalls geschont. Auch Verletzungen des Holzes lassen sich beim schwebenden Seiltransport besser vermeiden.

Kippmastseilanlagen gehören zu den mobilen Tragseilanlagen, die auf Trägerfahrzeugen, in den meisten Fällen Forsttraktoren, über die 3-Punkt-Hydraulik aufgebaut sind. Sie verfügen über eine Reichweite von 400 bis 500 m und eine maximale Anhängelast von 1,5 t. Der Transport erfolgt entlang eines Tragseils, an dem ein Laufwagen installiert ist. Die zu transportierenden Stämme werden an einem Seil des Laufwagens fixiert, danach in die Luft gezogen und gemeinsam mit dem Laufwagen zum Trägerfahrzeug transportiert. Dort wird die Last abgelassen.

Für diese Rückemethode werden mindestens drei Personen benötigt: eine Person hängt die Stämme am Fällort an den Laufwagen, eine Person bedient den Laufwagen und eine Person entlädt schließlich den Laufwagen.

Damit der Einsatz dieser Anlage möglich ist, müssen aber einige Voraussetzungen gegeben sein:

- Maschinenstandort: Kippmastseilanlagen sind zwar wesentlich kleiner und wendiger als andere Seilkranmodelle, für Ihren Einsatz muss aber trotzdem ein Mindestmaß an Erschließung vorhanden sein. Eine befestigte Rückegasse muss daher als Standort für die Kippmastseilanlage vorhanden sein.
- Verankerung: Sowohl Tragseil als auch das Seilgerät benötigen Verankerungsmöglichkeiten. Für den Betrieb werden weiters Endstützenbäume sowie einige Stützenbäume gebraucht. Entlang dieser Bäume erfolgt die Seilführung, deshalb muss es sich dabei um gesunde, kräftige Baumindividuen handeln, die in der Lage sind, die Belastungen, die durch den Seiltransport auftreten, auch aufzunehmen. Fehlen diese Bäume, ist es auch möglich, künstliche Stützen aufzustellen, dies bringt aber einen wesentlichen Mehraufwand mit sich.
- Hangneigung: Seilkräne sind einsetzbar für Hangneigungen bis zu 120 %.

Mit der Kippmastanlage kann auch im Steilgelände Holz gerückt werden. © Koller Forsttechnik

Funkgesteuerte Raupenschlepper

Die ersten Forstraupen wurden von vielen Profis noch als „halbe Forstmaschinen" belächelt. Mittlerweile haben sich ihre Vorteile herumgesprochen. Damit nimmt nicht nur die Anzahl an Raupen im Wald ständig zu, auch die Anzahl an Herstellern wird ständig größer. Funkgesteuerte Raupenschlepper sind ferngesteuerte Fahrzeuge, die mit einem Raupenfahrwerk ausgestattet sind. Sie werden oft in Situationen eingesetzt, in denen der direkte Einsatz eines Fahrers gefährlich oder unprak-

Kippmastanlagen werden auf den Forsttraktor aufgebaut.
© Koller Forsttechnik

tisch ist. Die Funksteuerung ermöglicht es einem Bediener, das Fahrzeug aus der Ferne zu steuern und verschiedene Aufgaben durchzuführen. Der Hauptvorteil von Forstraupen ist ihre Wendigkeit. Diese gründet einerseits auf den kompakten Abmessungen, insbesondere die Schmalheit, anderseits auf dem Lenkungsprinzip. So ist das Wenden auf der Stelle möglich. Zudem ist der Bodendruck dank des Raupenantriebs deutlich geringer als bei herkömmlichen Forstmaschinen.

Der Raupenschlepper wird mit einer drahtlosen Fernsteuerung bedient. Die Fernsteuerung besteht aus einem Sender, den der Bediener in der Hand hält, und einem Empfänger, der am Raupenschlepper installiert ist. Der Sender sendet Funksignale an den Empfänger, um die Steuerbefehle zu übermitteln. Raupenschlepper verfügen über einen Elektro- oder Hydraulikantrieb. Die Antriebsmotoren drehen die Raupenketten vorwärts oder rückwärts, um das Fahrzeug zu bewegen. Die Steuerbefehle des Bedieners über die Funkfernsteuerung werden an den Empfänger gesendet, der die Signale in Steuerbefehle für die Antriebsmotoren umwandelt. Durch unterschiedliche Geschwindigkeiten und Drehrichtungen der Raupenketten kann der Raupenschlepper gesteuert werden. Die Maximalgeschwindigkeit liegt je nach Modell bei 8 bis 10 km/h.

Das Hydrauliksystem erlaubt die Bedienung verschiedener Anbaugeräte, wobei nicht alle Raupenschlepper darüber verfügen. Auch die Anbaugeräte werden per Funk gesteuert. Der Bediener kann dabei hydraulische Zylinder betätigen, um zum Beispiel einen Kranarm zu heben, eine Seilwinde zu betätigen oder einen Greifer zu öffnen und zu schließen. Als häufige Anbaugeräte sind Forstmulcher, Forstfräse und Stockfräse zu nennen.

Um Unfälle zu vermeiden, sind funkgesteuerte Raupenschlepper mit einer Reihe von Sicherheitsfunktionen ausgestattet. Das kann beispielsweise die automatische Not-Aus-Funktion beinhalten, die das Fahrzeug sofort stoppt, wenn der Bediener die Kontrolle verliert oder eine Gefahr erkennt. Darüber hinaus können Sensoren oder Kameras zur Überwachung der Umgebung eingesetzt werden, um Hindernisse zu erkennen und Kollisionen zu vermeiden.

Eine spezielle Ausbildung für das Fahren und Bedienen gibt es (noch) nicht. Die Bedienung derartiger Raupen gilt als einfach erlernbar, aber gewöhnungsbedürftig. Die echte Praxiserfahrung erhält man nur durch den Einsatz im Wald. Das Arbeiten mit der Winde unterscheidet sich im Prinzip nicht von einem Forstschlepper. Wichtig ist auch hier, dass das Schild guten Boden fasst und dass man die Einzugsrolle in die unterste Position bringt. Vorsicht geboten ist allerding beim seitlichen Zug, da hier die Grenzen schnell erreicht sind.

Das ideale Einsatzgebiet für Raupen-

Forstraupen sind geländegängige Trägergeräte die eine Vielzahl von forstlichen Arbeiten durchführen bzw. unterstützen können. © Logging X/shutterstock.com

Hacker dienen der Produktion von Energieholz. © Bernhard Henning/forestbook

schlepper ist gegeben, wenn wenig oder kein Starkholz (BHD über 60 cm) zu rücken ist, das Gelände steil (max. 65 %) oder der Boden wenig tragfähig ist, und die Rückedistanz unter 50 m liegt. Vor allem für das seilunterstützte Fällen sind Raupenschlepper ob ihrer Maße und des geringen Bodendrucks eine ideale Unterstützung.

Es ist wichtig anzumerken, dass sich die Funktionsweisen funkgesteuerter Raupenschlepper von Modell zu Modell unterscheiden. Hersteller können verschiedene technische Lösungen anbieten, um die Steuerung und die Funktionen des Fahrzeugs zu optimieren. Mittlerweile gibt es elf Hersteller. Dementsprechend groß sind auch die Bandbreiten betreffend Preis, Motorleistung und Gewicht. Die günstigsten Modelle gibt es ab 50.000 Euro, für die teuersten werden bis zu 80.000 Euro verlangt. Das Gewicht liegt zwischen 1,5 und 2,8 t, die Motorleistung beträgt zwischen 28 und 55 kW.

Hacker

Durch die steigende Nachfrage nach Energieholz ist auch die Nachfrage nach Hackschnitzel gestiegen. Der Einsatz dieses nachwachsenden und umweltfreundlichen Rohstoffes reicht vom privaten Wohnhaus bis zu kommunalen Gebäuden, wie Schulen oder Krankenhäusern.

Andere Länder, andere Sitten: In einigen osteuropäischen Ländern kommen auch ausrangierte Militärfahrzeuge im Forst zum Einsatz.

Der Unimog verfügt über viele Anwendungsmöglichkeiten, im Wald wird er aber nur selten genutzt.

Eine weitere Einsatzmöglichkeit für den Hacker ist der Forstschutz: Von Windwurf oder Schneebruch zerstörtes Holz kann so schnell verarbeitet werden und den Borkenkäfern wird damit das Substrat entzogen.

Zum Hacken eignen sich sowohl harte Hölzer, wie Buche und Eiche, als auch Weichholz, wie Fichte und Kiefer. Die Durchmesserbegrenzung gibt die Maschine vor. Vorwiegend werden Resthölzer und Schlagabfall gehackt, technisch möglich ist aber auch die Verarbeitung von schwächeren Ganzbäumen. Für den landwirtschaftlichen Betrieb sind am interessantesten Hackertypen, die über den Dreipunktanbau an den Traktor montiert werden können, sowie Hacker zum Anhängen mit Einfach- oder Doppelachse.

Idealerweise verfügt ein Hacker über:

- eine weite Trichteröffnung, damit auch sperriges Material aufgenommen werden kann
- einfach auszuwechselnde Hackmesser
- drehbares und höhenverstellbares Ausblasrohr
- Notabschalteinrichtung bei handbeschickten Hackern

Ob sich die Anschaffung eines Hackers lohnt, hängt wie bei allen Forstmaschinen von der zu verarbeitenden Kapazität an Holz ab. Die kleinsten Modelle beginnen bei einer Verarbeitungskapazität von vier Schüttraummetern in der Stunde.

Forstspezialmaschinen

Die nun vorgestellten Maschinenkategorien, namentlich Harvester, Forwarder, Seilkran, Forstspezialschlepper und Hubschrauber, sind Arbeitsgeräte, die aufgrund der hohen Anschaffungskosten und der benötigten Spezialkenntnisse nicht im Maschinenpark eines bäuerlichen Betriebes zu finden sind. Trotzdem sollen diese Maschinen vorgestellt werden, da vor allem Harvester und Forwarder bzw. Seilkran häufig von Lohnunternehmern eingesetzt werden.

Harvester

Derzeit operieren in Österreich etwa 130 Forstunternehmer mit 250 Harvestern, in Deutschland liegt die Harvesterzahl bei ungefähr 1.800 Stück. Harvester oder Kranvollernter sind Holzerntemaschinen, die Bäume fällen, entasten, ablängen und die Sortimente am Gassenrand ablegen. Weil alle Arbeits-

Bis zu 15 Festmeter Holz kann ein Harvester unter Idealbedingungen pro Stunde produzieren. © Ponsee

Harvester sind äußerst geländegängig – zur Schonung des Waldbodens sollten sie sich aber nur entlang der Rückegasse bewegen. © Ponsee

vorgänge ohne Handarbeit ablaufen, bezeichnet man diese auch als vollmechanisierte Holzernte. Harvester wurden in Nordamerika und in Skandinavien entwickelt. „To harvest" kommt aus dem Englischen und bedeutet Ernten.

In Mitteleuropa kamen Anfang der 1990er Jahre die ersten Maschinen zum Einsatz. Damals gab es von vielen Seiten Vorbehalte gegenüber den großen Erntemaschinen. Zu schwerfällig wirkten die Maschinen anfangs für viele mitteleuropäische Forstleute, auch waren die Anschaffungskosten damals schon hoch. Obwohl sich im Bereich des Bodenschutzes durch Boogiebänder und Raupenlaufwerke viel getan hat, betrachten vor allem Naturschützer die Vollernter immer noch sehr kritisch.

Während im Jahr 2013 in Deutschland noch 76 Harvester verkauft wurden, stieg deren Verkaufszahl im Jahr 2022 auf 115 Stück. In Österreich wurden 2013 insgesamt 15 Harvester gekauft. Neuere Zahlen für den österreichischen Markt sind nicht mehr erhältlich. Die Anzahl der verkauften Forwarder war immer schon höher: 2013 waren es 124 Stück in Deutschland und 20 Stück in Österreich. 2022 stieg die Verkaufszahl in Deutschland auf 148 Stück. Im Bereich der Forstspezialschlepper ist der Markt ziemlich eingebrochen. Es wurden 2013 noch 148 Stück in Deutschland, und 8 Stück in Österreich verkauft, inzwischen ist der Markt aber komplett eingebrochen.

In Bezug auf ihre Motorleistung teilt man Harvester in drei Stärkeklassen ein:

- **Kleinharvester (bis 95 PS):** Ihr Einsatzbereich liegt in Erst- und Zweitdurchforstungen. Als optimaler Baumdurchmesser gelten für diese Maschinen etwa 15 cm und als maximaler 35 cm. Als Leistung sind 3–5 fm pro Stunde zu erwarten, abhängig von der Baumdimension. Aus Amortisationsgründen sollte die Jahresleistung nicht weniger als 7.000 Festmeter betragen.
- **Mittelklasse-Harvester (bis 190 PS):** Sind noch in der Erstdurchforstung einsetzbar, haben aber ihren Haupt-

Auch beim Harvester gilt es, die richtige Maschinenstärke auszuwählen. Kleinharvester kommen vor allem bei Erstdurchforstungen zum Einsatz.

© Bernhard Henning/forestbook

Eine pflegliche Nutzung ist auch beim Harvestereinsatz oberstes Gebot. Dank des kräftigen Greifarms ist diese auch leichter zur realisieren als bei der Fällung mit der Motorsäge.

© Ponsse

einsatzbereich in den Folgedurchforstungen und in schwachen Endnutzungen. Der optimale Baumdurchmesser liegt bei 20 cm und der maximale bei 45 cm. Die Stundenleistung beträgt etwa 4–8 fm und die Jahresleistung sollte mindestens 15.000 fm betragen.

- **Großharvester (über 190 PS):** Sie sind für Lichtungshiebe und Endnutzungen konzipiert. Ihr optimaler Baumdurchmesser beträgt 30 cm und der maximale 65 cm. Als Jahresleistung sind unbedingt 20.000 fm zu planen.

Bandbreite der technischen Details von Harvestern

Motorleistung: 100–370 PS
Eigenmasse: 8–30 t
Länge: 3,1–11,1 m
Höhe: 3,1–3,4 m
Fälldurchmesser: 370–790 mm
Entastungsdurchmesser: 320–750 mm
Kranweiten: 9,3–15 m
Kosten: 180.000–480.000 Euro

Die Mehrzahl der Harvester verfügt über ein **Rad- oder Kettenfahrwerk**. Einige Maschinen haben auch beim Fahrwerk Sonderanfertigungen. So entwickelte John Deere eine **Forest Walking Machine**, die sich durch Schreitfüße bewegte, dieses Projekt wurde aber nie marktreif. Radharvester haben 4–8 Räder. Aktuell tendieren die Hersteller zu 8 Rädern. Raupenharvester haben wie Bagger auf jeder Seite ein Kettenlaufwerk. Kettenlaufwerke haben den Vorteil, dass der Bodendruck wegen der größeren Auflagefläche geringer ist. Radharvester erreichen eine Geschwindigkeit von bis zu 25 km/h, während Raupenharvester eine Geschwindigkeit von weniger als 10 km/h erreichen. In weiter entfernte Einsatzgebiete werden Raupenharvester mit Tiefladern transportiert.

Neben dem **Fahrwerk** sind die **Kabine, der Kran** sowie der **Harvesterkopf** die wichtigsten Elemente eines Harvesters. In der Kabine bedient der Maschinenführer den Harvester. Von hier aus steuert er das Fahrwerk, den Kran und den Harvesterkopf. Die Kabinen haben

Der Harvesterkopf fällt den Baum, entastet ihn und trennt die einzelnen Stammabschnitte. © Ponsee

große Fenster, um dem Fahrzeuglenker einen guten Überblick geben zu können. Moderne Kabinen sind bis zu 315 Grad drehbar. Für ein ergonomisches Arbeiten in Hanglangen lässt sich die Kabine nivellieren. Der Kran trägt den Harvesterkopf. Die marktüblichen Kranweiten reichen von 9 bis 15 m.

Der Harvesterkopf umfasst den Baum und trennt den Stamm vom Wurzelwerk. Die Vorschubwalzen ziehen den Stamm dann durch den Harvesterkopf. Dabei wird der Stamm in Teile geschnitten (sortimentiert), entastet und vermessen. Seine Stärke kann der Harvester vor allem in Beständen ausspielen, die Durchmesser von 15 bis 35 cm haben. Das Stück-Masse-Gesetz besagt, das mit zunehmendem Baumvolumen die motormanuelle Fällung mit der Motorsäge effektiver wird. Speziell im Starkholzbereich ab 50 cm Baumdurchmesser verliert der Harvester seinen Vorsprung an Produktivität.

Um die Vorteile eines Harvesters bei der Holzernte nutzen zu können, müssen einige Voraussetzungen erfüllt sein:

- Unabhängig von der Hangneigung muss die Erntefläche gut befahrbar sein. Felsblöcke, Bodenmulden und Nassstellen schränken die Maschine ein.
- Der Kran sollte nicht über eine Entfernung von 10 m genutzt werden, da die Sichtverhältnisse für den Maschinenführer dabei zu unübersichtlich sind. Bei Hangneigungen ab 45 % soll aus Stabilitätsgründen der Kran ebenfalls auf maximal 10 m ausgefahren werden.
- In ungleichaltrigen Beständen soll der Harvesterkopf einen Fälldurchmesser haben, mit dem der Großteil der Stämme umfasst und geerntet werden kann.
- Auf seichtgründigen Böden findet die Maschine schlechter Halt.

- Beim Fällen soll das Schwert den Baum mit einem Schnitt trennen können, mehrfaches Einschneiden kann für den Fahrer wegen der unsicheren Fällrichtung gefährlich sein.
- Ständiges Arbeiten am angegebenen Maximum des Entastungsdurchmessers beansprucht den Harvesterkopf, den Kran und die Maschine selbst über Gebühr, speziell, wenn es sich um Laubholz handelt.

Die Erfahrung zeigt, dass das Leistungsoptimum bei etwa einem bis zwei Drittel des angegebenen maximalen Entastungsdurchmessers liegt.

Eine der wichtigsten Aufgaben des Harvesters ist die Sortimentierung des geernteten Holzes. Der Harvester legt das Holz gesammelt als Polter ab. Die Rückung übernimmt häufig ein Forwarder. Forwarder sind Rückefahrzeuge, die mit einer drehbaren Kabine sowie einem Ladekran und einem Rungenkorb als Ladefläche ausgestattet sind. Die Kombination aus Harvester und Forwarder ist die produktivste Form der Holzernte. Der Harvestereinsatz kann aber auch mit Krananhängern oder Forstschleppern kombiniert werden, wobei beide Arbeitsverfahren deutlich weniger produktiv sind als der Forwarder.

Lange Zeit galten 35 % Hangneigung als Obergrenze für das Einsatzgebiet von Harvestern. In den letzten Jahren gab es aber Entwicklungen von verschiedenen Herstellern, die das Ziel hatten, Harvester auch für das Steilgelände einsatzfähig zu machen. Dabei wurden verschiedene Lösungsmöglichkeiten entwickelt. Mit ihrer größeren Auflagefläche sind Raupenharvester geländegängiger. Valmet nutzte 2002 diesen Umstand bei seinem Modell 911.X3M. Dabei wurden die Bogieachsen und Hinterräder durch traktionsstarke Raupenlaufwerke ersetzt. Auf ein Raupenlaufwerk setzt ebenfalls Impex bei seiner Modellserie Königstiger. Eine neuere Entwicklung sind Traktionsseilwinden, die mittlerweile auch für Radharvester verfügbar sind. Bei diesem Verfahren dient ein Baum auf der oberen Hangseite als Anker. Der Harvester hängt gesichert am Seil, die Seilwinde erzeugt die benötigte Zugkraft. Mit einer ganz eigenen Fahrzeugkonzeption hat der Seilkranhersteller Konrad für mehr Geländegängigkeit gesorgt. Obwohl er über ein Radfahrwerk verfügt, ist der Highlander für den Einsatz im Steilgelände entwickelt worden. Die synchchrone Schreit- und Fahrbewegung, bei der die Achsen ausgefahren werden und jedes Rad separat lenkbar ist, kommt dabei zum Einsatz. Aufgrund all dieser technischen Anpassungen können Harvester mittlerweile auf Hängen mit bis zu 80 % Neigung eingesetzt werden. Diese Möglichkeit sollte aber nur zur Überwindung von Böschungen und kurzen Steilstücken innerhalb des „normalen" Einsatzbereiches dienen und nicht zum Dauereinsatz werden. Zu häufige Baum- und Bodenverletzungen, Sicherheitsrisiko und enormer Fahrerstress wären die Folge.

Ende der 1990er-Jahre wurden erstmals Harwarder produziert. Es handelt sich dabei um eine Kombination aus Harvester und Forwarder. Je nach Blickwinkel ist ein Harwarder ein Harvester mit Rungenkorb oder ein Forwarder mit Harvesterkopf. Dieser Maschinenkombination wurde anfangs viel Potential, vor allem von Seiten der Maschinenhersteller, vorhergesagt. Bei den Forstunternehmern konnte sich der Harwarder

Die Bedienung eines Harvesters benötigt ausgebildetes Personal und ist nichts für Amateure. © Ponsee

Hindernisse wie diese Mulde sollten durch die Einsatzplanung vermieden werden. © Ponsee

aber nie richtig durchsetzen. Zwar produzieren verschiedene Hersteller nach wie vor Harwarder, die abgesetzten Stückzahlen sind aber gering.

Einen Harvester zu bedienen ist nichts für Amateure. Um wirtschaftlich und effizient mit dem Vollernter arbeiten zu können, ist eine adäquate Ausbildung sowie ausreichend Praxis notwendig. Die Steuerung eines Harvesters ist anstrengend und herausfordernd: Fahrwerk, Kran und Harvesterkopf müssen bedient werden und das in oft schwierigem Gelände. Zudem muss mit Sorgfalt gearbeitet werden, um Ernteschäden am verbleibenden Bestand zu vermeiden.

Die Tätigkeit in der schalldicht isolierten Fahrerkabine liegt nicht jedermann: In Schweden gehören Harvesterfahrer zu den Berufsgruppen mit den höchsten Selbstmordraten.

Einsatzplanung

Der Harvester erntet schneller und produktiver als jedes andere Holzernteverfahren. Der Waldbesitzer, der die Ernte vorrausschauend plant, kann die gesamte Produktivität der Maschine nutzen. Sichtbar wird das nicht nur an den Kosten, sondern auch am verbleibenden Bestand. Da es sich um teure Maschinen handelt, rechnen sich diese nur bei entsprechend hoher Auslastung. Darüber hinaus sind auch die anschließende Holzrückung und wegen des hohen und raschen Holzanfalles auch die Holzabfuhr, die Lagerung und die Holzvermarktung bereits vor der eigentlichen Ernte in die Überlegungen miteinzubeziehen.

Bevor die Wahl auf den Harvester als Erntemittel fällt, ist abzuschätzen, ob überhaupt eine ausreichende Menge an Holz anfällt. Beim Harvestereinsatz fallen hohe Fixkosten an, da die Maschinen überstellt werden müssen. Vor allem der Transport per Tieflader ist kostspielig. Damit die Holzernte mit dem Harvester auch wirtschaftlich ist, sollten mindestens 500 fm bei Schwachholz, bei Stammdurchmessern über 40 cm mindestens 1.000 fm geerntet werden.

Je mehr Holz anfällt, desto geringer sind die Kosten pro Festmeter. Für den Fall, dass ein einzelner Waldbesitzer nicht die nötige Holzmenge erreicht, kann eine kombinierte Holzernte mit Grundstücksnachbarn sinnvoll sein.

Jeder Harvester hat einen Durchmesserbereich, in dem er optimal arbeitet. Die Stammdurchmesser sollen daher nicht zu unterschiedlich sein, damit der Auftrag mit demselben Harvester durchgeführt werden kann. Wenig Sinn hat es, ein starkes Gerät im Schwachholzbereich einzusetzen, weil erstens die Leistung kaum höher ist als bei einem für diese Dimension geeigneten, schwächeren Gerät und zweitens die Betriebsstundenkosten bei größeren Geräten höher sind.

Neben der anfallenden Holzmenge sind auch noch andere Kriterien ausschlaggebend. Die Hangneigung und die Beschaffenheit des Bodens etwa entscheiden über die Möglichkeit, einen Harvester zu verwenden. Moderne Harvester sind in der Lage, auf Hängen mit Neigungen von bis zu 80 % zu arbeiten. Allerdings setzt dies voraus, dass auch der Maschinenführer die Fähigkeit und Bereitschaft besitzt, auf solchen steilen Flächen die Maschine zu bedienen. Auf der Erntefläche dürfen auch keine Hindernisse vorkommen, die für den Harvester unüberwindbar sind, wie etwa Felsblöcke oder Nassgallen.

Immer mehr Waldbesitzer verzichten auf die Auszeige. Besonders negativ wirkt sich das beim Harvestereinsatz aus. Der Harvesterfahrer überblickt die Arbeitsfläche von der Fahrerkabine aus nicht zur Gänze, besonders der Blick auf die Kronen ist erschwert. Nur die wenigsten Harvesterfahrer verfügen über eine ausreichende waldbauliche Ausbildung. Außerdem verlängert sich die Arbeitszeit des Maschinenführers, wodurch die Gesamtkosten des Einsatzes steigen. Deshalb sollte der Waldbesitzer selbst vor der Ernte auszeigen bzw. diese an einen Fachmann übergeben. Nur in Fällen, in denen wipfelbrüchige, geschälte, von Steinschlag oder anderwärtig beschädigte Bäume entnommen werden, kann die Auszeige vom Maschinenführer übernommen werden (Negativauslese).

In Skandinavien und in Nordamerika arbeiten Harvester auch nachts. © Ponsee

Die Harvestergasse ist der Arbeitsort des Harvesters. Von hier aus steuert der Fahrer den Kran und erntet die Bäume. Bei einer gut angelegten Harvestergasse wechselt der Harvester ohne Probleme von der Forststraße in die Gasse. Vorteilhaft ist, wenn der Fahrer selbst den Beginn und den Verlauf der Gassen markiert. Die Kranweite bestimmt den Abstand der einzelnen Harvestergassen. Bei einer Kranweite von 10 m beträgt der Abstand der Gassen 20 m. Die Gassenmitte wird an den dort stehenden Bäumen gekennzeichnet. In den Fahrgassen soll Reisig untergelegt werden, um den Waldboden zu schonen.

Je nach Region und Forstunternehmer sind verschiedenste Markierungen üblich. Vor der Auszeige sollte also mit dem Harvesterunternehmer besprochen werden, welche Markierungen zum Einsatz kommen. Dadurch wird die Arbeit des Fahrers erleichtert und unnötige Bestandsschäden, wie die zu frühe Ernte eines Z-Baums, vermieden.

Plant der Waldbesitzer den Harvestereinsatz, so sind die Besonderheiten des Einsatzortes zu berücksichtigen. Während Durchforstungen im Nadelholz bei schonender Arbeitsweise auch in den Sommermonaten möglich sind,

Der Forwarder ist der Partner des Harvesters. © Ponsee

Idealeinsatz eines Forwarders
© Bernhard Henning/forestbook

Ein Harvestereinsatz ohne Forwarder kann sinnvoll sein. Ein Forwardereinsatz ohne Harvester ist unwirtschaftlich. © Ponsee

müssen sie bei Laubholz, etwa bei der Buche, im Winterhalbjahr erfolgen. In Regionen, wo der Untergrund durch Flysch gebildet wird, sollte der Waldboden nur bei gefrorenem Zustand befahren werden. Auf Steilhängen ist während der Wintermonate die Ernte durch den Schnee gar nicht möglich.

Bei der Unternehmerwahl empfiehlt es sich, Informationen über die Anbieter einzuholen. Wichtig sind die Zuverlässigkeit bezüglich Vertragserfüllung sowie die Arbeitsqualität. Ebenso sollte man sich über ortsübliche Preise für die Harvesterernte informieren. Hat man einen geeigneten Unternehmer gefunden, ist mit ihm der Einsatzort zu besichtigen und danach der Preis für die Holzernte auszuhandeln.

Für den Preis, der meist in Festmeter vereinbart wird, sind entscheidend:

- Gesamtvolumen der Ernte
- Baumart
- Baumdimensionen
- Nutzungsart: Durchforstung, Kleinflächennutzung oder Endnutzung
- Befahrbarkeit des Waldbodens
- Hangneigung
- Laub- und Nadelholzanteil

Weitere Vertragsbedingungen, die unbedingt vor dem Einsatz verhandelt werden sollten, sind:

- die Einhaltung fixierter Termine
- die Arbeitsqualität hinsichtlich Boden- und Bestandespfleglichkeit
- Konsequenzen (Bonus-Malus) bei Erfüllung bzw. Nichteinhaltung

Angesichts der großen Menge Holz, die bei einem Harvestereinsatz anfällt, ist vor Beginn der Ernte ein Holzkäufer zu suchen. Der Fahrer muss bei der Ausformung allfällige Sortimentswünsche und Qualitätsansprüche bestmöglich berücksichtigen, um Preisabstriche bei der Holzübernahme zu vermeiden.

Der Holzkäufer hat für die rasche Holzabfuhr zu sorgen, damit die Lagerplätze nicht überquellen, wodurch eventuell längere Rückedistanzen zu weiter entfernten Holzlagern entstehen. Zu klären ist auch, wer für die Instandsetzung verursachter Schäden an Straßen, Böschungen etc. zu sorgen hat.

Entrinden durch Harvester

Eine Alternative bei der harvestergestützten Aufarbeitung von Schadholzmengen könnte die Entrindung durch umgerüstete Harvesteraggregate darstellen. Dabei handelt es sich um einen zusätzlichen Prozessschritt, der mit Zeit und Kosten verbunden ist. Die Entrindung im Bestand ermöglicht dem Waldbesitzer aber mehr zeitlichen Spielraum innerhalb der Bereitstellungskette, ohne die Gefahr, durch das waldnahe Rundholzlager eine Brutstätte für Borkenkäfer anzubieten. Somit könnten auftretende Spitzen und Engpässe abgefedert und alle Partner in der Bereitstellungskette deutlich entlastet werden. Zusätzlich könnte noch stehendes, aber bereits befallenes Holz geerntet und so die Vermehrung der Käfer eingeschränkt werden. Die Entrindung stellt somit auch eine umweltverträgliche Alternative zu Insektiziden dar. Außerdem verbleiben die Nährstoffe aus der Rinde am Standort, welche zur Verbesserung der Bodenqualität beitragen.

Unter mitteleuropäischen Verhältnissen erfolgt die Entrindung im Bestand mit Harvestern mittels speziell umgerüsteter Standard-Aggregate. Je nach Hersteller werden die äußeren Vorschubwalzen, die innenliegenden Walzen und das Messrad getauscht. Beim angepassten Arbeitssystem wird der gesamte Stamm nach der Fällung zuerst entastet und abgezopft, dann am Zopfende mit gedrehtem Aggregat wieder erfasst und anschließend beim Durchlauf zum Fällschnitt entrindet. Bei der nächsten Überfahrt erfolgt die Ausformung der Sortimente in Richtung Zopfende.

Die Entrindung durch Harvester ist eine sehr effektive Methode, um Borkenkäfer zu bekämpfen.

Die Herausforderungen sind dabei: der zusätzlich benötigte Platzbedarf, längere Manipulationszeiten (der Harvester muss Umgreifen und einen zusätzlichen Arbeitsschritt durchführen) und eine deutliche Mehrbelastung der Maschine. Der Vorteil dieses Verfahrens ist der Zeitgewinn. Zeit, die es braucht, bis wieder Kapazitäten frei sind und das Holz tatsächlich abtransportiert werden kann.

Noch wird untersucht, ob sich der erhöhte Arbeitsaufwand lohnt. Erste Beobachtungen stimmen optimistisch: Sowohl die Larven als auch junge Käfer sterben in der geschälten Rinde ab. Wenn die am Stamm verbleibende Rinde fünf Zentimeter Breite nicht übersteigt, dürfte auch dies zum Tod führen. Lediglich voll ausgebildete adulte Käfer sterben nicht ab. Daher gilt auch hier: Lieber früher als zu spät tätig werden! Ebenfalls positiv:

Noch mehr als beim Harvester ist es beim Forwarder wichtig, dass er auf der Rückegasse bleibt, da sonst schwere Bodenschäden aufgrund der hohen Lasten drohen. © Ponsee

Boogiebänder vermindern den Bodendruck. © Ponsee

Das Risiko des Wertverlustes durch Verblauung der im Wald belassenen Stämme scheint geringer.

Die Leistung der Harvesterernte mit Entrindung lag beim deutschen Verfahren etwa ein Drittel, beim österreichischen etwa ein Viertel unter jener bei Nichtentrindung (exklusive Rückung). Die entsprechenden Mehrkosten wurden in den deutschen Projekten auf drei bis sieben Euro pro Erntefestmeter geschätzt – je nach Erntedurchmesser. Durch den Saftfluss ist das Holz nach der Entrindung sehr glitschig und muss je nach Witterung bis zu einer Woche lang abtrocknen, bevor es sicher vom Forwarder gerückt und gepoltert werden kann. Dabei wird auch der Einfluss weiterer Faktoren, wie Lagerschäden am entrindeten Holz, Veränderungen beim Transportvolumen und -gewicht und Wegfall der Rindensortimente in den Sägewerken auf die Wirtschaftlichkeit der Entrindung untersucht. Isoliert betrachtet zeigten sich bei der Forwarderrückung von entrindetem gegenüber nicht entrindetem Holz keine signifikanten Leistungsunterschiede – ein ausreichendes Abtrocknen des entrindeten Holzes vorausgesetzt.

Forwarder

Bei Forwardern handelt es sich um äußerst geländegängige Forstmaschinen, deren Aufgabe der Holztransport ist. Entwickelt wurden Forwarder in Skandinavien. In den Wäldern dort ist aufgrund der Größe der Waldflächen die Erschließung wesentlich geringer als in Mitteleuropa, gleichzeitig ist die Landschaft flach und daher leicht befahrbar.

Um den Transport vom Schlägerungsort zur nächsten LKW-befahrbaren Straße zu übernehmen, wurden die Forwarder entwickelt.

Die wichtigsten Elemente des Forwarders ist das Triebfahrzeug, in dem sich Motorblock und Fahrercockpit befinden. An das Triebfahrzeug fix montiert sind ein Rungenkorb, in dem das Holz transportiert wird, und ein Kran, der zum An- und Aufladen genutzt wird. Der Kran wird vom Cockpit aus gesteuert. In seiner Funktion ähnelt der Forwarder dem Forsttraktor mit angehängtem Krananhänger, allerdings sind sowohl Leistung als auch die Verarbeitung und Robustheit beim Forwarder wesentlich höher.

Die besten Resultate erreicht ein Forwarder in Kombination mit einem Harvester. Man spricht dann von der vollmechanisierten Holzernte. Eine Holzerntekette mit einem Forwarder kann auch mit Motorsäge und Seilwinde kombiniert werden, allerdings ist diese Erntekette wesentlich weniger produktiv als die Harvester-Forwarder-Variante.

Die Stärke des Harvesters liegt unter anderem darin, dass er die Stämme für den Forwarder bereits sortimentsgerecht lagert und der Forwader diese nur noch aufzuladen braucht. Mit der Seilwinde lässt sich dies nicht so ideal bewerkstelligen.

Neueste Entwicklungen für den Steilhang sind Traktionsseilwinden. Dabei wird der Forwarder an eine Seilwinde angehängt, mit deren Hilfe er sich in Fallrichtung des Hanges bewegt. Im Vergleich zum Seilkran ist diese Rückemethode zwar effektiver, da die aufwändigen Installationsarbeiten des Seilkrans wegfallen, dafür ist die Bodenbelastung aber enorm. Daher ist von dieser Rückemethode abzuraten.

Der Einsatzbereich im Steilgelände wird für Forwarder bis zu 35 % angegeben, ebenso wie beim Harvester. Nur in Ausnahmefällen sollte der Forwarder sich aber über so steile Geländeverhältnisse bewegen. Er kommt mit Ladung und Eigengewicht auf weit über 20 Tonnen, wodurch nicht nur die Gefahr des Umkippens steigt, sondern auch die Belastung des Bodens.

Traktionshilfswinden

Lange Zeit galt die Faustregel, dass Forwarder und andere Forstmaschinen maximal auf Hängen mit 35 % Neigung einsetzbar sind. Traktionsseilwinden machen es möglich, dass sich Harvester und Forwarder auch auf Steilhängen bewegen. Bereits im Jahr 2004 kamen die ersten Traktionsseilwinden auf den Markt. Die Idee war, Forstmaschinen eine Unterstützung bei der Holzernte im Steilhang zu liefern. Mittels der Seilwinde soll der Radschlupf (deshalb auch die Bezeichnung Traktionsseilwinde) verringert werden. Der Forstmaschine soll mehr Stabilität gegeben und gleichzeitig sollen Bodenschäden verhindert werden.

Die Traktionsseilwinden bringen weitere Vorteile mit sich: Dem Maschinenführer ist durch die Kraft der Seilwinde möglich, bergauf zu fahren. Dadurch ist der Forwarder nach der Entladung der Bloche schneller wieder einsetzbar. Die Bergauffahrt ersetzt lange Fahrten über Forststraßen zurück zum oberen Ende der Rückegasse. Das sind Fahrten, die Treibstoff und Zeit kosten, Emissionen generieren, Straßen beschädigen – und letztlich auch die Holzerntekosten in die Höhe schrauben. Beim Harvestereinsatz wiederum erhöht die Seilwinde die Standsicherheit in kritischen Momenten. Während der Forwarder die Last meist nur wenige Meter neben sich aufnehmen kann, muss der Harvester die Reichweite seines Krans zur Gänze ausnutzen. Ein Baum, der mehrere Tonnen wiegt, ein Kranarm, der auf 10 m ausgefahren ist und eine Hangneigung von 50 %: Es braucht nicht viel Fantasie, um sich vorzustellen, dass der Harvester in so einer Situation Gefahr läuft, zu kippen. Die Traktionseilwinde verringert das Risiko erheblich.

Das Grundprinzip der Traktionshilfswinde ist einfach: Man verlagert einen Teil der Vortriebsleistung von den Rädern auf das an einem Ankerbaum befestigte Seil. Der Seilzug entlastet somit den Radantrieb und unterstützt beim Bergabfahren die Bremsung. Dahinter

Durch der Traktionshilfswinden können Steilhänge auch vollmechanisiert mit dem Harvester und Forwarder bewirtschaftet werden, was zu einer Reduktion der Holzerntekosten führt.

steckt viel Entwicklungsarbeit, denn die Geschwindigkeiten des Radantriebs und des Windenzugs müssen präzise aufeinander abgestimmt sein, damit das Zugseil konstant gespannt bleibt. Ändern sich Gefälle, Bodenbeschaffenheit oder Maschinengewicht (bei der Forstmaschine), muss der Fahrer die Zugkraft über eine Funkfernsteuerung neu einstellen. Möglich sind stufenlose Einstellungen, wobei sich die aktuelle Zugkraft auf einer Anzeige in der Führerkabine der Maschine ablesen lässt. Die stufenlose Einstellung bewährt sich vor allem bei Böschungen und bei der Arbeit mit dem Rückezug, bei der sich die Hangabtriebskraft mit zunehmender Ladung erhöht. Als höchste Zugkraft kann man 10 t einstellen. Bei Bergabfahrten kommt die Maschine meist mit 2 t Windenkraft aus, bei Bergauffahrten in der Regel mit 5 bis 6 t. Trotz des Arbeitskomforts und trotz der Sicherheitsvorteile des Systems darf die Seilwinde nur als Hilfswinde, nicht aber als Sicherheitswinde verwendet werden: Das System unterstützt nur den Hangauftrieb bei der Fahrt am Hang und darf nur dort eingesetzt werden, wo die Forstmaschine selbstständig ohne Seilunterstützung steht. Traktionshilfswinden dürfen nicht dazu verleiten, mit schweren Maschinen in besonders schwieriges Gelände vorzudringen! Vielmehr solle man mit der Traktionshilfswinde dort arbeiten, wo man deren Stärken am besten nutzen kann. Dies sind in der Regel Hänge mit 40 bis 70 % Neigung, die mit 150 bis 280 m langen Rückegassen erschlossen sind. Für solche Bedingungen gibt es kaum effizientere Erntesysteme, denn solche Bestände lassen sich mit konventionellen Maschinen nicht befahren. Das Rücken mit Forstschlepper und Rückeseil ist meist sehr aufwendig und teuer. Auch der Aufbau einer mobilen Seilkrananlage würde sich aufgrund der kurzen Trassen kaum lohnen. Wichtig für die Arbeit mit der Traktionshilfswinde ist eine Rückegasse als Dauererschliessung. Denn die Belastung am Hang ist für den Oberboden noch größer als in flachen Gebieten, daher verbietet sich ein flächiges Befahren des Hanges. Deshalb ist vor dem Maschineneinsatz eine Rückegasse anzulegen, die möglichst über Jahrzehnte genutzt werden kann. Außerdem sind alle Maßnahmen der Bodenschonung

Um einen optimalen Seilkraneinsatz zu gewährleisten, braucht es geschultes und erfahrenes Personal.
© Koller Forsttechnik

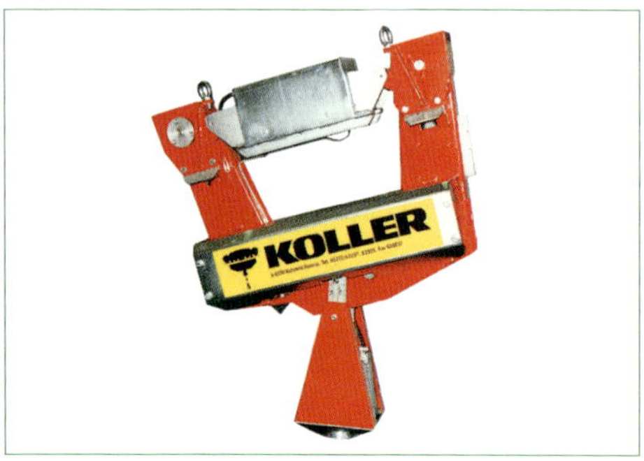

Der Laufwagen eines Seilkrans © Koller Forsttechnik

Beim Seilkraneinsatz wird das Holz für den LKW-Transport direkt auf der Forststraße abgelegt . Eine weitere Rückung soll aus Kostengründen vermieden werden. © Koller Forsttechnik

Auf sehr feuchten bzw. nassen Böden kann es notwendig sein, das Holz per Seilkran zu rücken. © Koller Forsttechnik

einzuhalten: Die Rückegasse muss mit reichlich Reisig ausgelegt und die Reifen der Forstmaschinen mit Boogiebändern bestückt werden. Als eine echte Konkurrenz zu Seilkränen sehen aber nicht mal die Hersteller ihre Traktionsseilwinden. Denn oberhalb von 70 % Hangneigung ist auch für Traktionsseilwinden Schluss – da hilft dann nur noch der Einsatz eines Seilkrans. Trotzdem sind die Hilfswinden eine wertvolle Weiterentwicklung in der Forsttechnik: Denn ob Waldbauer oder Forstbetriebe, durch die hohen Kosten, die eine Seilkrannutzung mit sich bringt, sind viele Jungbestände ohne Durchforstung geblieben. Bei Durchmessern unter 25 cm kann kaum ein positiver Deckungsbeitrag erzielt werden. In Stangenholzbeständen sind Harvester und Forwarder unschlagbar effizient – und können dank Traktionsseilwinden nun auch in Steilhängen ihre Stärken ausspielen.

Seilkran

Seilkräne dienen im schwierigen steilen Gelände zur Rückung des Holzes. Sie kommen aber ebenfalls an Standorten zum Einsatz, die zu feucht sind, um befahren zu werden.

Das Prinzip des Seilkrans ist einfach: zwischen zwei Endbäumen wird ein Seil gespannt, an dem ein Laufwagen montiert ist. Das am Laufwagen montierte Lastseil transportiert das Holz vom

Im Gegensatz zu Forsttraktoren verfügen Forstspezialschlepper über 4 Reifen gleicher Größe.
© Bernhard Henning/forestbook

Schlägerungsort zum Maschinenstandort. Kippmastseilanlagen, die bereits vorgestellt wurden, sind die einfachsten Varianten. Seilkräne gibt es aber auch in vielen anderen Ausführungen, von Anhängeraufbauten bis zu Seilkränen, die LKWs als Trägerfahrzeug nutzen. Diese Seilkräne sind in der Lage, das Holz über längere Distanzen zu transportieren (bis zu 800 m) und auch schwere Lasten zu tragen (bis zu 5 t).

Der Höhepunkt der technischen Entwicklung ist der Gebirgsharvester, es handelt sich um einen LKW-gestützen Seilkran. Manche dieser Modelle verfügen über einen Prozessorkopf, der die Stämme entastet und zuschneidet.

Auch wenn das Prinzip einfach ist, der Aufbau und der Betrieb von Seilkrananlagen benötigt Fachwissen und Erfahrung und sollte daher nur von professionellen Forstarbeiterteams durchgeführt werden.

Forstspezialschlepper

Forstspezialschlepper sind speziell für den Wald entwickelt und verfügen über keine Anbaumöglichkeiten und auch keine Zapfwellen. Aufgrund ihrer hohen Spezialisierung werden sie nur in geringer Stückzahl hergestellt. Gekennzeichnet sind sie durch die robuste Bau-

In Mitteleuropa kommt der Hubschrauber nur selten zum Einsatz. © Bernhard Henning/forestbook

Der Hubschraubereinsatz bedarf einer gründlichen Planung und Vorbereitung. © Bernhard Henning/forestbook

weise, die sehr gute Geländegängigkeit, den Allradantrieb und die Forstausrüstung. Es sind Maschinen mit einer Motorleistung zwischen 60 und 180 PS erhältlich. Im Gegensatz zum Forwarder, der auch als Weiterentwicklung des Forstspezialschleppers gesehen werden kann, wird das Holz per Bodenzug gerückt. Die Belastung des Bodens ist dadurch ebenso höher wie die Gefahr von Schäden am verbleibenden Bestand.

Hubschrauber

Zum Abschluss sei noch kurz der Hubschraubereinsatz erwähnt. Von allen möglichen Holzrückeverfahren ist der Hubschraubereinsatz der teuerste, da mit Holzerntekosten von mindestens 80 Euro pro Festmeter gerechnet werden muss. Gleichzeitig verfügt der

Harvester sind die produktivsten Forstmaschinen.
© Ponsee

Hubschrauber aber aufgrund seiner viel höheren Geschwindigkeit auch über die größte Leistung.

In Mitteleuropa kommen Hubschrauber in der Forstwirtschaft aber nur in Spezialfällen zum Einsatz, vor allem wenn es um den Abtransport von sehr wertvollem Stammholz (Zirbe) in schlecht erschlossenen Gebirgslagen geht. Am häufigsten wird der Hubschrauber aber bei Pflegemaßnahmen und sonstigen Arbeiten im Zuge der Wildbach- und Lawinenverbauung eingesetzt. Im Gegensatz zu Nordamerika gibt es in Mitteleuropa aufgrund der geringen Nachfrage auch keine nur auf den Holztransport spezialisierten Unternehmen.

Vergleich der Leistungsdaten

Zum besseren Vergleich der verschiedenen Forstmaschinen werden auf den Seiten 97/98 die Investionskosten sowie die Produktivität und die Kosten pro Festmeter (fm) präsentiert. Anhand der Werte lässt sich der Zusammenhang zwischen den Investitionskosten der einzelnen Maschinen und den Erntekosten erkennen. Mit steigenden Investitionskosten – und einer damit verbundenen gestiegenen Produktivität – senken sich die Erntekosten. Das System mit den geringsten Kosten, die vollmechanisierte Holzernte, bestehend aus Harvester und Forwarder, weist mit 25 Euro die absolut niedrigsten Erntekosten auf. Gleichzeitig ist für dieses System aber auch eine Investition von rund einer halben Million Euro nötig, ein Betrag, der selbst für viele Forstbetriebe zu hoch ist.

Bei der Wahl des Systems sollte sich der Landwirt aber nicht nur an den Kosten orientieren, auch wenn diese selbstverständlich ein wesentliches Kriterium darstellen. Aber ebenso entscheidend ist die Frage, welche Kapazitäten jährlich benötigt werden. Systeme wie Harvester und Forwarder oder Motorsäge und Gebirgsharvester sind für die meisten bäuerlichen Waldbesitzer zu groß dimensioniert, sodass die Maschinen nicht ausgelastet werden würden.

Deshalb erscheint es ratsam, auch weniger produktive Maschinen in Betracht zu ziehen, selbst wenn die Erntekosten hierbei höher sind. Die sehr weit verbreitete Variante der Fällung mit Motorsäge und anschließender Rückung per Seilwinde und Krananhänger verursacht 28–35 Euro an Erntekosten. Gleichzeitig muss aber berücksichtigt werden, dass in den auf den Seiten 97/98 angeführten Kosten auch die Lohnkosten von Maschinenführern enthalten sind, die für den Landwirt, der in Eigenregie arbeitet, nicht anfallen.

Die große Kapazität, die die vollmechanisierte Ernte liefert, ist auch bei großen Forstbetrieben wichtig, in denen es nur zu gewissen Jahreszeiten möglich ist, die Ernte durchzuführen. Das trifft auf den landwirtschaftlichen Betrieb aber so nicht zu, da dieser weitaus flexibler ist. Wenn bei einer starken Durchforstung

200 Erntefestmeter an Holz anfallen, so sind Harvester und Forwarder damit etwa 2–3 Tage beschäftigt. Die Kombination aus Motorsäge und Forsttraktor / Krananhänger benötigt für dieselbe Leistung etwa 5 Tage, also rund eine Arbeitswoche. Der zeitliche Vorsprung ist also nicht so groß, dass dieser ausschlaggebend für die Entscheidung sein könnte.

Bedacht werden sollte bei der Systemwahl auch der Holzpreis, der für die einzelnen Sortimente zu erwarten ist. Gerade bei Durchforstungen fallen viele schwache und qualitativ schlechte Sortimente an, die einen wesentlich niedrigeren Holzpreis lukrieren. Gerade in solchen Beständen sind Harvester und Forwarder aber sehr produktiv. Daher wäre es bei Durchforstungen eine Option, die Arbeit an einen entsprechend ausgestatteten Lohnunternehmer abzugeben.

Zu erwähnen ist auch noch, dass die vollmechanisierte Holzernte ihren Ursprung in Skandinavien hatte, wo die Baumdurchmesser aufgrund des rauen Klimas kaum über 30 cm erreichen und die meisten Waldbestände sehr flach sind. Je steiler die Geländebedingungen und je größer die Baumdimensionen werden, desto kleiner wird der Produktivitätsvorteil von Harvester und Forwarder.

Forsttechnik im Steilgelände

Gebirgswald muss nicht unbedingt Steilhang bedeuten: Auch auf Seehöhen über 1.000 m stocken Wälder, die sich mit einem Forsttraktor und Krananhänger bewirtschaften lassen. Auf dem überwiegenden Teil der Gebirgswälder ist aber der Einsatz des Seilkrans nötig. Dazu ist eine Basiserschließung durch Forststraßen nötig. Der Einsatz eines Seilkrans verursacht jedoch hohe Kosten. Anders als bei Krananhänger oder Forwarder werden für den Seilkran ein bis zwei Stunden zum Aufbau gebraucht.

In Steillagen ist selbst die motormanuelle Holzernte oft nur mit besonderen Sicherheitseinrichtungen durchführbar.

Tab.: **Vergleich verschiedener Ernteverfahren im Gebirgswald bei motormanueller Fällung**

Verfahren	Fällen: Motormanuell				
	Rücken: Forstschlepper	**Bringen: Seilkran**	**Bringen: Seilkran Aufarbeiten: Prozessor**	**Bringen: Gebirgsharvester**	**Bringen: Hubschrauber**
Hangneigung	Bis 35 %	Bis 140 %	Bis 140 %	100–140 %, je nach Seiltechnik	unbedeutend für die Bringung
Einsatzbereich	Rückewege erforderlich; auch bei geringem Hiebsanfall einsetzbar	Basiserschliessung durch Forststraßen muss gegeben sein (Standort für den Seilkran); Hiebsanfall min. 200 fm bei Kurzstrecken, 500 fm bei Langstreckenprojekt	Basiserschliessung durch Forststraßen muss gegeben sein; Gesamtkosten höher, daher pro Trasse min. 100 fm	Vollbaumnutzung; hohe Systemkosten, daher nur für Nutzungen geeignet, wo viel Holz geerntet wird	Vollbaumnutzung in nicht erschlossenen Gebieten
Verfahrensablauf	Fällung motormanuell im Bestand, zeitlich versetztes Beiseilen mittels Seilschlepper vom Rückeweg (Forststraße) aus	Fällung motormanuell, Fällordnung spitzwinkelig zur Seiltrasse	Fällung motormanuell, Bringung durch Seilkran, Aufarbeitung und Polterung durch Prozessor	Fällung motormanuell, Bringung durch Seilkran, Aufarbeitung durch am Seilkran integriertem Harvester	Motormanuelle Fällung, Bringung zeitlich versetzt durch Hubschrauber, Aufarbeitung am Landeplatz durch Harvester oder Prozessor
Pfleglichkeit	Gefahr der Fahrspurbildung; Schäden durch schräg zur Fallrichtung gezogenes Holz; pfleglich, wenn sich die Befahrung auf die Rückegasse beschränkt	Bodenschonendes Verfahren; Schleifschäden bei Langholztransport, Bestandesschäden entlang der Seillinie	Bodenschonendes Verfahren; Schleifschäden bei Langholztransport; Bestandesschäden entlang der Seilinie	Keine Bodenschäden; pflegliches Verfahren; Schäden nur an Trassenbäumen	Keinerlei Beeinflußung des Bodens; sehr pflegliches Ernteverfahren
Ergonomie	Gefährdung durch abrollende Stämme; Kipp- und Abrutschgefahr für Schlepper; körperlich schwere Arbeit	Gefährdung der Waldarbeiter durch abrollende Stämme, Funkfernsteuerung unerlässlich, um die Sicherheit beim Seilen zu gewährleiten; körperlich anstrengend	Körperlich schwere Arbeit bei Fällung und Seilkranmontage; sichere Aufarbeitung durch Harvester	Seilkranmontage und Anhängearbeit körperlich sehr anstrengend; sicheres Fällen und sichere Aufarbeitung wegen Seilkrannutzung	Hohe Unfallgefahr beim Ein- und Ausklinken der Last; körperlich schwere Arbeit beim Anhängen; hohe mentale Belastung für den Piloten; stabile Witterung unbedingt notwendig

Tab.: **Vergleich verschiedener Ernteverfahren im Gebirgswald bei motormanueller Fällung (Fortsetzung)**

Verfahren	Fällen: Motormanuell				
	Rücken: Forstschlepper	**Bringen: Seilkran**	**Bringen: Seilkran Aufarbeiten: Prozessor**	**Bringen: Gebirgsharvester**	**Bringen: Hubschrauber**
Wirtschaftlichkeit	Bei ausreichender Erschließung ein kostengünstiges Verfahren, das sich vor allem für den Kleinwald eignet	Effizientes Verfahren, wenn die Seillänge optimal ausgenutzt wird und eine Mindestmenge an Holz geerntet wird	Je nach Durchmesserverteilung des zu erntenden Bestandes ist eine hohe Leistung möglich, allerdings stehen hohe Systemkosten gegenüber	Bei entsprechender Auslastung sind hohe Leistungswerte erzielbar; fällt zuwenig Holz an, kann die Nutzung unwirtschaftlich werden aufgrund der hohen Systemkosten	Verfahren mit den höchsten Kosten, bei unerschlossenen Beständen mit Windwurf oder Käferholz oft einziges Ernteverfahren

Tab.: **Vergleich verschiedener Ernteverfahren im Gebirgswald bei Fällung mit Spezialmaschinen**

Verfahren	Fällen: Raupenharvester	Fällen: Harvester
	Bringen: Seilkran	**Rücken: Forwarder Unterstützung: Traktionshilfswinde**
Hangneigung	bis zu 65 %	bis zu 65 %
Einsatzbereich	ausgeglichenes Relief ohne Felsblöcke notwendig sowie hohe Holzmenge	
Verfahrensablauf	Fällung und Aufarbeitung durch Raupenharvester auf Rückegasse; zeitlich versetzte Bringung durch Seilkran	Fällung und Aufarbeitung durch den Harvester, Rückung durch den mit der Traktionsseilwinde abgesicherten Forwarder
Pfleglichkeit	Raupenfahrwerke verdichten den Boden weniger als Radfahrzeuge, Bodenverwundung beim Lenken, Wurzelschäden durch Ketten, bedingt pflegliches Verfahren	Bodenverwundung beim Transport der Last, Wurzelschäden, bei unaufmerksamer Beladung des Forwarders auch Schäden am verbleibenden Bestand
Ergonomie	Sicheres Fällen und Aufarbeiten durch Harvestereinsatz; Seilkranmontage ist körperlich anstrengend ebenso wie die Anhängearbeit	Sicheres Arbeiten durch vollmechanisierte Holzernte, daher auch geeignet für Aufarbeitung von Schadensflächen im Gebirge
Wirtschaftlichkeit	Die Vorkonzentration durch den Harvester erhöht die Leistung des Seilkrans. Derzeit wirtschaftliches Verfahren, wenn die Befahrbarkeit mit dem Raupenharvester gegeben ist.	Ermöglicht auch die wirtschaftliche Ernte von Stangenholzbeständen im Gebirge; pflegliche Arbeit ist aber entscheidend für den Erfolg des Einsatzes.

Die Holzrückung per Seilkran ist aber zugleich die bestandesschonendste Methode, denn der Waldboden wird dabei nicht beeinträchtigt. Beim Seilkraneinsatz sollte möglichst viel Holz anfallen, damit sich die hohen Kosten rentieren.

Die Holzernte in Stangenholzbeständen war lange Zeit problematisch, da die Holzmengen häufig zu gering sind, um die hohen Erntekosten gänzlich abzudecken. In Beständen mit Baumdurchmessern unter 40 cm ist der Harvester der Leistung von Forstarbeitern weit überlegen. Einige Harvestermodelle sind auch in der Lage, Hangneigungen bis zu 60 % zu befahren, für Forwarder waren solche Hanglagen aber lange unerreichbar. Mit dem Einzug der Traktionsseilwinden ist es nun aber auch für Forwarder möglich, in Steilhängen zu arbeiten. Dabei wird der Forwarder nicht abgeseilt, sondern die Seilwinde wirkt nur unterstützend. Auch wenn dadurch die Holzerntekosten gesenkt werden können, ist der Einsatz nicht unumstritten – manche Forstleute sehen darin eine Gefährdung des Waldbodens.

Die Tabellen auf Seite 94 und 95 zeigen Möglichkeiten für die Wahl des Ernteverfahrens im Gebirgswald auf. Holzernte im Steilgelände heißt also nicht immer automatisch Seilkran, auch wenn der Seilkran zweifellos ein wesentliches Instrument der Gebirgswaldbewirtschaftung ist und auch in Zukunft bleiben wird.

Forstmaschinenkauf

Die folgende Checkliste soll bei der Kaufentscheidung von Forstmaschinen unterstützen. **Der Kauf** einer Forstmaschine sollte aus mehreren Gründen gut überlegt sein:

- Die Anschaffung einer Forstmaschine ist mit erheblichen Kosten verbunden.

Für den Kauf einer Motorsäge gibt es eine Reihe von entscheidenden Kriterien. © Bernhard Henning/forestbook

- Nicht ausgelastete Maschinen sind gebundenes Kapital, das kein Einkommen erzielt.
- Einige Forstmaschinen verlangen ein hohes Maß an Fachwissen, das bereits vor dem Kauf der Maschine vorhanden sein sollte.

Konditionen
- Maschinenpreis
- Dauer eines Angebots
- Sonderkonditionen oder Rabatte möglich?
- Ist die Maschine förderungswürdig?
- Lieferfristen
- Kann eine gebrauchte Maschine in Zahlung gebracht werden?
- Welche Ausstattungsteile müssen für den optimalen Einsatz zusätzlich gekauft werden?
- Gibt es beim Neukauf einer Maschine dafür Rabatte?
- Wie groß ist der Preisunterschied zwischen gewählter Ausstattungsvariante und Maximalausstattung?
- Ist die gewählte Maschine nachrüstbar?

Kundendienst
- Seit wann befindet sich die Maschine am Markt?
- Wie viele wurden bereits abgesetzt?

Tab.: **Leistungsparameter und Kosten verschiedener Holzerntesysteme**

Parameter	Fällung	Rückung
	Motorsäge	Sappel, händisch
Investitionskosten		4.000
Leistung in fm/Tag		20
Erntekosten pro fm		50–60
Nutzungsdauer in Jahren		5
	Motorsäge	Pferd
Investitionskosten		40.000
Leistung in fm/Tag		40
Erntekosten pro fm		50–60
Nutzungsdauer in Jahren		10
	Motorsäge	Logline
Investitionskosten		15.000
Leistung in fm/Tag		30
Erntekosten pro fm		50
Nutzungsdauer in Jahren		10
	Motorsäge	Kleinraupenschlepper
Investitionskosten		40.000
Leistung in fm/Tag		30
Erntekosten pro fm		30–40
Nutzungsdauer in Jahren		7
	Motorsäge	Seilwinde
Investitionskosten		50.000–80.000
Leistung in fm/Tag		30–50
Erntekosten pro fm		40–50
Nutzungsdauer in Jahren		8
	Motorsäge	Forstspezialschlepper
Investitionskosten		110.000–160.000
Leistung in fm/Tag		50–90
Erntekosten pro fm		35–45
Nutzungsdauer in Jahren		7
	Motorsäge	Kippmastanlage
Investitionskosten		50.000–150.000
Leistung in fm/Tag		45–60
Erntekosten pro fm		35–50
Nutzungsdauer in Jahren		7
	Motorsäge	Seilwinde/Krananhänger
Investitionskosten		90.000–130.000
Leistung in fm/Tag		40–60
Erntekosten pro fm		35–45
Nutzungsdauer in Jahren		7

Tab.: **Leistungsparameter und Kosten verschiedener Holzerntesysteme (Fortsetzung)**

Parameter	Fällung	Rückung
	Motorsäge	Gebirgsharvester
Investitionskosten		300.000–400.000
Leistung in fm/Tag		60–120
Erntekosten pro fm		35–50
Nutzungsdauer in Jahren		8
	Harvester	Forwarder
Investitionskosten		450.000–500.000
Leistung in fm/Tag		60–120
Erntekosten pro fm		25–35
Nutzungsdauer in Jahren		7
	Motorsäge	Hubschrauber
Investitionskosten		–
Leistung in fm/Tag		100–200
Erntekosten pro fm		80
Nutzungsdauer in Jahren		–
	Harvester	Seilkran
Investitionskosten		450.000–500.000
Leistung in fm/Tag		70–100
Erntekosten pro fm		35–50
Nutzungsdauer in Jahren		7

- Wo wird die Maschine hergestellt?
- Ort der nächsten Firmenpräsenz?
- Zu welchen Zeiten ist der Kundendienst erreichbar?
- Müssen Ersatzteile bestellt werden?
- Wie lange dauert die Lieferzeit für Ersatzteile?
- Wie teuer sind Reparaturen und Ersatzteile?
- Gibt es Vertragswerkstätten?
- Lassen sich kleine Reparaturen und Wartung in Eigenregie durchführen?
- Droht dabei der Verlust der Garantie?
- Gehört ein Werkzeugsatz zum Lieferumfang?
- Ist die Betriebsanleitung verständlich und hilfreich?
- Wie lange gibt es Garantie?

Maschinentechnik

- Eigengewicht der Maschine
- Abmessungen
- Motorisierung
- Antriebssystem
- Leistung der Hydraulikpumpe
- Volumen des Hydrauliktanks
- Sind biologisch abbaubare Öle verwendbar?
- Funktion und Aufbau von Lenk- und Steuersystem
- Durchmesser des Wendekreises
- Art der Bereifung
- Steigfähigkeit
- Sind Gleitschutzhilfen verfügbar?
- Abmessungen des Rungenkorbs
- Ladekapazität des Rungenkorbs
- Tiltbarer Kran: ja / nein
- Hubkraft und Reichweite des Ladekrans

Maschineneinsatz
- Nutzungsdauer
- Treibstoffverbrauch pro Betriebsstunde
- Höhe des Reperaturkostenfaktors
- Höhe der Betriebsstundenkosten
- Produktivität

Maschinenbedienung
- Welche Ausbildung ist nötig, um die Maschine zu bedienen?
- Bietet der Hersteller Kurse an bzw. welche Ausbildungsstätten empfiehlt der Kursleiter?
- Gehört eine kostenlose Einschulung zum Lieferumfang?
- Logischer Aufbau der Steuerbefehle
- Benutzerfreundliche Menüführung des Bordcomputers

Arbeitssicherheit
- Sind die Griffe gesichert?
- Ist ein sicheres Ein- und Aussteigen möglich?
- Ist die Kabine sicherheitstechnisch geprüft?
- Ist in der Kabine ausreichend Platz?
- Ist es möglich, eine weitere Person zu transportieren?

Der Kauf einer neuen Forstmaschine will gut überlegt sein.

- Ist die Kabine nivellierbar?
- Gibt es eine Klimaanlage?
- Ist ein Sonnenschutz vorhanden?
- Sind die Abmessungen und die Gestaltung des Fahrersitzes auf den Käufer abstimmbar?
- Dreht sich der Fahrersitz einwandfrei?
- Sind Bedienelement problemlos erreichbar?
- Sind alle Kontrolllampen und Kontrollfunktionen problemlos sichtbar?
- Erzeugen die Schweinwerfer ausreichend Licht auch bei widrigen Witterungsverhältnissen?

© Bernhard Henning/forestbook

Erschließung

Unter Erschließung wird die Ausstattung des Waldes mit forstlicher Infrastruktur, wie Wegen, Seiltrassen und Holzlagerplätzen, verstanden. Dabei sind die Wege im Wald von größter Bedeutung, da sie nicht nur den Holztransport ermöglichen, sondern ihre Errichtung mit höheren Kosten und größerem Aufwand verbunden ist.

Für eine pflegliche Waldwirtschaft ist die Erschließung durch Forststraßen und Rückewege unbedingt notwendig. © Bernhard Henning/forestbook

Bei der Erschließung wird zwischen **Grob- und Feinerschließung** unterschieden. Bei der **Groberschließung** handelt es sich um ein ganzjährig befahrbares Wegenetz, das auch von LKWs für den Holztransport genutzt werden kann und einen Anschluss an das öffentliche Straßennetz bietet. Bei der **Feinerschließung** handelt es sich um Rückewege und Rückegassen.

Das Erschließungskonzept ist eine technisch wie ökonomisch zweckmäßige **Kombination von Grob- und Feinerschließung**. Abhängig ist sie von der **Hangneigung**, der **Bodentragfähigkeit** und den **Geländehindernissen** (Schwierigkeitsgrad). Zwischen den Erschließungskosten, also den Kosten für den Forststraßenbau, und den Holzerntekosten besteht ein direkter Zusammenhang. Je mehr in die Forststraßen

Forststraßen sollten idealerweise über möglichst wenig Kurven verfügen, um den Holztransport zu erleichtern.
© Bernhard Henning/forestbook

investiert wird, desto geringer werden die Holzerntekosten, weil die Rückedistanzen und somit die Kosten für die Rückung geringer werden. Dieser Zusammenhang ist aber für bäuerliche Waldbesitzer nicht direkt übertragbar.

Im Gegensatz zu Forstbetrieben, in denen laufend Holz geerntet wird, gibt es im bäuerlichen Wald keine ständige Auslastung. Traditionell werden die Wege einmal im Jahr während der Wintermonate genutzt, in manchen Jahren unterbleibt eine Nutzung komplett. Durch die wenigen Betriebsstunden, in denen die Forststraße tatsächlich genutzt wird, lassen sich die enormen Kosten der Forststraße kaum amortisieren.

Hierfür ein kurzes Rechenbeispiel:
Die Kosten für eine Forststraße liegen bei rund 45 Euro pro Laufmeter. Baut ein Landwirt nun 500 Laufmeter neue Forststraße, so liegen die Kosten dafür

Tab.: **Mögliche Erschließungskonzepte**

Hangneigung (%)	Bodentragfähigkeit*	Schwierigkeit	Mögliches Erschließungskonzept
0–25	> 3	einfach	Forststraße mit Rückegassennetz
0–25	1–3	einfach	Forststraße mit Rückegassennetz
0–25	1–3	schwierig	Forststraße mit Seiltrassen
25–60	> 3	einfach	Forststraße mit Rückewegen
25–60	1–3	schwierig	Forststraße mit Seiltrassen
> 60			Forststraße mit Seiltrassen

* Die Bodentragfähigkeit wird nach dem CBR-Wert (California Bearing Ratio) angegeben, der ein Maß für die Untergrundtragfähigkeit von Böden ist. Er kann mit Hilfe eines Pentrometers bestimmt werden. Böden mit einem Wert unter 3 sind wenig tragfähig, Böden mit wenigen Feinanteilen erreichen einen CBR-Wert von 20 und sind äußerst stabil.

bei 22.500 Euro. Die Rückekosten lassen sich durch den neuen Weg um 30 % senken, und zwar von bisher zehn Euro auf sieben Euro pro Festmeter Holz. Die Ersparnis beträgt also drei Euro pro Festmeter. Damit sich die Investition amortisiert, müssen rund 7.500 fm Holz über die neue Forststraße gerückt werden.

Kennzahlen für die Erschließung

Straßendichte (lfm/ha) = Forststraßenlänge (m) / Waldfläche (ha)

Idealer Wert: zwischen 20 und 50

Mittlerer Wegeabstand = 10.000/20 bis 10.000/50 = 500 bis 200
Das bedeutet, dass innerhalb des Waldes der Weg zur nächsten Forststraße zwischen 200 und 500 m liegt.

Längsneigung
- Unter 3 % aufwändig in der Instandhaltung
- 3–6 % günstiger Bereich
- 6–10 % zulässig
- Über 10 % kritisch

Wegbreite (inklusive Bankett): 7 m
Fahrbahnbreite: mindestens 3 m

Werte für die Feinerschließung:

Rückewegeabstand: 50–200 m

Rückegassenabstand Harvestereinsatz: 15–30 m (abhängig von Kranreichweite)

Seillinienabstand bei Rückung mit der Seilwinde (Bodenzug): 5–10 m

Seiltrassenabstand bei Seilkranrückung: 15–25 m (bei Starkholz über 40 cm auch über 25 m Abstand möglich)

Auch die Befestigung der Böschungen muss beim Forststraßenbau bedacht werden, da sonst Erosionsschäden am Bestand und an der Straße drohen.

Groberschließung

In Mitteleuropa ist die Groberschließung nahezu abgeschlossen. Durchschnittlich stehen zwischen 35 und 40 Laufmeter pro Hektar (lfm/ha) Forststraße in mitteleuropäischen Wäldern zur Verfügung.

Wie fortgeschritten das mitteleuropäische Straßennetz ist, erkennt man anhand internationaler Vergleiche: in Skandinavien liegt der Vergleichswert bei 10 lfm/ha, in sibirischen Wäldern sogar nur bei 0,1 lfm/ha. Trotzdem war und ist der Bau und Erhalt von Forststraßen ein Garant für eine pflegliche und nachhaltige Waldbewirtschaftung.

Nur noch in Einzelfällen ist der Forststraßenbau in Mitteleuropa notwendig. Gerade im Kleinwald sollte aufgrund der hohen Kosten genau überprüft werden, ob es keine Alternative zum Forststraßenbau gibt. Beim Bau der Forststraße wird Fachkenntnis und Planung benötigt. Im Normalfall werden die Planung und Projektierung einer Forststraße an Experten, wie forsttechnische Büros, Ziviltechniker oder Forstwegebauinstitutionen, vergeben, weshalb hier nur einige grobe Grundlagen des Forststraßenbaus behandelt werden.

Löffelbagger ermöglichen einen besseren Aufbau der Forststraße. © Bernhard Henning/forestbook

Planierraupen werden heute kaum noch beim Bau von Forststraßen eingesetzt. © Bernhard Henning/forestbook

Details über die Planung und Bauausführung können diversen Fachbüchern entnommen werden und würden den Umfang sprengen.

So genannte **positive Kardinalpunkte**, wie Holzlagerplätze, sollen von der Forststraße erschlossen werden, während **negative Kardinalpunkte**, wie Nassgallen, Felsstürze und ähnliche Hindernisse, möglichst umgangen werden sollen. Weitere Beispiele für positive Kardinalpunkte sind etwa der Anschluss an bestehende Weganlagen, erschließungswürdige Bestände, Gebäude und Betriebsanlagen, geeignete Grabenquerungen, Abbaumöglichkeiten für Wegebaumaterial und mehr. Negative Kardinalpunkte, wie unproduktive Waldflächen, bautechnisch besonders ungünstige Zonen (Rutschgelände, Sümpfe, Felspartien), ökologisch sensible Zonen (Quellschutzgebiet, Biotopflächen) sind zu meiden. Jedenfalls sollte von Beginn an mit den zuständigen Behörden zusammengearbeitet werden und deren Rat eingeholt werden.

Um die Stabilität der Forststraße dauerhaft erhalten zu können, müssen die Grenzwerte bei Quer- und Längsneigung eingehalten werden. **Im Längsprofil sollen 10 % Neigung nicht überschritten werden, ebene Abschnitte sollen mindestens 3 % geneigt sein.**

Die Neigung der Forststraße ist deshalb von Bedeutung, da einerseits der Holztransport nicht durch zu starke Neigungen erschwert werden soll. Gleichzeitig führt eine fehlende Neigung dazu, dass das Regenwasser nicht abfließen kann und sich Schlaglöcher bilden. **Die Querneigung ist mit 5–6 % ausreichend.** Bei Nichteinhalten dieser Neigungen vervielfachen sich die Erhaltungskosten. Kehren wiederum sollten nicht mehr als 5 % geneigt sein. Für das sichere Kehren eines beladenen LKWs samt Anhänger muss der **Kehrenradius mindestens 12 m betragen.** Ein sanfter bzw. schrittweiser Übergang bei größeren Neigungsänderungen, wie z. B. bei Wegeinbindungen oder Geländeveränderungen, ist ebenfalls ein wichtiger Punkt der Planung.

Die Forststraßendichte sollte je nach Mechanisierungsgrad und Geländebeschaffenheit nicht mehr als 50 lfm/ha betragen. Ist eine Waldfläche übererschlossen, kann es unter anderem zu Wasserabflussbeschleunigung, Rutschungen und Bestandesdestabilisierung kommen. Die produktive Waldfläche wird durch eine Überer-

Manche Bagger können auch mit einem Harvesterkopf ausgestattet werden und somit die Trassen für die Forststraße freilegen. © Bernhard Henning/forestbook

Grader werden dazu eingesetzt, die Oberflächenstruktur der Forststraße zu verdichten und zu verfestigen. © Bernhard Henning/forestbook

schließung ebenfalls reduziert. Gerade im Kleinwald ist die Gefahr der Übererschließung gegeben, und zwar entlang von Grundstücksgrenzen: Sprechen sich die Nachbarn nicht ab, so kommt es immer wieder vor, das zwei verschiedene Forststraßen gebaut werden, wo eine gemeinsame Forststraße gereicht hätte.

Es soll hier auch noch kurz auf die Bauausführung eingegangen werden, die sich in den letzten Jahren stark weiterentwickelt hat. Die frühere Forststraßenerrichtung mittels Schubraupe hatte den Nachteil, dass die talseitige Böschung nicht fest genug war, weil das Baumaterial nur angeschüttet wurde. Zudem hinterließ das abrollende Gestein teilweise große Schäden am verbleibenden Bestand.

Seit den 1980er-Jahren werden Forststraßen mit dem Kranbagger errichtet. Der Einsatz von Kranbaggern hat den Vorteil, dass das Material zielgerichteter abgeladen werden kann und die Böschungen mittels Baggerschaufel stabilisiert werden können. Das ideale Eigengewicht des Baggers liegt im Forststraßenbau zwischen 20 und 30 Tonnen.

Moderne Forststraßen werden heute nach der **5-Bauphasentechnik errichtet.**

1. Trassenräumung
Das gefällte Holz wird im Stamm- bzw. Baumverfahren mittels Bagger ausgezogen und im Bereich der talseitigen Böschung gepoltert.

2. Humosen Oberboden verfrachten
Der Humus bzw. der Oberboden samt Wurzelstöcken ist kein Wegbaumaterial und darf nicht in den Unterbau gelangen. Diese Schicht wird vorsichtig abgezogen und kontrolliert rückwärtig auf der tal- bzw. bergseitigen Böschung aufgebracht. Mit dieser Methode ermöglicht man eine natürliche Begrünung und somit auch eine schnellere Befestigung der Weganlage.

3. Fanggraben ausheben
Am talseitigen Böschungsfuß wird im steilen Gelände ein Fanggraben ausgehoben. Dieser soll das Abrollen von losem Gesteinsmaterial verhindern.

4. Dammaufbau
Ausgehend vom Fanggraben wird nun der Böschungsfuß errichtet. Dieser Fuß dient als Stütze für die unterseitige Böschung und wird, wenn vorhanden, mit

Die günstigsten Transportzeiten sind im Winter, wenn der Boden gefroren ist, oder im Hochsommer, wenn der Boden stark ausgetrocknet ist. © Bernhard Henning/forestbook

Grobmaterial erstellt. Auf diesem Fundament wird nun der Straßenkörper auf die erforderliche Höhe aufgebaut.

5. Planumherstellung und Böschungsgestaltung
Als letzter Schritt wird das Forststraßenplanum erstellt, eventuelle Vertiefungen ausgeglichen sowie die bergseitige Böschung im vorgegebenen Winkel abgeböscht.

Durch mehrmaliges Befahren des Planums kommt es bereits zu einer Vorverdichtung des Aufbaues.

Um Abrutschungen entgegenzuwirken, muss sich ab ca. 70 % Hangneigung der gesamte Wegkörper im gewachsenen Grund befinden. In diesen Bereichen ist mit geeigneten Geräten (LKW, Anhänger, Dumper) ein Materiallängstransport erforderlich. Gutes Wegebaumaterial kann so zwischengelagert bzw. an geeigneten Stellen wieder verwendet werden. Je nach Geländeverhältnissen kann auch die Errichtung einer technischen Verbauung notwendig sein. Die so genannte „bewehrte Erde“ mittels Geogitter ist heute eine gängige Variante, um tal- bzw. bergseitige Böschungen zu fixieren. Es kommen aber auch Steinverbauungen und Krainerwände aus Holz in Frage.

Forststraßen, die das ganze Jahr über befahrbar sind, werden als Schlechtwetterwege bezeichnet. Die Fahrbahn solcher Straßen ist zum Großteil mittels Schotterauflage befestigt. Im günstigsten Fall befindet sich das Schottermaterial vor Ort, was Transportkosten spart. Abschließend wird die Fahrbahn mittels Grader gespannt, der bergseitige Graben fertiggestellt sowie im letzten Arbeitsgang mit einer Walze befestigt bzw. geglättet.

Für eine lange Lebensdauer der Forststraße ist besonders auf die Wasserableitung zu achten. Neben einer ordnungsgemäßen Bombierung muss ein dem

Forststraßen müssen laufend gewartet werden.
© Bernhard Henning/forestbook

Straßenkörper angepasster bergseitiger Spitzgraben vorhanden sein. Auch eine ausreichende Anzahl an Durchlässen mit Auslaufsicherung ist notwendig. Der Innenrohrdurchmesser sollte mindestens 300 mm betragen. Bei wasserführenden Gerinnen müssen größere Rohrquerschnitte verlegt werden. Für eine lange Lebensdauer der fertigen Straße muss diese witterungsgerecht und schonend genützt werden. Auch dürfen Sanierungsarbeiten nicht aufgeschoben werden.

Die durchschnittlichen Forststraßenbaukosten bewegen sich zwischen 27 Euro und 35 Euro pro Laufmeter. Die bislang noch nicht erschlossenen Waldteile liegen hauptsächlich in Gebieten mit extremen Gegebenheiten.

Die Planung und die Bauausführung solcher Forststraßenprojekte erfordern spezielle Fachkenntnis und Erfahrung und sollten daher nur von Experten ausgeführt werden.

Instandhaltung

Sowohl ihre Bedeutung für die Waldbewirtschaftung als auch die Investitionskosten machen es notwendig, die Forststraße laufend zu pflegen. Sowohl die Decke als auch die Tragschichten unterliegen einem ständigen Verschleiß.

Beispiel einer schlechten Straßenplanung anhand einer Forststraße in Ecuador © Bernhard Henning/forestbook

Damit der Holztransport sicher durchgeführt werden kann, muss die Forststraße gewartet werden.

Die Schäden von Waldwegen haben verschiedene Ursachen:

Raddruck

Pressungen und Verdrückungen an der Fahrbahndecke und dem Unterbau führen zu Spurrillen, Materialwülsten und Schlaglöchern. Solche Schäden sind häufig ein Hinweis dafür, dass die Tragfähigkeit der Straße für die transportierten Lasten zu gering dimensioniert wurde.

Rollbewegung der Räder

Materiallockerungen, Zermahlung der Verschleißschicht und Verlagerung des Baumaterials sind die Folge. Diese Schäden sind Folgen des normalen Verschleißes der Forststraße.

In Nordamerika und Skandinavien werden Forststraßen wesentlich breiter gebaut als in Mitteleuropa, dafür ist die Erschließungsdichte geringer.

Die Spurrillen zeigen den Materialverlust der Forststraße an. Planungsfehler und falsches Verhalten (Befahren bei Starkregenereignissen) sind der Grund dafür.

Wasser ist der größte Feind der Forststraße.

Rücken

Stämme führen ebenfalls zu einer Beschädigung der Forststraße, sei es durch Forstspezialschlepper oder Forsttraktoren. Solche Schäden können durch die Verwendung von Krananhängern und Forwardern verhindert werden.

Witterungseinflüsse

Hitze, Niederschlag und Frost schädigen die Straße. Vor allem bei extremer Witterung leidet die Forststraße.

Pflanzenbewuchs

Das Bankett wird von Gräsern, Kräutern und Sträuchern als Erstes besiedelt, in der Folge breitet sich der pflanzliche Bewuchs bis zum Mittelstreifen aus. Dieser behindert den Abfluss des Wassers, außerdem lockern die Wurzeln die Fahrbahn. Auch Laub und Reisig verstopfen die Wasserableitungen.

Holztransport bei nasser Witterung

Der häufigste Schaden ist immer noch das Befahren der Forststraße von beladenen LKWs bei feuchter oder gar nasser Witterung. Durch gezielte Planung können diese Schäden verhindert werden. Trockene und gefrorene Forststraßen sind am widerstandsfähigsten gegenüber Schäden.

Die Fahrbahndecke, die Wasserleitungen sowie die Böschung sind die drei Elemente der Forststraße, die laufend gewartet werden müssen.

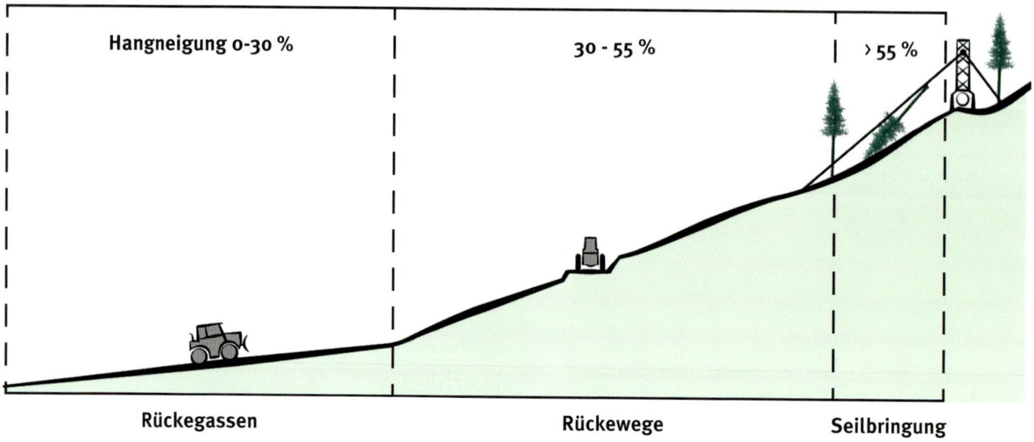

Feinerschließung und Hangneigung

Die Fahrbahndecke kann in einem einwandfreien Zustand gehalten werden durch

- Einsatz von **Wegpflegegeräten**, die am Traktor angebaut werden. Diese reinigen mittels Metallleisten Verunreinigen an der Fahrbahndecke und führen verlagertes Feinmaterial der Deckschicht auf den Weg zurück.
- **Ausbessern kleinerer Schlaglöcher:** Dabei werden mittels Spitzhacke Schlaglöcher bis auf den Grund ausgehackt und mit neuem Material befüllt. Sollte sich Wasser in den Schlaglöchern befinden, ist dieses vorher zu entfernen. Mit neuem Material das Loch auffüllen und mit dem Handstampfer verdichten.
- **Einsatz des Graders:** Abräumen von Bewuchs und Verunreinigungen in die Seitenräume und Neuverteilung des Fahrbahnbelages. Dabei wird das Feinmaterial aus dem Bankett auf den Weg zurückverlagert.

Sind bereits gröbere Schäden entstanden, die durch obige Maßnahmen nicht mehr behoben werden können, so ist eine Wiederinstandsetzung notwendig. Diese Arbeiten sind an Spezialisten zu übergeben, da hierfür Maschinen und Fachwissen benötigt werden, die die Kapazitäten eines bäuerlichen Betriebes überschreiten. Im Übrigen übergeben auch die Mehrzahl der Forstbetriebe solche Arbeiten an Dienstleister, nur sehr große (staatliche) Forstbetriebe, wie die Österreichischen Bundesforste oder die Bayrischen Staatsforste, die über entsprechend große Straßennetze verfügen, führen die Wiederinstandsetzung selbst durch. Dasselbe gilt für die Wiederinstandsetzung von Böschungen und Wasserableitungen: Auch für ihre Pflege werden Spezialmaschinen benötigt.

Feinerschließung

Durch die Feinerschließung soll das Zugfahrzeug, wie der Forsttraktor mit Krananhänger oder der Forwarder, möglichst nahe zum Holz gebracht werden. Mittels der Feinerschließung soll auch der Aufwand für die Vorrückung, also der Weg vom Schlägerungsort bis zum Forsttraktor, verringert werden. Bei der Feinerschließung unterscheidet man zwischen

- Rückegassen
- Rückewege
- Seilzuggassen
- Seiltrassen

Auch Rückegassen sollen einen möglichst geraden Verlauf nehmen. © Bernhard Henning/forestbook

Im Gegensatz zur Forststraße verläuft die Feinerschließung gerade, es gibt auf Rückegassen oder Seilzuggassen keine Kurven, da diese für das Rückefahrzeug mit angehängter Last nur schwer passierbar wären.

Anforderungen an die Rückung

Folgende Punkte sollen bei einer optimalen Rückung erfüllt werden:

- Beim Rücken des Holzes darf der Landwirt nicht übermäßig belastet werden und es sind die Rückewege so anzulegen, dass keine gefährlichen Situationen während der Rückung auftreten können.
- Durch das Rücken des Holzes dürfen keine Erosionsschäden auftreten.
- Das Rücken des Holzes soll jederzeit erfolgen können (ausgenommen bei extremen Witterungsverhältnissen wie Starkregen).
- Das gewählte Rückesystem muss auf die abzugebenden Holzlängen Rücksicht nehmen.
- Die Rückekosten sollen gering gehalten werden, aber im Zusammenhang mit den Investitionskosten für die forstliche Infrastruktur gesehen werden.

Rückegassen

Rückegassen sollten möglichst eng parallel verlaufen, um so die Distanz der Vorrückung zu minimieren. Die Breite der Rückegasse richtet sich nach der Breite des Forsttraktors plus 1 m Abstand auf jeder Seite. Üblicherweise liegt die Breite von Rückegassen bei 6 m (4 m Traktorbreite + 2 m Abstand). Beim Einsatz von Forstspezialschleppern kann mit 5 m Breite geplant werden. Querneigungen sind auf der Rückegasse zu vermeiden, sie werden in der Falllinie angelegt. Ist das Gelände steil, so ist der Bau eines Rückewegs notwendig.

Rückegassen werden ohne jede Erdbewegung angelegt. Nach Entfernung des forstlichen Bewuchses kann die Rückegasse von entsprechend geländegängigen Fahrzeugen (Forsttraktor, Forstspezialschlepper) befahren werden. Dabei wird der natürliche Waldboden als Fahrbahn benutzt.

Die Einmündung von Rückegassen muss im spitzen Winkel, also bei maximal 30 Grad, liegen. Bei größeren Winkeln entsteht das Problem, das der Frosttraktor mit angehängter Last nicht auf die Forststraße wechseln kann.

Der übliche Rückegassenabstand liegt bei etwa 20 m. Dieser Wert ist aber nur dann gerechtfertigt, wenn das geschlagene Holz direkt vom Krananhänger aufgeladen werden soll. Wird mit der Seilwinde gerückt, kann der Rückegassenabstand auch größer sein. In Beständen, in denen Schneedruck oder Windwurf droht, kann der Rückegassenabstand auch größer werden und bei bis zu 100 m liegen. In solchen Beständen werden die Rückegassen mit Seilzuggassen kombiniert. Vor ihrer Benutzung sollten Rückegassen mit Reisig

Rückegassen werden idealerweise bei Frost befahren.
© Pfanzelt Maschinenbau

Der Winkel zwischen Forststraße und Rückegasse soll möglichst gering sein, damit der Forsttraktor problemlos auf die Forststraße wechseln kann und dabei der verbleibende Bestand nicht beschädigt wird.
© Pfanzelt Maschinenbau

Wird Langholz transportiert, ist es umso wichtiger, dass die Winkel zwischen Forststraße und Rückegasse gering sind.
© Pfanzelt Maschinenbau

bedeckt werden, dadurch verringern sich der Bodendruck und die Belastung des Bodens.

Speziell im Kleinwald sollte die Rückegassenplanung einmal durchgeführt und dann beibehalten werden, und zwar aus folgenden Gründen:

- Für die Anlage einer Rückegasse müssen Bäume entfernt werden, dementsprechend verliert der Waldbesitzer produktive Fläche. Daher ist auch auf Vorsicht vor einer Übererschließung mit Rückegassen zu achten.
- Auch bei pfleglicher Behandlung ist der Boden auf Rückegassen enormen Belastungen ausgesetzt. Die Wissenschaft ist noch nicht sicher, wie lange es dauert, bis solche Böden auch wirklich wieder aufnahmefähig für die Samenkeimung und das Baumwachstum sind. Bei häufiger Neuanlage von Rückegassen verliert der Waldbesitzer somit sukzessive an produktivem Waldboden.
- Nicht nur der Boden wird belastet, sondern auch der verbleibende, an eine Rückegasse angrenzende Bestand. Mit Wurzel- und Stammbeschädigungen entlang von Rückegassen ist zu rechnen.

Selbst bei sehr vorsichtiger Rückearbeit lassen sich Schäden kaum vermeiden. Auch aus diesem Grund sollte das Rückegassenetz nicht oft erweitert werden. Die vorderste Baumreihe soll auch nach Beschädigungen belassen werden, damit sie wie eine Hornhaut den restlichen Bestand schützt. Entfernt man beschädigte Bäume, muss man damit rechnen, dass bei der nächsten Rückung die Bäume dahinter beschädigt werden.

In steilen Lagen werden Seiltrassen angelegt.

Rückewege

Im Gegensatz zur Rückegasse erfolgt beim Bau von Rückewegen eine Bewegung des Erdreichs. Mittels einer Planierraupe soll nach Entfernung des forstlichen Bewuchses eine ausgeglichene Fahrbahndecke entwickelt werden. Rückewege werden auf Hängen mit einer Neigung zwischen 25 und 60 % gebaut. Für den Einsatz des Forsttraktors soll die Steigung bzw. die Neigung entlang eines Rückeweges 40 % nicht überschreiten. Dabei ist auch dieser Wert dem fahrerischen Können des Maschinenführers bzw. des Waldbesitzers anzupassen. Nur wenn man über ausreichend Erfahrung verfügt und sich auch zutraut, einen Forsttraktor samt beladenem Krananhänger über solche Neigungen zu steuern, können die Rückewege so steil angelegt werden. Die Rückung soll nicht zur Mutprobe werden!

Zunächst werden die Bäume geschlagen, die vor den Planierarbeiten unbedingt entfernt werden müssen, da die Rückearbeiten während des Trassenaufhiebs besonders schwierig sind. Die Bauausführung kann mit Planierraupen oder Baggern durchgeführt werden, wobei sich Bagger eher bewährt haben. Der Einbau der Abtragsmasse erfolgt schonender und sorgfältiger als bei der Planierraupe.

Um die Fahrsicherheit zu erhöhen, erhält der Rückeweg eine starke Innenneigung, die bis zu 10 % betragen kann. Talseitig sollten neben dem Rückeweg Baumstümpfe und Bäume belassen werden, da diese bei der Rückung ein mögliches Abrollen von Stämmen verhindern. Für die Entwässerung werden alle 20 bis 30 m Querrinnen eingebaut.

Ebenso wie Rückegassen sind Rückewege als Ergänzung zum Forststraßennetz zu planen. Die Zubringung des Holzes erfolgt entweder händisch bergab mit dem Sappel oder bergauf mittels Seilwinde. Da mit der Seilwinde gearbeitet wird und Rückewege aufwändiger anzulegen sind, liegt der übliche Rückewegeabstand zwischen 100 und 200 m. Die Kosten für den Neubau eines Rückewegs liegen bei etwa 8 Euro pro Laufmeter.

Seilzuggassen

Diese werden in Kombination mit Rückegassen und Rückewegen angelegt. Auf den Seilzuggassen wird das geschlägerte Holz mittels Seilwinde zum Forsttraktor gezogen. Da lediglich das Holz und keine Maschinen sich entlang der Seilzugtrasse bewegen, ist keine Bearbeitung des Erdreichs notwendig.

Seilzugtrassen werden auch wesentlich schmäler angelegt. Abhängig von der Dimension des gerückten Holzes sollte die Breite einer Seilzuggasse zwischen

1 und 1,5 m liegen. Vor allem in älteren Beständen, in denen die Baumabstände bei mehreren Metern liegen, ist es nicht erforderlich, Bäume zu fällen. Entlang der Seilzugtrasse sollten sich aber keine Hindernisse befinden. Hindernisse, wie Felsblöcke, beschädigen nicht nur das frisch geerntete Holz – vor allem bei Laubwertholz kann das zu einem immensen Wertverlust führen –, sondern es besteht auch die Gefahr, dass sich die gezogenen Stämme ungünstig verkeilen oder ausschlagen.

In stärker geneigtem Gelände soll die Seilzuggasse in der Falllinie verlaufen.

Seiltrassen

Bei schwierigen Geländebedingungen (Hangneigung über 60 %) werden anstelle von Rückewegen Seiltrassen angelegt. Das Holz wird vom Schlägerungsort entlang der Seiltrasse mit einem Seilkran bergauf oder bergab transportiert. Da die Kosten der Seilrückung mittels Seilkran ohnehin höher sind als die der Bodenrückung durch Forsttraktor oder Forwarder, wird eine Seiltrasse von der Forststraße weg angelegt, so dass keine weitere Rückung mehr nötig ist und die Holzabfuhr per LKW an der Forststraße beginnen kann. Die Abstände der Trassen sind abhängig von der Dimension der gezogenen Stämme: Bei der Vollbaumernte sind alle 25 m Seiltrassen anzulegen, bei Durchforstungen alle 30 bis 40 m und in Altbeständen etwa alle 60 m.

Im Gegensatz zu Rückegassen werden Seiltrassen nicht permanent angelegt. Die Anlage von Seiltrassen bedarf einer genauen Planung. Führt der Landwirt in Steillagen die Holzernte selbst durch und ist mit einer Kippmastseilanlage ausgestattet, dann sollte er vor Beginn der Holzernte auch den Verlauf der Seiltrasse planen. Wird die Arbeit an einen forstlichen Lohnunternehmer übergeben, so ist dieser für die Planung verantwortlich.

© Bernhard Henning/forestbook

Holzernte

Die Holzernte ist der letzte Schritt in der forstlichen Produktion. Hat ein Bestand sein Umtriebsalter erreicht bzw. ein Baum seinen Zieldurchmesser, wird geerntet. **Bei der Holzernte soll unbedingt möglichst pflegend und schonend gearbeitet werden, und zwar aus einer Reihe von Gründen:**

- Das Wachstum eines Baumes benötigt Jahrzehnte. Speziell bei qualitativ wertvollen Stämmen kann durch eine schlampige Holzernte das Ergebnis eines jahrzehntelangen Produktionsprozesses in wenigen Minuten zerstört werden.
- Der verbleibende Bestand aus Bäumen und Naturverjüngung soll durch die Holzernte nicht negativ beeinflusst werden, denn das Resultat sind Stammschäden, die Pilzinfektionen und eine Entwertung des Holzes zur Folge haben.
- Last but not least soll auch der Waldbesitzer die Holzernte heil und unverletzt überstehen.

Das vordringliche Ziel einer guten Holzernte neben der Produktion von vermarktbarem Holz ist also ein gesunder Waldbesitzer samt gesundem Wald. Natürlich lässt sich bei einer körperlich anstrengenden Arbeit, wie der Holzernte, nicht jeder Handgriff immer perfekt durchführen. Aber durch geeignete Werkzeuge, korrekte Arbeitsverfahren und eine ergonomische Arbeitsplanung lassen sich die Chancen dafür stark erhöhen.

Tab.: **Allgemeine Gefahren bei der Waldarbeit**

Ursache	Wirkung	Abhilfe
Unüberlegtes, hastiges Arbeiten	Verschiedene Unfälle	Anwendung richtiger Arbeitsmethoden. Pausen einhalten, Kraft einteilen. Kein Alkohol bei der Arbeit und Schutzausrüstung tragen
Alleinarbeit	Keine Hilfeleistung, Verblutungsgefahr	Nicht allein im Wald arbeiten. Aufgeladenes Handy am Körper tragen.
Ungeeignetes Personal	Hohes Unfallrisiko	Nur geeignetes Personal verwenden.
Straßen und Wege im Gefahrenbereich	Verletzung von Verkehrsteilnehmern	Durchführen der vorgeschriebenen Absperrmaßnahmen
Sturz und Fall	Verletzung durch schneidende Arbeitsgeräte, allgemeine Sturzverletzungen (Prellungen, Brüche)	Sichere Tritte und Standplätze wählen, Werkzeug so tragen, dass es keine Verletzungen verursacht. Anliegende, passende Arbeitskleidung tragen. Sicherheitsschuhe mit griffiger Sohle.
Ungeschützte Schneiden und Spitzen beim Werkzeugtransport	Verletzung an allen Körperteilen	Motorsäge, Axt und Schäleisen mit Schutzvorrichtung versehen
Herabfallende Äste	Verletzung an allen Körperteilen	Kronen beobachten, Schutzhelm tragen.
Ungeschützte Füße	Quetschungen, Brüche	Sicherheitsschuhe tragen
Ungeschützte Hände	Handverletzungen, Infektionsgefahr	Schutzhandschuhe tragen

Vor dem Start

Es ist wieder Zeit für die Holzernte. Also rein in die Schnittschutzhose, die Motorsäge starten und ab zum nächsten Baum – genau so sollte man die Holzernte NICHT beginnen. Denn bevor man sich dem Abenteuer Waldarbeit hingibt, sollte man noch eine Reihe von Fragen abklären. Das Fällen von Bäumen ist kein Selbstzweck. Die Holzernte ist eine Maßnahme, mit der auch ein Ziel erreicht werden soll. Bei der Durchforstung wird die Stabilität erhöht und bei einer Endnutzung sollen die gefällten Bäume Ertrag bringen.

Für viele ist Waldarbeit noch immer reine Männersache und die macht man natürlich alleine. Allein aus Sicherheitsgründen arbeiten professionelle Forstarbeiter aber immer zu zweit. Im bäuerlichen Betrieb kann die Waldarbeit alleine durchaus sinnvoll sein, aber ebenso sinnvoll ist eine Aufsichtsperson, die aufmerksam beobachtet. Zahlreiche Todesfälle bei der Waldarbeit wären zu verhindern gewesen, wenn die Rettungsdienste rascher informiert worden wären.

Außerdem gibt es durchaus Tätigkeiten abseits der Motorsäge, wo eine helfende Hand nützlich ist. Für die Aufsichtsperson gilt es aber, die Sicherheitsabstände einzuhalten: Beim Baumfällen soll die Entfernung **zwischen Motorsägenführer und Aufsichtsperson mindestens 1,5 Baumlängen betragen, bei anderen Arbeiten mit der Motorsäge mindestens 2 m.**

Einem selbst passiert ein Unfall bei der Waldarbeit nie, weil man sich aus-

Vor der Fällung sind der Baum und seine Umgebung sorgfältig zu überprüfen.
© Bernhard Henning/forestbook

kennt, und überhaupt ist bisher auch noch nie etwas passiert. Aber die absolute Sicherheit gibt es bei der Waldarbeit nicht.

Beim Fällen können Kronenteile abbrechen und auf den Boden stürzen, der Baum kann durch einen plötzlichen Windstoß seine Richtung ändern, durch einen Holzfehler reagiert das Holz bei der Fällung anders als angenommen, oder es passiert einem im schwierigem Gelände ein fataler Fehltritt: Die Unfallursachen sind vielfältig. Daher sollte man sich Gedanken über den Fall der Fälle machen. Ein Handy mit Empfang, ein Notverbandset in Griffnähe sowie eine Notfallapotheke können über Leben und Tod entscheiden.

Wenn man in den Wald geht, um Holz zu schlagen, dann kann man mit Erholungssuchenden natürlich gar nichts anfangen. Allerdings hat jedermann das Recht, den Wald zu Erholungszwecken aufzusuchen. Natürlich dürfen Waldbesucher die Holzernte nicht behindern, dafür muss der Waldbesitzer aber auch laut Gesetz den Schlägerungsort absperren. Das bedeutet, dass ein Schild mit der Aufschrift „Befristetes Forstliches Sperrgebiet" aufgestellt werden muss, versehen mit der Zusatztafel „Gefahr durch Waldarbeit".

Die gute, alte Schnittschutzhose mag schon viele Holzernteeinsätze mitgemacht haben, die eigentliche Frage aber lautet: Taugt sie auch noch für die kommenden Holzernteeinsätze?

Im Fällbereich darf sich niemand aufhalten.
© Sozialversicherungsanstalt der Bauern

Im Zweifelsfall sollte eine neue Hose angeschafft werden. Reparaturen dürfen nur am Oberstoff durchgeführt werden. Ist mehr als die obere Stoffschicht beschädigt, muss die Hose ausgetauscht werden. Auch die restliche Schutzausrüstung sollte vor der ersten Holzernte überprüft werden. Dazu gehören:

- Helm
- Gehörschutz
- Augenschutz
- Signalfarbene Arbeitsbluse
- Arbeitshandschuhe
- Festes Schuhwerk mit rutschfesten Sohlen
- Erste-Hilfe-Material

Der UV-Indiktator an der Oberseite des Schutzhelms gibt darüber Auskunft, ob der Helm noch brauchbar ist.

Man schätzt sie sehr, doch leider hat man nur in den Wintermonaten wirklich

Die Motorsäge ist am Boden zu starten.

Alternativ kann die Motorsäge auch im Stehen gestartet werden, allerdings muss sie dabei zwischen den Beinen eingeklemmt werden. Luftstarts können zu schweren Unfällen führen.

Zeit, sich um sie zu kümmern. In den Monaten dazwischen wartet die Motorsäge eher unbeachtet auf die nächsten Holzernteeinsätze.

Soll es nun erneut gemeinsam in den Wald gehen, dann sollte der Motorsäge vorher nochmals sehr viel Aufmerksamkeit geschenkt werden. Ein nochmaliges Lesen der Bedienungsanleitung wäre ratsam, um sich alle Funktionen wieder in Erinnerung zu rufen.

Moderne Motorsägen verfügen über eine ganze Reihe von Sicherheitsfunktionen:

- Kettenbremse mit Schutzbügel
- Kettenfangbolzen
- Antivibrationssystem
- Gashebelsperre
- Stoppschalter
- Schalldämpfer
- Sicherheitskette
- Kettenschutz

All diese Sicherheitseinrichtungen sollten nochmals überprüft werden. Auch das Zubehör sollte auf Vollständigkeit kontrolliert werden.

Zuletzt sollte man noch sich selbst überprüfen: Bin ich wirklich fit genug, um die schwere Arbeit im Wald zu erledigen? Hat man sich in den letzten Wochen ausreichend bewegt oder kommt mit der Holzernte auf den Körper plötzlich eine ungewohnte, immense Belastung zu? Sind alle Krankheiten wirklich auskuriert, plagen einen keine Wehwehchen an Knien oder Rücken, die im Laufe der Waldarbeit zu schmerzhaften Beeinträchtigungen werden können? Und ist man auch geistig fit: Wird man nicht abgelenkt durch Sorgen oder Ärger aus dem Alltag? Hat man die nötige Konzentration beim Fällen?

Hat man diese Checkliste erfolgreich abgearbeitet, steht der Arbeit im Wald nichts mehr im Wege.

Werkzeug und Ausrüstung

Wem ist es noch nicht passiert: Motorsäge, Schutzausrüstung und die restliche Ausrüstung werden ins Auto verfrachtet und man freut sich auf die Waldarbeit. Und vor lauter Vorfreude und Motivation merkt man dann erst, dass der Fällkeil fehlt, wenn man ihn gerade anbringen wollte. Deshalb die Arbeitsmittel auf Vollständigkeit sowie auf ihre Funktionstauglichkeit prüfen. Anbei eine Liste der wichtigsten Arbeitsmittel:

- Axt mit Schneidenschutz
- Handsäge mit Blattschutz
- Rebmesser
- Ablängstab
- Maßband
- Fällhebeeisen
- Fällkeil
- Spaltkeil
- Spalthammer
- Schäleisen
- Kehrhaken
- Sappel
- Motorsäge und Zubehör

Moderne Äxte werden aus Qualitätsstahl gefertigt, der Stiel wird aus zähem Holz produziert (Esche). Die Länge muss dem Landwirt und dem Einsatzbereich entsprechend angepasst sein. Zum Entasten sollte die Axt eine Länge haben, die der Länge von der Achselhöhle bis zu den gekrümmten Fingern entspricht. Das Kopfgewicht beträgt zwischen 800 und 1.200 g.

Zu den Fällhilfen gehören der **Fällkeil**, der **Fällheber** sowie **hydraulische Fällhilfen**. Fällkeile sind aus Leichtmetall oder Kunststoff gefertigt. Hydraulische Fällhilfen arbeiten nach dem Prinzip des hydraulischen Wagenhebers. Der Baum sollte aber einen gewissen Mindestdurchmesser aufweisen, ansonsten ist es schwierig, an der Kopfplatte vorbeizusägen. Hydraulische Fällhilfen bieten große Sicherheit und ersparen das anstrengende Keilen. Zudem kann der Baum genau beobachtet werden und durch das gleichmäßige Pumpen gibt es keine Schläge auf den Baum. Damit verringert sich das Risiko, das Totäste aus dem Kronenbereich auf den Boden fallen. Allerdings ist der Einsatz erst bei Durchmessern über 45 cm sinnvoll, zudem muss der Motorsägenführer sehr sicher mit der Säge umgehen können.

Spaltwerkzeuge werden zum **Spalten** von Holz, aber auch zum **Keilen** verwendet. Am verbreitetsten sind **Spalthammer und Spaltaxt**, die jeweils ca. 3 kg schwer sind. Die Spaltaxt mit ihrer breiten und gleichzeitig schlanken Form eignet sich eher für Nadelholz, während Laubholz besser mit dem Spalthammer bearbeitet wird.

Wendehilfen dienen dem Drehen des gefällten Holzes und bei schwachem Holz zum Zufallbringen von hängenden Bäumen. Beim Wendehaken können in den Ring stabile, lange Stangen eingeschoben werden, wodurch sich die Hebelwirkung vergrößern lässt. Bis 25 cm Durchmesser können auch Fällheber verwendet werden.

Sperrgebiet Schlägerungsort

Laut Forstgesetz hat in Österreich jedermann das Recht, den Wald zu Erholungszwecken aufzusuchen. Holzernte und Erholungssuchende sind aber keine gute Kombination, sondern können sehr gefährliche Folgen haben. Das hat der Gesetzgeber auch bedacht und deshalb ist der Zugang zu Waldflächen, in denen gearbeitet wird, zu versperren.

Ausmaß, Umfang und Modalitäten möglicher Waldsperren sind in den §§ 34 f des Forstgesetzes geregelt. Die Kennzeichnung der Sperrgebiete hat ausnahmslos mittels der in der Forstlichen Kennzeichnungsverordnung 1989 näher bezeichneten Hinweistafeln zu erfolgen.

Befristete Sperren sind für Gefährdungsbereiche von Holzfällungs- und Bringungsarbeiten, Wind- und Schneeschadensorte sowie forstbetriebliche Baustellen (dabei handelt es sich zumeist um Forststraßen, umfasst sind aber alle Arten von Tief- und Hochbauten) zulässig, zudem noch, soweit dies im Rahmen der Forstschädlingsbekämpfung oder für wissenschaftliche Zwecke erforderlich ist. Befristete Sperrgebiete sind durch Hinweistafeln zu kennzeichnen, Beginn und Ende der Sperrfrist (und zwar nach Tag, Monat und Jahr, nicht Uhrzeit!) sind im unteren Drittel der Sperrtafel oder auf einer darunter angebrachten Zusatztafel ersichtlich zu machen. Auf Gefahren durch Waldarbeit ist auf einer weiteren Hinweistafel gesondert hinzuweisen.

Eine behördliche Bewilligung ist nur erforderlich, wenn die Dauer der befristeten Sperre vier Monate übersteigt. Ergibt die forstbehördliche Überprüfung die Unzulässigkeit einer Sperre oder Sperreinrichtung, so hat die Behörde dies mit Bescheid festzustellen und dem Waldeigentümer die Beseitigung der Sperre oder Sperreinrichtung mit Bescheid aufzutragen.

Warum ist es nun so wichtig, insbesondere bei Arbeiten im Zuge der Waldbewirtschaftung den Gefährdungsbereich zu sperren und diese Sperre ausreichend kenntlich zu machen?

Wird bei Arbeiten im Zuge der Waldbewirtschaftung ein daran nicht beteiligter Mensch verletzt oder eine ihm gehörige Sache beschädigt, so haftet der Verursacher (Waldeigentümer oder andere an der Waldbewirtschaftung mitwirkende Person) grundsätzlich für den Ersatz jedes vorsätzlich oder grob fahrlässig verschuldeten Schadens. Entsteht der Schaden in einer gesperrten, ausreichend gekennzeichneten Fläche, so wird nur für Vorsatz gehaftet. Und Vorsatz bedeutet, dass dem Täter die Rechtswidrigkeit seiner Handlung bewusst gewesen sein muss, er den schädlichen Erfolg vorhersehen konnte und dessen Eintritt billigte. Was der Geschädigte zudem beweisen können müsste.

Das Forstgesetz enthält gerade hinsichtlich der Haftung der Waldbewirtschafter gegenüber der Öffentlichkeit eine Reihe von Fußangeln, mit denen die Waldbewirtschafter wohl oder übel zu leben haben – was man jedoch machen kann und muss, ist, alles Mögliche zur Absicherung und Vermeidung von Haftungsfällen zu unternehmen.

Schlagordnung

Die Schlagordnung gibt an, in welche Richtung die Stämme geschlagen werden sollen.

Das ist deshalb von Bedeutung, damit die Vorrückung bzw. Rückung möglichst effizient durchgeführt werden kann. Ohne Schlagordnung werden die gefällten Stämme wild über den gesamten Bestand verteilt liegen, was eine pflegliche Rückung nahezu unmöglich macht. Durch sie soll die Rückung leicht gemacht werden und gleichzeitig sollen Schäden an Bestand und Waldboden vermieden werden.

Abhängig ist die Schlagordnung von der Feinerschließung, den aufzuarbeitenden Sortimenten und der Hangneigung.

Flaches Gelände

Die Fällrichtung wird durch die vorhandene Feinerschließung, also den nächsten Rückewegen und Rückegassen, bestimmt. Daher wird fischgrätenartig zur Rückegasse gefällt. Direkt neben der Rückegasse sollte der Winkel zwischen Rückegasse und Stamm möglichst klein sein, sodass der Stamm durch das Zugfahrzeug möglichst in einer geraden Linie in die Rückegasse gezogen werden kann. Mit zunehmender Entfernung darf der Winkel zwischen Stamm und Rückegasse zunehmen.

Am Hang

Aufgrund ihres hohen Gewichts treffen Bäume beim Fällen wuchtig auf dem Waldboden auf. Dieser Effekt wird in steilen Hanglagen noch verstärkt, weshalb in solchen Beständen – sofern es der Kronenschwerpunkt des Baumes zulässt – schräg hangaufwärts gefällt wird. Ebenso wie im flachen Gelände werden die Stämme fischgrätenartig angeordnet.

Fällung

Die Motorsäge ist immer noch das wichtigste Instrument der Holzernte, und das wird sich auch trotz allen technischen Fortschritts in den nächsten Jahren nicht ändern. Als Waldbesitzer, der in seinem Wald selbstständig die Holzernte durchführen will, ist es notwendig, den korrekten Umgang mit der Motorsäge zu beherrschen. Arbeitsproduktivität und Sicherheit sind davon abhängig, ob der Waldbesitzer Gelerntes im Wald mit der Motorsäge umsetzt oder sich selbst und Dritte gefährdet, indem so gearbeitet wird, „wie man es schon immer machte".

Auf den folgenden Seiten werden die **wichtigsten Fälltechniken** und Hinweise zur Fällung mit der Motorsäge

Tab.: **Gefahren bei der Motorsägenarbeit**

Ursache	Wirkung	Abhilfe
Gasexplosion, spritzender Treibstoff	Verbrennungen, Treibstoff in den Augen	Beim Öffnen des Tanks auf mögliche Gasentwicklung achten
Starten der Motorsäge	Schnittverletzungen	Richtige Startstellung
Heißer Auspuff	Brandwunden	Motorsäge so verwenden, dass kein Körperteil mit dem Auspuff in Berührung kommt.
Person im Schwenkbereich der Motorsäge	Schnittverletzungen	Im Umkreis von 2 m darf sich niemand aufhalten.
Motorsägenkette läuft im Leerlauf.	Schnittverletzungen	Richtige Vergasereinstellung, Kettenstillstand muss im Leerlauf gewährleistet sein.
Kettenriss	Verschiedene Verletzungen	Ketten laufend warten und vor Arbeitsbeginn Kettenspannung überprüfen.
Rückschlag der Motorsäge	Verletzungen am ganzen Körper	Haltebügel immer mit geschlossenem Griff umfassen. Säge abstützen und möglichst nahe am Körper führen. Das Schneiden mit der Schwertspitze vermeiden.
Unbeabsichtigtes Gas geben	Schnittverletzungen	Motor abstellen, wenn die Säge nicht gebraucht wird.

präsentiert. Ein Buch kann jedoch keine praktische Ausbildung ersetzen, weshalb dringend zum Besuch eines Motorsägenkurses geraten wird. Auch für geübte Landwirte ist das eine Option, da bei bäuerlichen Waldbesitzern, im Gegensatz zu Forstarbeitern, oft lange Pausen zwischen den Einsätzen mit der Motorsäge liegen.

Sicheres Arbeiten mit der Motorsäge beginnt bereits vor dem ersten Start der Motorsäge, indem sowohl Motorsäge als auch Bestand und Witterung überprüft werden.

- Vor dem Start sind die Sicherheitseinrichtungen zu kontrollieren.
- Die Sicherheitsreinrichtungen gehören ständig gewartet.
- Defekte Teile sind sofort auszutauschen, die Arbeit ist solange zu unterbrechen.
- Kettenspannung, Kettenschärfe, Kettenöl und Treibstofftank überprüfen.
- Vor dem Start ist die persönliche Schutzausrüstung anzulegen.

Die Witterung kann einen wesentlichen Einfluss auf die Fällung haben. Die unterschiedlichen Witterungserscheinungen, wie Frost und Wind, wirken sich unterschiedlich aus.

Wind: Bei starkem Wind ist die Bruchleiste stärker zu belassen. Bei böigem Wind aus verschiedenen Richtungen oder sehr starkem Wind, bei dem die Fällrichtung nicht mehr eingehalten werden kann, ist die Fällarbeit unbedingt einzustellen.

Regen: Gerade in Hanglagen kann der Waldboden sehr rutschig und schmierig werden, selbst mit geeignetem Schuh-

Tab.: **Gefahren bei der Fällung**

Ursache	Wirkung	Abhilfe
Dürräste im unteren Stammbereich	Verletzungen am Kopf und im Gesicht	Aufasten bis in Kopfhöhe, Schutzhelm tragen
Fälllkeil aus Stahl	Splitterverletzungen	Keine Stahlkeile verwenden.
Herabfallende Äste	Schwere bis tödliche Verletzungen	Baum begutachten, Krone beim Fällen beobachten, Schutzhelm tragen.
Fallender Baum	Verletzungen	Im Fällbereich dürfen sich keine Personen aufhalten.
Fallen des Baumes in die falsche Richtung	Verletzungen	Im Fällbereich dürfen sich keine Personen aufhalten, richtige Fälltechnik anwenden.
Aufreißen des Stammes	Schwere bis tödliche Verletzungen	Richtige Fälltechnik verwenden.
Abgleiten eines Baumes am Steilhang	Schwere bis tödliche Verletzungen	Sichern des Baumes mit Seil, Fällrichtung schräg zum Hang
Hängengebliebene Bäume	Verletzungen durch niederstürzende Bäume	Richtige Fälltechnik verwenden.
Hängengebliebene Bäume mit darüberliegendem Baum zu Fall bringen	Schwere bis tödliche Verletzungen	Niemals ausführen!
Stürzender Baum, zu Fall bringen mit Seilwinde	Schwere bis tödliche Verletzungen	Langes Seil verwenden, früh genug den Fällbereich verlassen, Ankerseile müssen stärker sein als das Zugseil.

werk. In solchen Fällen ist die Fällung ebenfalls zu unterbrechen, da die Gefahr besteht, dass der Motorsägenführer beim Zurückweichen ausrutscht.

Frost: Manche Keile ziehen schlecht oder springen heraus, deshalb sind bei Frost Kunststoffkeile einzusetzen. Gefrorene Äste im Kronenbereich können das Zufallbringen erschweren.

Schnee: Kronen mit Schnee oder Rauhreif sind schwerer. Dies kann auf die Fällrichtung Einfluss haben. Schnee und Eisstücke können während der Fällung abbrechen und den Motorsägenführer gefährden.

Nebel bzw. schlechte Sicht: Nicht nur Nebel, sondern auch starker Regen, Schneetreiben oder Arbeiten in der Dämmerung verschlechtern die Sicht. Sind Einzelheiten nicht mehr erkennbar, ist die Arbeit abzubrechen.

Ablauf der Fällung

Ein Baum wird dann sicher gefällt, wenn der Landwirt bzw. der Motorsägenführer Ort und Zeitpunkt der Fällung bestimmt. Damit diese Kriterien eingehalten werden können, ist unbedingt ein wiederkehrender Ablauf bei der Fällung einzuhalten.

Tab.: **Merkmale, die vor der Fällung anzusprechen sind**

Kriterium	Beobachtung	Folgerung
Baumhöhe	Wie hoch ist der Baum?	Größe des Gefahrenbereichs
		Aufschlagstelle der Krone
		Absperrmaßnahmen
		Gefahren für Leitungen, Bahnlinien, Fahrzeuge
Baumkrone	Verteilung des Gewichts Zwiesel Kronenzustand	Baum kann zum Hänger werden.
		Fällrichtung anpassen.
Stammverlauf	Schwerpunkt des Baumes	Bei Vor- oder Rückhänger die Fälltechnik entsprechend anpassen.
	Stamm krumm oder schräg	
	Krone und Stamm gemeinsam beurteilen!	
Stammfuß	Wie groß sind die Wurzelanläufe?	Wurzelanläufe nur bei gesunden Bäumen anschneiden.
	Behindern diese die Fällung?	Stechschnitt durchführen, um auf Stammfäule zu überprüfen.
	Gibt es Hinweise auf Stammfäule?	Sind andere Stämme im Bestand bereits faul gewesen?
Stammdurchmesser	Wie dick ist der Stamm?	Bei zu starken Bäumen Motorsäge wechseln.
Äste	Trockenäste, die herunterfallen	Keine Fällarbeit unter Trockenästen oder hängengebliebenen Ästen.
	Starkäste, die den Fall des Baums beeinflussen	
Umgebung	Hängen Nachbarbäume in der Krone?	Fällrichtung sorgfältig auswählen.
	Kann der fallende Baum andere mitreißen?	Nachbarbäume beim Fällen beobachten.

Kein Baum gleicht dem anderen, was speziell bei der Fällung zutrifft. Daher ist auch jeder Baum und seine unmittelbare Umgebung noch vor Beginn der Fällung sorgfältig zu überprüfen und einzuschätzen. Dabei gibt es eine ganze Reihe von anzusprechenden Kriterien.

Die Fällrichtung ergibt sich aus der Ansprache des Baumes sowie der Lage der Rückewege. Abhängig von der Fällrichtung ergibt sich auch die Rückweiche, also der Rückzugsraum für den Motorsägenführer. Aus dieser sicheren Position wird das Fallen des Baumes beobachtet und abgewartet. Im Normalfall verlaufen die Rückweichen entgegen der Fällrichtung schräg nach hinten. Sie müssen frei von Hindernissen sein (Steine, Reisig, Werkzeuge!), damit der Landwirt beim Zurücktreten nicht stolpert. Hier wird so lange gewartet, bis der Baum gänzlich und in Ruhestellung auf dem Waldboden liegt.

In manchen Fällen kann das Beschneiden der Wurzelanläufe notwendig sein. Das bringt folgende Vorteile für die Fällung:

- Verringerung des Stammdurchmessers und damit Anpassung der Schwertlänge der Motorsäge
- erleichtertes Wenden des Stammes
- Verminderung von Rückeschäden
- raumsparende Lagerung am Holzlagerplatz

Das Beschneiden der Wurzelanläufe beginnt mit dem senkrechten Schnitt. Bei sämtlichen Schnitten soll mit dem Krallenanschlag gearbeitet werden. Die Beischnittsohle beim Wurzelschnitt soll in ebener Lage am gesamten Stammumfang, am Hang nur bergseitig, und zwar so tief wie möglich liegen.

Der Fällkerb gibt dem Baum die Fällrichtung. Die sorgfältige Ausarbeitung des Fällkerbes ist daher eine der wich-

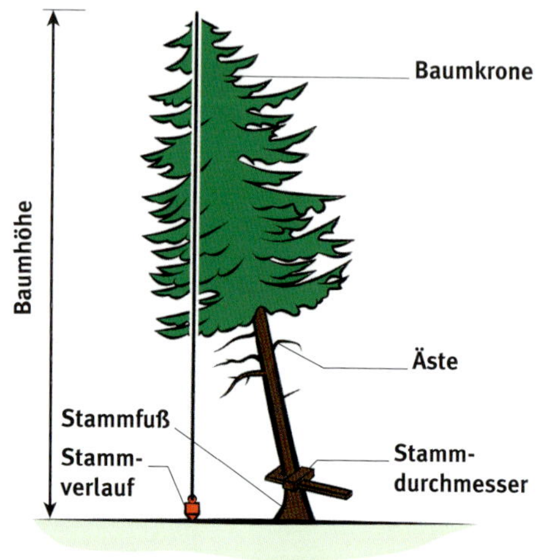

Kriterien bei der Ansprache eines Baumes

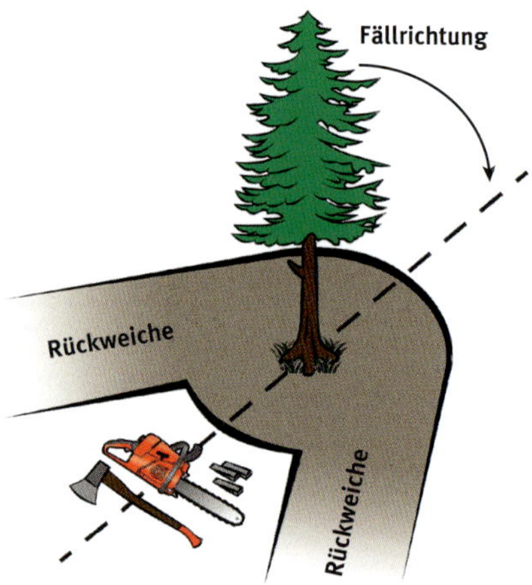

Ablegen der Werkzeuge, Rückeweichen.

Faul oder nicht? Eine sichere Methode, das festzustellen, ist der vertikale Stechschnitt in der Ebene der Fällrichtung.

Vor dem Keilen ist ein Warnruf zu geben.

tigsten Maßnahmen einer pfleglichen Holzernte. Besonders bei sehr großen Durchmessern (über 50 cm) ist die Anlage des Fällkerbs eine Herausforderung. Der Fällkerbsohlenschnitt und der Fällkerbdachschnitt müssen sich treffen.

Vor dem eigentlichen Fällen ist die Fällrichtung zu überprüfen. Um die **Fällrichtung zu kontrollieren**, geht der Motorsägenführer in die Knie, lehnt mit dem Rücken am Fällkerb und berührt mit beiden Armen die seitlichen Enden des Fällkerbs. Dadurch wird die Fällrichtung erkennbar. Entspricht die tatsächliche Fällrichtung nicht der gewünschten, muss am Fällkerb nachgebessert werden. Entspricht der Fällkerb der gewünschten Fällrichtung, wird der Baum zum Fallen gebracht. Dies passiert durch Anbringen des Fällkeils in der Bruchleiste.
Danach wird der Baum gekeilt: Mit der Rückseite der Axt wird gegen den Fällkeil geschlagen.

Bevor jedoch gekeilt wird, ist nochmals eine Sicherheitskontrolle durch-

Beim Fällen im Steilgelände ist darauf zu achten, dass man einen guten Stand hat und die Rückweiche, also der Rückzugsraum, begehbar ist.

zuführen. Der Gefahrenbereich ergibt sich aus der 1,5-fachen Baumlänge des Baums. Innerhalb dieses Gefahrenbereichs darf sich niemand aufhalten bzw. darauf zu bewegen. Bereits vor dem Ansetzen zum Fällschnitt muss ein lauter „Achtung"-Ruf als Warnung an Dritte erfolgen. Erst danach kann die Arbeit fortgesetzt werden.

Beim Fällschnitt gilt, dass die Keile möglichst früh gesetzt werden sollen, damit der Schnitt offen bleibt und die Säge nicht eingeklemmt wird. Dies kann unter anderem bei plötzlich starkem Wind passieren. **Ist der Fällschnitt beendet und die Bruchleiste somit fertig, wird mit dem Keilen begonnen. Der Baum wird nicht umgeschnitten, er wird umgekeilt.** Während des Keilens ist die Krone zu beobachten, um die Bewegungen des gesamten Baumes und gleichzeitig das Herabfallen von Trockenästen im Blick zu haben. Werden mehre Keile gesetzt, so sind diese abwechselnd nacheinander anzuschlagen. Ansonsten besteht die Gefahr, dass die Bruchleiste nicht gleichmäßig bricht und der Baum nicht in die gewünschte Richtung fällt. Wird rhythmisch geschlagen, so bekommt der Baum eine Pendelbewegung, die mit jedem weiterem Schlag verstärkt wird, bis der Baum Übergewicht bekommt und fällt.

Sobald der Baum zu fallen beginnt, zieht sich der Landwirt in die Rückweiche zurück und beobachtet aufmerksam den Baum beim Fällen. Je größer der Baum ist, desto größer ist die Krone und damit die Anzahl der Trockenäste, umso schneller und weiter muss zurückgewichen werden.

Merke!

Dabei sollte die Bruchleiste etwa 1/10 des Stammdurchmessers betragen, mindestens jedoch 3 cm. Auch die Bruchstufe sollte mind. 1/10 des Stammdurchmessers hoch sein

Je nach Durchmesser und Schwertlänge kann der Fällschnitt auf verschiedene Art und Weise durchgeführt werden.

Fällschnitt ohne Anstechen

Die erste Hälfte des Fällkerbs wird mit ziehender Kette geschnitten. Dabei wird mit der Unterseite des Motorsägenkettenschwertes gearbeitet (die Kette zieht das Holz in Richtung Motorsäge). Die restliche Hälfte wird mit schiebender Kette geschnitten, d. h. mit der Oberseite des Kettenschwertes (das Holz wird von der Motorsäge weggeschoben). Dabei sind die Keile zu setzen, bevor mit der zweiten Hälfte begonnen wird.

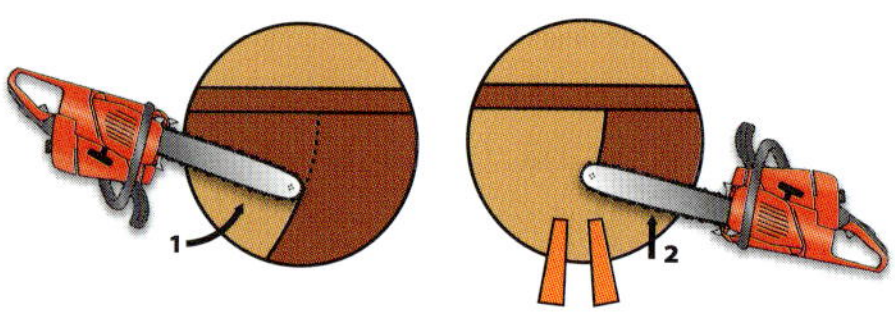

Fällschnitt ohne Anstechen

Fällschnitt mit Anstechen

Direkt hinter der Bruchleiste wird mit dem Fällschnitt begonnen. Geschnitten wird mit der ziehenden Kette, die Spitze liegt dabei immer im Zentrum.

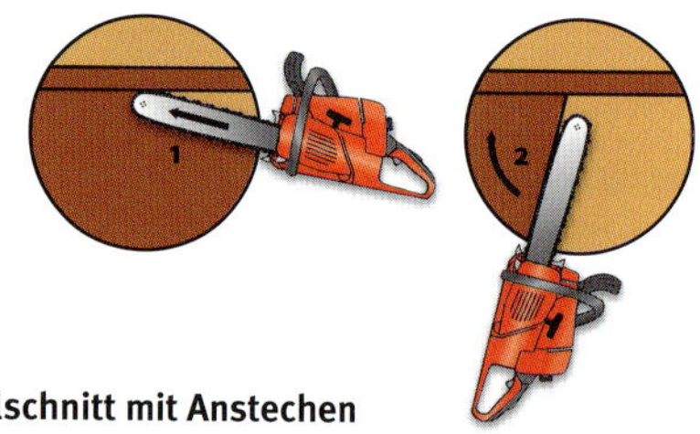

Fällschnitt mit Anstechen

Herzstich

Bei sehr großen Durchmessern wird der Herzstich angewandt, und zwar wenn der Durchmesser die doppelte Schwertlänge überschreitet. Dabei wird die Bruchleiste in der Mitte durchtrennt, so dass die gesamte Schwertlänge genutzt werden kann. Angesetzt wird der Herzstich in der Höhe des Fällschnitts. Bevor der Herzstich erstmals angewendet wird, sollte er an schwächeren Bäumen geprobt werden. Wird die Bruchleiste zu stark angeschnitten, kann das Resultat ein zu frühes und unkontrolliertes Fallen des Baumes sein!

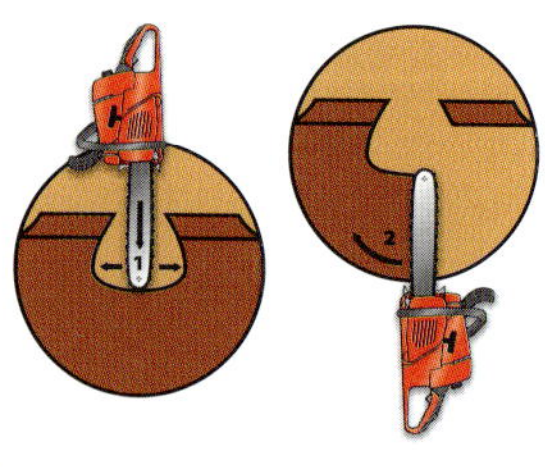

Herzstich

Fällzirkel und Fällfahne

Eine exakte Ausformung der Bruchleiste dient dazu, dass der fallende Baumstamm wie an einem Türscharnier geführt wird und genau in die gewünschte Fällrichtung fällt. Auch bei der Anlage der Bruchstufe ist Maßarbeit gefragt. Präzision hierbei ermöglicht dem fallenden Baumstamm eine möglichst lange Führung durch die Bruchleiste.

Die Holzfasern knicken dabei von der Fallkerbsehne nacheinander in Richtung Bruchstufe ein und der Baum kippt regelrecht nach vorne in die Fallrichtung. Der Baum wird so von der gesamten Bruchleiste geführt. Die geknickten Holzfasern reißen erst auseinander wenn das Fallkerbdach auf der Fallkerbsohle auftrifft. Geeignete Hilfsmittel zur genauen Ausformung der Bruchleiste und Anlage der Bruchstufe gab es bisher nicht.

Stämme dürfen nie mit der Spitze angeschnitten werden, da die Motorsäge nach hinten ausschlagen könnte.

© Sozialversicherungsanstalt der Bauern

Nur durch viel Übung und ein gutes Einschätzungsvermögen war es bisher möglich, Bruchleiste und Bruchstufe in den geforderten Maßen anzulegen. In der Praxis ist dies jedoch häufig nicht anzutreffen. Bei Unfalluntersuchungen wird immer wieder festgestellt, dass gerade hierbei die Unfallursache zu finden ist. Aufgrund dieser Erkenntnisse wurde der Fällzirkel entworfen.

Damit ist aber nur ein Problem beseitigt, eine genaue Schnittführung bei der Ausformung der Bruchleiste garantiert das alleinige Anzeichnen noch nicht. Dabei bedarf es gerade bei diesem Arbeitsschritt einer ständig solch hohen Konzentration, die bei der Schwere der Arbeit nicht ohne Weiteres immer zu erbringen ist.

Die Bruchleiste nun exakt parallel zur Fällrichtung auszuformen ist jedoch von entscheidender Bedeutung: denn nur mit ausgeformter Bruchleiste fällt der Baum in die festgelegte Fällrichtung. Zudem wird die erforderliche Keilarbeit auf ein Minimum reduziert. Hierbei hilft die Fällfahne.

Arbeiten mit Fällzirkel und Fällfahne

Vorbereitung: Zur besseren Übersichtlichkeit wird der Stamm zunächst im Bereich der späteren Bruchleiste möglichst im 90-Grad-Winkel zur Fällrichtung angeschnitten oder in die Form eines Kastens gebracht (Kastenschnittfällung).

© Benedikt Rodens/SVLFG

Anlage des Fällkerbs: Wie nach der Baumansprache beschlossen, erfolgt die Anlage des Fällkerbes in die gewünschte Fallrichtung. Mithilfe einer Messkluppe wird der Durchmesser der Stammwalze ermittelt.

© Benedikt Rodens/SVLFG

Bruchleiste und Bruchstufe bestimmen: Bei einem beispielweise 40 cm starken Baumstamm wird der Zirkel auf einen Wert von 7 cm eingestellt. Dieses Maß erhält man, indem man zu der ermittelten Bruchleistenbreite 1 cm als Sicherheitsmaß hinzuaddiert. Die Bruchleistenbreite beträgt 15 %, bei einem 40 cm starken Baumstamm sind das 6 cm.

© Benedikt Rodens/SVLFG

Zirkel anlegen: Damit nun die Bruchleiste möglichst genau 6 cm breit und die Bruchstufe 7 cm hoch wird, legt man das Kreideende des Zirkels in die Fallkerbsehne ein und drückt dann die Metallspitze in Längsrichtung dahinter in den Baumstamm.

© Benedikt Rodens/SVLFG

Bogen schlagen: Nun wird mit dem Fällzirkel ein Bogen geschlagen, an dessen höchstem Punkt dann noch ein kurzer, senkrechter Strich nach oben angezeichnet wird.

© Benedikt Rodens/SVLFG

Schnittpunkt anzeichnen: Der so entstandene Schnittpunkt markiert für den Motorsägenführer den Punkt der Bruchstufenhöhe. Gleichzeitig kennzeichnet er die Bruchleistenbreite.

Dies wiederholt man auch auf der anderen Stammseite, falls der Baumdurchmesser größer ist als die Schienenlänge der Motorsäge. Nun ist die Arbeit des Fällzirkels getan, die erforderlichen Maße für Bruchstufe und Bruchleiste sind am Stamm angezeichnet.

© Benedikt Rodens/SVLFG

Fällfahne anlegen: Nach dem Anzeichnen der Bruchstufenhöhe und der Bruchleistenbreite wird die Fällfahne mit dem Stab in die Fallkerbsehne gelegt. Der breitere Teil der Fällfahne mit den Zähnen wird nun zusätzlich noch etwas in die Stammwalze gedrückt, damit sich ihre Lage beim Einsägen der Motorsäge in den Stamm nicht verändert.

© Benedikt Rodens/SVLFG

Schnittführung vorgegeben: Mit dieser neuen Fällfahne legt sich der Motorsägenführer die Fallkerbsehne quasi neben den Stamm und unter die Motorsägenschiene. Somit kann nun beim Fällschnitt eine möglichst exakte Schnittführung erfolgen.

© Benedikt Rodens/SVLFG

Stechschnitt durchführen: Der Fällschnitt wird mit einem Stechschnitt in Höhe der angezeichneten Bruchstufe ausgeführt. Diese Fällart wird auch Stütz- oder Haltebandfällung genannt. Diese Schnittführung ist etwas aufwändiger, aber auch deutlich sicherer, weil der Baum erst nach dem Durchtrennen des Haltebandes fallen kann.

© Benedikt Rodens/SVLFG

Zur Sicherheit ist bei leichten Vorhängern, gerade gewachsenen Bäumen oder bei Rückhängern darauf zu achten, dass mindestens ein Fällkeil vor dem Durchtrennen des Haltebandes in den Fällschnitt gesetzt wird. Nach dem Einstechen in den Stamm bewegt der Motorsägenführer die Motorsäge in Richtung Fallkerb und steuert genau den markierten Schnittpunkt von Bruchleiste und Bruchstufe an.

Um die Parallelität bei der Ausformung der Bruchleiste zu gewährleisten, schaut der Waldarbeiter beim Einstechen in den Stamm von oben auf die Schiene und achtet darauf, dass sie parallel zu der auf den breiten

Teil der Fällfahne aufgedruckten Linie läuft.

Nach dem Durchtrennen des Stütz- oder Haltebandes und evtl. erforderlicher Keilarbeit fällt der Baum nun exakt in die vorher festgelegte Fällrichtung.

Saubere, sichere Fällung: Das Ergebnis dieser Fällarbeit kann sowohl am Wurzelstock als auch am Stammfuß betrachtet werden – sicher gefälltes, qualitativ hochwertiges Stammholz!

© Benedikt Rodens/SVLFG

Ernte im Schwachholz

Gerade bei der Schwachholzernte ereignen sich viele Unfälle. Die eher schwachen Baumdimensionen verleiten häufig dazu, die Gefahren zu unterschätzen bzw. die eigenen Fähigkeiten zu überschätzen. Ein Fichtenstamm mit 15 cm Durchmesser und 20 m Länge hat aber ein Volumen von etwa einem Viertel Festmeter. Gemeinsam mit der Krone ergibt das in saftfrischem Zustand eine Masse von über 100 kg! Daher sollte auch im Schwachholz sorgfältig und aufmerksam gearbeitet werden.

Die häufigsten Unfallursachen sind falsche Fäll- und Arbeitstechniken, schlechte Arbeitsorganisation, Unterschätzen der Gefahr, gegenseitige Gefährdung und Nichttragen der persönlichen Schutzausrüstung.

Vor dem Fällen ist aufzuasten. Tote Äste behindern nicht nur die Motorsägenarbeit, sie können auch zu Verletzungen führen. Daher sind sie bis in Kopfhöhe mit der Motorsäge zu entfernen (aufasten). Wichtig ist dabei, dass der Motorsägenführer nicht direkt hinter der Schwertebene steht, sondern seitlich versetzt. Der Arbeitsfortschritt erfolgt gegen den Uhrzeigersinn und es wird sowohl mit ziehender als auch schiebender Kette gearbeitet.

© Sozialversicherungsanstalt der Bauern

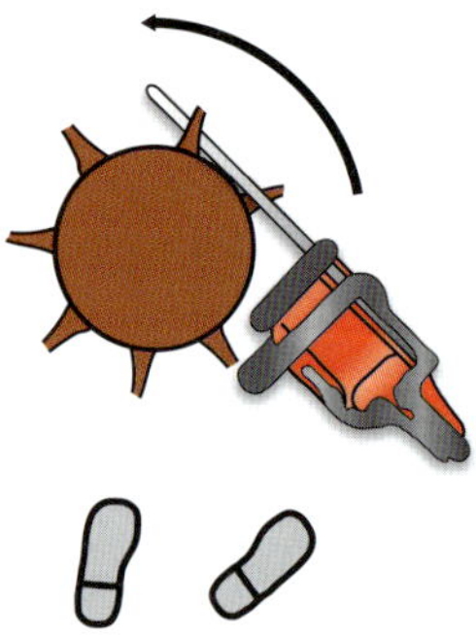

Vor dem Fällen sollen tote Äste bis in Kopfhöhe gegen den Uhrzeigersinn entfernt werden.

© Sozialversicherungsanstalt der Bauern

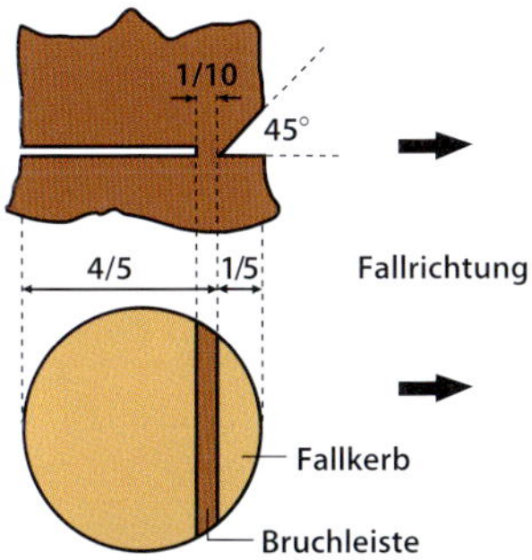

© Sozialversicherungsanstalt der Bauern

Die Äste werden mit weit ausholenden Auf- und Abwärtsbewegungen direkt am Stamm entastet.

Bäume mit einem Durchmesser zwischen 10 und 20 cm werden mit einem waagrechten Schnitt gefällt. Nach dem Schneiden eines kleinen Fällkerbs, der etwa 1/5 des Stockdurchmessers beträgt, wird der Fällschnitt aus der gleichen Position des Motorsägenführers mit ziehender Kette ohne Bruchstufe durchgeführt, wobei eine Bruchleiste von etwa 1/10 des Stockdurchmessers übrig bleibt. Das Umdrücken kann bei weggestellter Motorsäge (niemals mit Motorsäge in der Hand) per Druckstange erfolgen. Per Hand darf der Baum ebenfalls nicht umgedrückt werden, da schwere Verletzungen drohen, sollte der Baum nicht in die gewünschte Richtung fallen.

Für schwache Bäume bis 10 cm Durchmesser eignet sich der Schrägschnitt. Der Motorsägenführer muss sich dabei nicht bis zum Boden bücken, eine leicht hockende Haltung reicht für die korrekte Schnittführung. Der Schrägschnitt wird in einem Winkel von ca. 20 Grad durchgeführt.

Der Motorsägenführer steht im ebenen Gelände hinter dem Baum in Fallrichtung. Die Schwertspitze soll ca. 5 cm über den Schnitt hinausragen, damit der Baum über das Schwert in die Bringungsrichtung ableiten kann. Im steilen Gelände wird der Fällschnitt seitlich des Baums stehend von der Talseite ausgeführt, der Baum fällt in die Bergseite.

Der Fällboy

Der Fällboy ist eine Kunststoffpfanne, mit der in dicht geschlossenen Beständen Bäume bis 20 cm Durchmesser problemlos zu Fall gebracht werden können.

Der Fällboyeinsatz eignet sich für flaches bis mäßig geneigtes Gelände, die Hangneigung sollte 40 % nicht überschreiten. Im steilen Gelände kann der Fällboy außer Kontrolle geraten, vereiste und gefrorene Böden erhöhen dieses Risiko noch. Daher darf er unter solchen Umständen nicht verwendet werden.

Beim Fällen mit dem Fällboy unterscheidet man das Fällen mit Keil und ohne Keil. Bis 12 cm Durchmesser wird ohne Keil gefällt, darüber mit Keil.

Beim Fällen mit dem Fällboy ohne Keil wird talseitig der Fällboy an den Stammfuß herangeschoben, das Nylonseil um den Stamm gelegt, eingehakt und festgeklemmt.

Der Motorsägenführer steht hinter dem Baum (in Fällrichtung) und führt mit ziehender Kette den Schrägschnitt aus. Die Schwertspitze soll während des Schnitts ca. 5 bis 10 cm über den Schnitt ragen, damit der abgleitende Baum leichter in den Fällboy rutscht. Danach wird der Fällboy mit dem darauf befindlichen Baum in die gewünschte Richtung gezogen. Im geneigten Gelände und bei Schnee kann der Fällboy auch alleine talwärts rutschen.

Beim Fällen mit Keil wird der Schrägschnitt von der Talseite begonnen und ein Keil gesetzt, wobei der Motorsägenführer seitlich der Fällrichtung steht. Der Fällboy wird sodann unter dem Keil an den Baum geschoben, das Nylonseil herumgelegt, eingehakt und festgeklemmt.

Der Fällschnitt wird bis zur gänzlichen Durchtrennung des Baumes weitergeführt, sodass dieser mitsamt dem Keil in den Fällboy rutscht.

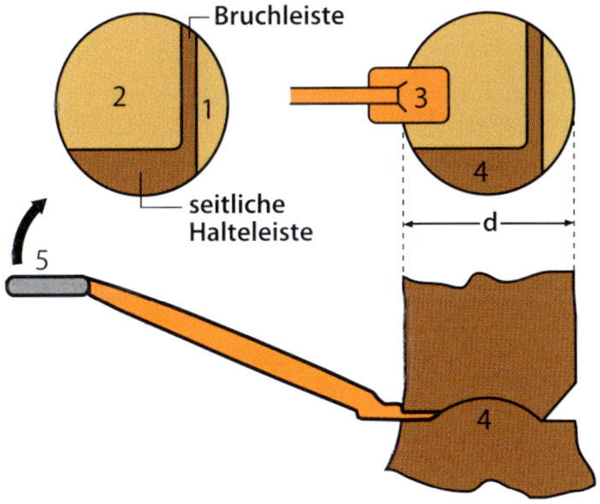

Ausziehen mit dem Sappel

Abdrehen mit dem Wendehaken des Fällhebels

Der Fällhebel

Ist der Bestand bereits aufgelichtet und ausreichend Platz für das Fallen des Baumes vorhanden, kann der Fällhebel eingesetzt werden.

1. Die Fällkerbsohle wird mit der schiebenden Kette bis zu einer Tiefe von 1/5 Durchmesser und das Fällkerbdach mit ziehender Kette geschnitten.
2. Der Fällschnitt wird aus der gleichen Position mit ziehender Kette in gleicher Höhe mit der Fällkerbsohle geschnitten, wobei jedoch eine seitliche Halteleiste von ca. ¼ bis 1/5 Durchmesser belassen bleibt.
3. Nach dem Einschieben des Fällhebels wird die Halteleiste schräg von oben durchtrennt.
4. Abschließend wird der Baum durch Anheben des Fällhebels zu Fall gebracht.

Für das Zufallbringen von hängengebliebenen schwachen Bäumen gibt es verschiedene Lösungen.

Pflege von Dickungen

Jungbestände werden von Waldbesitzern oft stiefmütterlich behandelt. Es gibt eine Reihe von Gründen, warum man sich als Waldbesitzer nur schwer für die Pflege eines heranwachsenden Bestandes motivieren kann. So ist das Begehen einer Dickung, in der sich einige Tausend Bäumchen am Hektar drängen, alles andere als ein Vergnügen. Stockt der Bestand auf einem Steilhang, wird es überhaupt schweißtreibend. Der Holzertrag bei solchen Eingriffen ist ebenfalls gering. Die Arbeitsumstände sind also unerfreulich. Auch erscheint es auf den ersten Blick nicht so, als müsse man als Waldbesitzer unbedingt handeln. Die jungen Bäume sind ja wüchsig und streben in die Kronenschicht des Altbestandes. Warum also nicht ein wenig zutrauen in die Natur haben und den Bestand sich selbst überlassen? Weil in diesem Stadium die weitere Entwicklung des Bestandes stark beeinflusst werden kann. Sowohl Qualität als auch Stabilität werden bereits in diesem frühen Bestandesalter bestimmt. Fehler können in späteren Jahren nur noch schwer oder gar nicht mehr behoben werden.

Eine Pflegemaßnahme vom Bestandesalter abhängig zu machen, ist zu ungenau. Will der Waldbesitzer seinen Bestand in jungen Jahren pflegen, so muss er sich an den Baumhöhen orientieren, um den richtigen Zeitpunkt der Pflege zu bestimmen. Dieser ist erreicht, wenn die herrschenden Bäume eine Höhe zwischen 4 und 12 m haben. Die Eingriffe sollten alle 3 bis 5 Jahre – und zwar dann, wenn die Astspitzen der einzelnen Bäume miteinander in Berührung kommen – wiederholt werden, bis die Bäume zum Stangenholz (Durchmesser über 20 cm) heranwachsen.

Bevor Pflegeziele bestimmt werden, muss der Bestand zunächst grob nach den vorkommenden Baumarten und deren Anteilen eingeschätzt werden. Auch die eigenen Wünsche und Absichten des Waldbesitzers fließen hier ein, wie etwa, ob der Nadelholzanteil erhalten oder verringert werden soll.

Die wichtigsten Pflegeziele sind

- Vitalität der Bäume und damit die Stabilität des Bestands verbessern,
- Qualität steigern,
- Standortsgemäße, klimatolerante Baumartenmischung sichern,
- Weichlaubholz (Birke, Eberesche, Salweide) erhalten.

Im Naturwald gibt es keine fixen Mischungsanteile. Welche Baumarten den Bestand dominieren, hängt von vielen, oft zufälligen Faktoren ab. Deshalb sollten die Anteile von Baumarten flexibel angesetzt werden. Nur bei unerwünschten Baumarten ergibt es Sinn, eine fixe Obergrenze festzulegen.

In Laubholzbeständen ist es vor allem wichtig, den Dichtstand zu erhalten. **Die Astreinigung, die über die Holzqualität des Baumes entscheidet, passiert nur, wenn die Bäume dicht an dicht nebeneinander wachsen.** Es gilt: Dickung muss Dickung bleiben. Daher wird die Stammzahl auch nicht reduziert, sondern es werden nur einzelne Stämme entnommen. Aus dem Bestand ausscheiden sollen vorwüchsige Grobformen (Protzen) sowie beschädigte Bäume und Zwiesel. Ist die Qualität bei vielen Bäumen schlecht, sollte vorsichtig begonnen werden, die Stämme mit zufriedenstellender Qualität zu fördern. Als Faustzahl gilt: pro 100 m^2 maximal zwei Bäume entfernen.

Ein Grund, warum Nadelholz sich bei Waldbesitzern über große Beliebtheit erfreut, ist der im Vergleich geringere Pflegeaufwand in Dickungen. In der Regel ist es nicht notwendig einzugreifen. Gefördert werden sollte aber Laubholz sowie Tannen, falls vorhanden.

Auch wenn der Pflegebedarf im Dickungsalter gering ist, so muss die Erstdurchforstung rasch und konsequent erfolgen. Im Gegensatz zu Laubbäumen sind die heimischen Nadelbäume nicht in der Lage, abgestorbene Äste zu ersetzen. **Das Resultat mangelnder Pflege sind zu kurze Kronen.** Eine ausreichende Kronenlänge **(min. 1/3 der Baumhöhe)** ist aber für Stabilität und Zuwachs notwendig.

Erreicht der Bestand das Stangenholzstadium, ist umgehend die Erstdurchforstung durchzuführen.

Der Spacer von Husqvarna © Wald und Holz NRW

Bevor mit dem Eingriff begonnen wird, ist zu entscheiden, ob das anfallende Holz aufgearbeitet und aus dem Bestand gerückt werden soll. Ist man als Waldbesitzer in der Lage, das Holz selbst als Brennholz zu verwenden, spricht nichts gegen die Aufarbeitung. Will man das anfallende Holz als Biomasse oder Brennholz verkaufen, wird dies nur bei größeren Beständen wirtschaftlich sein (etwa ab 0,5 ha Bestandesfläche). In größeren Beständen ist dann auch die Anlage einer Rückegasse notwendig. Durch die Anlage einer Rückegasse erhöht sich insgesamt die Holzmenge. Der übliche Gassenabstand liegt bei 30 m, die Gassenbreite bei 4 m.

Da innerhalb der Dickung die Sicht sehr beschränkt ist, ist eine schematische Vorgehensweise nötig.

- Man beginnt die Auszeige an der Bestandesgrenze und bewegt sich entlang dieser.
- Ist man an der oberen Bestandesgrenze angekommen, bewegt man sich etwa fünf Meter in das Bestandesinnere und geht in Richtung der unteren Bestandesgrenze. Dieses Schema setzt man für den gesamten Bestand fort.
- Pro Hektar bleibt man an bis zu 100 Punkten stehen und kontrolliert den Bestand hinsichtlich Vitalität, Qualität und Mischungsverhältnisse. Bäume, die nicht den Pflegezielen entsprechen, werden ausgezeigt. Am besten eignet sich die Markierung mit Papierfarbbändern.

Für die Auszeige muss mit drei bis fünf Stunden Arbeitszeit pro Hektar gerechnet werden.

Die Bäume, die aus dem Bestand ausscheiden, können entweder mit der Motorsäge gefällt werden oder durch händische Methoden, wie etwa Ringeln, zum Absterben gebracht werden.

Für den Einsatz der Motorsäge spricht die rasche Fällung. Ringeln mit einem Ringeleisen oder einer Fahrradkette kann mitunter sehr zeitaufwändig sein. Darunter versteht man das Abschaben der Rinde entlang eines mehrere Zentimeter breiten Streifens an der Stammunterseite, wodurch der Baum austrocknet und in der Folge abstirbt. Viele Baumarten sind aber in der Lage, Ringelschäden zu überleben. Das Resultat eines schlecht geringelten Baumes ist ein Baum, der einen massiven Holzschaden aufweist. Ringeln sollte daher nur in sehr kleinen Beständen durchgeführt werden, wo nur wenige Bäume zu entfernen sind.

Neben dem geringen Holzertrag ist die Jungbestandspflege deshalb unbeliebt, weil sie anstrengend und mühsam ist. Um die Arbeit zu erleichtern, hat sich das Forstliche Bildungszentrum für Waldarbeit in Nordrhein-Westfalen das Ziel gesetzt, ein neues Verfahren zu entwickeln. Das Ergebnis ist das Spacing („Raum schaffen"). Für den Einsatz des Husqvarna 535 wurde ein neues motormanuelles Jungbestandsverfahren entwickelt.

Spacing

Spacing eignet sich zum Einsatz in der Jungbestandspflege und ist sowohl in Rein- als auch in Mischbeständen ein-

Die Fläche wird in Arbeitsblöcke aufgeteilt.
© Wald und Holz NRW

Bearbeitung der Fläche mittels Spacer
© Wald und Holz NRW

Der Spacer ist sowohl für Rein- als auch Mischbestände geeignet. © Wald und Holz NRW

Nach der Bearbeitung wird stichprobenartig kontrolliert. © Wald und Holz NRW

setzbar. Auf ehemaligen Windwurfflächen ist die **Jungbestandspflege** besonders schwierig. Bei der Verfahrensentwicklung wurde speziell auf die Pflege solcher Bestände eingegangen.

Die besonderen Vorzüge des Verfahrens liegen zum einen in der Durchführung von Pflegemaßnahmen bei schwierigen Bestandesverhältnissen (breites Altersspektrum, inhomogen, artenreich und enorm dicht erwachsen). Bei dem Spacer handelt es sich um ein auf dem Rücken tragbares, außergewöhnlich leicht bedienbares Arbeitsmittel. Die eigentliche Schneidgarnitur ist an einem tragenden Galgen befestigt und entlastet die Hand-Arm-Muskulatur fast vollständig von semistatischen Kräften, sodass sich der Bediener nahezu ausschließlich auf die zu steuernden Bewegungen konzentrieren kann. Weiterhin werden alle Arbeiten in aufrechter Körperhaltung ausgeführt.

Arbeit mit dem Spacer © Wald und Holz NRW

Anwendern mit entsprechender Erfahrung mit dem professionellen Umgang von Motorsägen fällt der Einsatz des Spacers relativ leicht. Hier würde für die technische Umsetzung ein Arbeitstag schon zum Erfolg ausreichen. Erforderliche Pflegemaßnahmen sind richtungsweisende Investitionen, die immer ein qualitätsgerechtes Handeln mit hohem Sachverstand erfordern. Bei der Arbeitsdurchführung ist vor allem die waldbauliche Kompetenz des Ausführenden gefragt. Der Spacer eignet sich zum selektiven, situationsangepassten Einsatz in der Jungbestandspflege und ist sowohl in Misch- als auch Reinbeständen von Laub- und Nadelholz einsetzbar.

Der Arbeitsvorgang ist in vier Teilschritte aufgeteilt.

Schritt 1: Zunächst wird der Bestand erfasst. Die gewonnenen Erkenntnisse werden mit der Zielsetzung (Baumartenanteile) verglichen, daraus entsteht dann der Pflegeauftrag.

Schritt 2: Die Fläche wird in Arbeitsblöcke aufgeteilt. Zwischen den Arbeitsblöcken liegen ein Meter breite Zugangslinien, die auch als Rückegassen dienen.

Schritt 3: In den Arbeitsblöcken wird der Pflegeauftrag mittels Spacer umgesetzt.

Schritt 4: An Probekreisen wird stichprobenartig kontrolliert, ob der Arbeitsauftrag erfolgreich umgesetzt wurde.

Problembäume

Ausgesprochene Risikobäume werden mit dem notwendigen Respekt bearbeitet. Ursachen für Hänger können krumm gewachsene Stämme, einseitige Belastung, Wind oder Schnee sein.

Nur unter Einsatz von speziellen Hilfsmitteln und nach genauer Planung werden gefährliche Bäume gezielt und sicher zu Fall gebracht. Dabei gilt, dass man Problembäume, wie Vor- oder Rückhänger, keinesfalls unterschätzen und nur mit großer Konzentration und

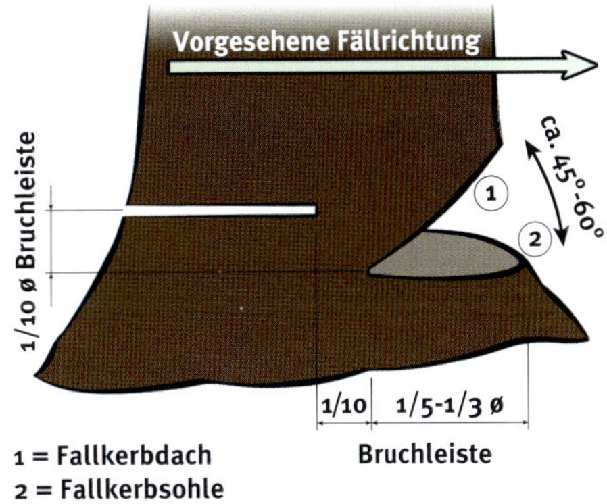

Stockmaße

Vorbereitung die Arbeit beginnen sollte. Keinesfalls sollte ein Problembaum der letzte zu fällende Baum an einem Tag sein, den man sich aufgehoben hat und noch nebenbei schnell fällen will.

Vorhänger

Der Vorhänger hängt in die Fallrichtung. Doch Vorsicht! Durch den veränderten Schwerpunkt bauen sich im Stamm Spannungen auf. Bei falscher Schneidetechnik kann der Stamm in Sekundenbruchteilen aufreißen und den Motorsägenführer gefährden.

Spezielle Schneidetechniken bei der Fällung verhindern das Aufreißen des Stammes. Der Schnittbeginn erfolgt daher nie an der Zugseite. Begonnen wird mit dem Fällkerb. Wenn es der Stockdurchmesser erlaubt, ist auf der Zugseite des Stammes – beim Vorhänger ist das gegenüber des Fällkerbs – eine Zughalteleiste zu belassen. Das soll das gefährliche Aufreißen des Holzes verhindern. Zwischen Zughalteleiste und Bruchleiste wird der Fällschnitt fertiggestellt. Mit dem Durchtrennen der Zughalteleiste, von außen nach innen, ist der gesamte

Querschnitt des Stammes, ausgenommen der Bruchleiste, durchtrennt und der Baum fällt, ohne dass der Stamm aufreißt.

Schwächere Stockdurchmesser können mit dem so genannten V-Schnitt sicher umgeschnitten werden.

1. Fällkerb schneiden.
2. Splintschnitte schneiden.
3. Hinter der Bruchleiste anstechen und den Fällschnitt bis zur Halteleiste schneiden.
4. Bei starken Bäumen auch an der gegenüberliegenden Seite anstechen und den Fällschnitt fertigschneiden.
5. Die Halteleiste schräg von außen nach innen durchtrennen, danach in die Rückweiche zurückziehen.

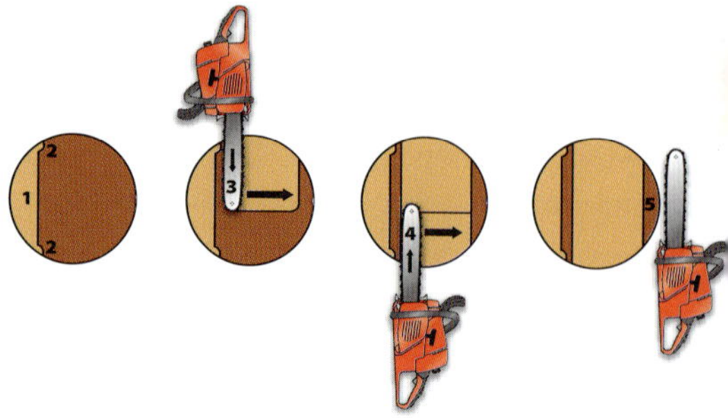

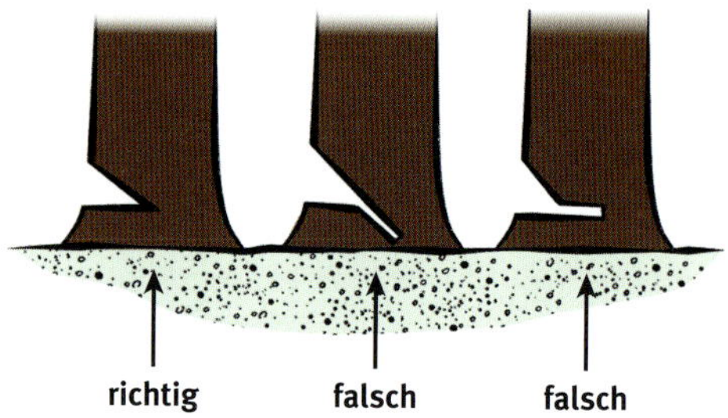

Anlage des Fällkerbs

Rückhänger

Das Gegenstück zum Vorhänger ist der Rückhänger. Da körperlich anstrengend und zeitaufwändig, wird die Fällung eines Rückhängers gerne vermieden. Ob es sich um einen leichten Vorhänger oder einen kräfteraubenden Rückhänger handelt, ist dabei zweitrangig.

Für den nötigten Kraftaufwand sind genügend Hilfsmittel, wie Keile oder Sonderwerkzeuge, wie z. B. hydraulische Hubhilfen oder gar Seilzuggeräte, bereitzuhalten.

1. Es wird mit dem Schneiden des Fällschnitts begonnen (Arbeitsbeginn ebenfalls an der Druckseite).
2. Durch Setzen mehrerer Keile wird der Baum kontinuierlich aufgekeilt und
3. der Fällschnitt fortgesetzt.
4. Das Keilen wird so lange fortgesetzt, bis der Baum senkrecht steht.

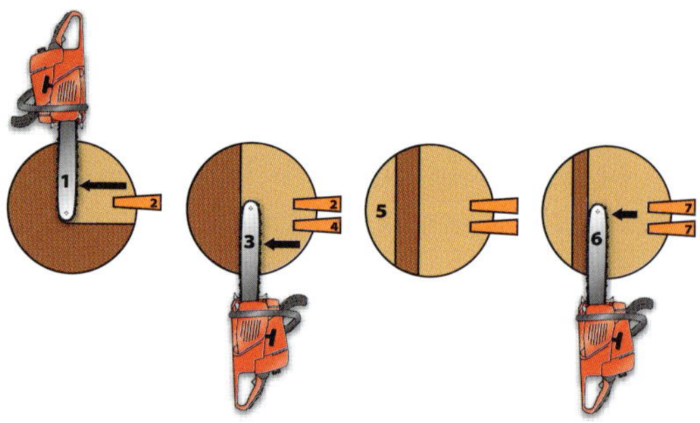

5. Der Fällkerb wird schließlich angelegt.
6. Der Fällschnitt wird fertiggestellt, bis nur noch die Bruchleiste in der gewünschten Dimension vorhanden ist.
7. Der Baum wird gekeilt.

Seithänger

Zur Seite geneigte Bäume bedürfen einiger Erfahrung. Die Fällrichtung kann nur in Stockhöhe kontrolliert bzw. gemessen werden. Die Baumkrone kann sich jedoch meterweit

außerhalb dieser gedachten Linie befinden. Und dieser seitliche Überhang muss auf der Gegenseite ausgeglichen werden. Weiters muss mit dem Fällschnitt auf der Druckseite des Stammes begonnen werden, ansonsten klemmt das Motorsägenschwert während des Fällvorganges und es kommt zu gefährlichen Situationen. Die Bruchleiste ist auf der Zugseite des Stammes stärker zu belassen, denn wenn sie reißt, kippt der Baum seitlich weg. Der Rückweicheweg ist auch auf der sicheren Seite, der Zugseite, anzulegen.

1. Anlage des Fällkerbs
2. Anstechen an der Druckseite und
3. Fällschnitt zur Zugseite führen.
4. Keile noch im Bereich der Druckseite setzen.
5. Bruchleiste an der Zugseite stärker belassen.
6. Baum umkeilen.

Aufarbeiten

Ist der Baum gefällt, so ist er noch aufzuarbeiten: Der Stamm ist von Krone und Ästen zu befreien und wird in die gewünschten Längen aufgeteilt. Nadel- und Laubholz werden unterschiedlich aufgearbeitet.

Beim Nadelholz wird am Stammfuß begonnen und in Richtung Krone weitergearbeitet. Dabei werden die Äste abgeschnitten, bis schließlich der Trennschnitt bei der Krone erfolgt.

Bei Laubholz werden die Äste abgeschnitten und zum Schluss die Krone beschnitten. Dabei wird von außen nach innen und von oben nach unten gearbeitet, um bei großkronigen Bäumen nicht unter angebrochenen Ästen tätig zu sein.

Vor allem bei großen Bäumen kann das Aufarbeiten der anstrengendste Teil der Holzernte sein. Die Arbeit kann aber erleichtert werden:

- Aufrechte Arbeitshaltung einhalten, um Rücken und Arme zu schonen.

Tab.: **Gefahren bei der Aufarbeitung**

Ursache	Wirkung	Abhilfe
Abrollende Stammteile nach Trennschnitt	Verletzung durch Überrollen	Trennschnitte immer an der Hangoberseite durchführen. Beim Fällen damit rechnen, dass sich der abgetrennte Stammteil bewegt.
Trennschnitte bei verspannten Bäumen	Verletzungen durch Aufreißen und Schnellen	Korrekte Schneidetechnik verwenden.
Stark verspannte Äste	Verletzungen durch den Ast oder die wegschlagende Motorsäge	Stark verspannte Äste vorm Entasten entspannen. Nur an der Druckseite schneiden. Schutzhelm tragen.
Abspritzende Äste bei der Motorsägenentastung	Augenverletzungen	Schutzhelm tragen.
Sturz beim Wenden	Verletzungen aller Art	Geeignete Sappel und Wendehaken verwenden. Werkzeug nicht überlasten. Auf genügend freien Sturmraum achten. Richtige Beinstellung beachten.

Bei Laubholzkronen wird von außen nach innen gearbeitet und von oben nach unten. © Bernhard Henning/forestbook

- Die Motorsäge unbedingt am Stamm oder den Oberschenkeln abstützen, so wird der Rücken entlastet und die Vibrationen werden auf den Stamm übertragen.
- Sichere und breite Fußstellung
- Vorwärtsbewegen mit laufender Kette nur dann, wenn sich zwischen Motorsägenführer und Kette der Stamm befindet.

Starke Wurzelanläufe sind vor oder nach der Fällung zu entfernen, da sie die Rückung erschweren.
© Sozialversicherungsanstalt der Bauern

Entastung

Bei der **Motorsägenentastung** wird zwischen der **Pendel- und der Hebelmethode** unterschieden.

Die Pendelmethode wird so ausgeführt, dass die Motorsäge eine pendelnde Bewegung durchführt. Am besten wird sie angewendet bei Bäumen mit sehr feinen Ästen (junge Lärche), mit unregelmäßig verteilten Ästen und in dichten Beständen (Stangenholz). Die Pendelmethode wird auch im Laubholz angewandt.

Auch mit der Axt kann entastet werden.
© Sozialversicherungsanstalt der Bauern

Die Hebelmethode wird angewandt, wenn Äste ohne größere Spannung und möglichst regelmäßige Abstände der Astquirle vorhanden sind. Für Laubholz kommt daher die Hebelmethode nicht in Frage.

Bei der Hebelmethode wird nach dem Abstand der Äste und der Zahl der Takte unterschieden.

Der Gesichtsschutz verhindert Augenverletzungen.
© Bernhard Henning/forestbook

Trennschnitt mit schiebender Kette

Die Motorsäge soll am Oberschenkel oder am Stamm aufliegen, um die Arbeit beim Entasten zu erleichtern.

6-Punkt-Hebelmethode

Diese Methode kommt bei Astabständen unter 50 cm zum Einsatz. Die Äste werden der Reihe nach vom ersten Ast bis zum sechsten abgeschnitten, anschließend bewegt sich der Motorsägenführer nach vorne und beginnt den nächsten Takt.

3-Punkt-Hebelmethode

Diese Entastungsmethode kommt zum Einsatz bei Ästen mit einem Astabstand über 50 cm. Ebenso wie bei der 6-Punkt-Mehode werden die Äste entfernt, allerdings pro Takt nur 3. Danach bewegt sich der Motorsägenführer nach vorne und beginnt den nächsten Takt.

Trennschnitt

Durch den Trennschnitt wird der Stamm abgelängt. Entscheidend dabei ist, ob das Holz verspannt ist oder nicht.

Bei nicht verspanntem Holz und bei Stammdurchmessern, die etwa der Schwertlänge der Motorsäge entsprechen, wird der **Trennschnitt als Fächerschnitt** mit ziehender Kette durchgeführt. Dabei zieht sich die Motorsäge durch die Zugkraft der einlaufenden Kette von selbst ins Holz. Sie wird dabei mit dem Gehäuse abgestützt und mithilfe des Krallenanschlages um einen Drehpunkt geschwenkt. Gewicht und Vibration werden durch den Stamm ab-

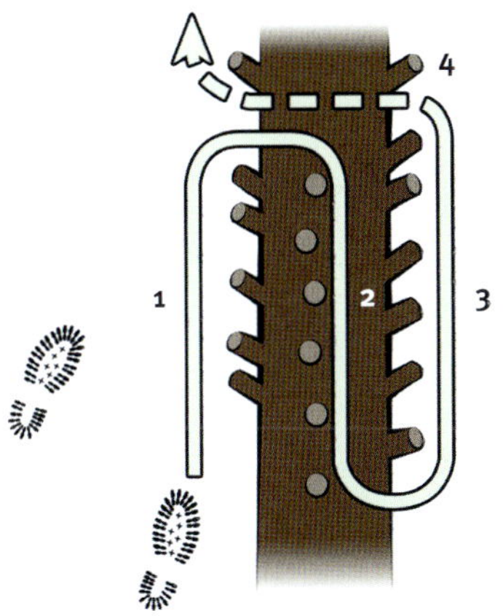

Pendelmethode

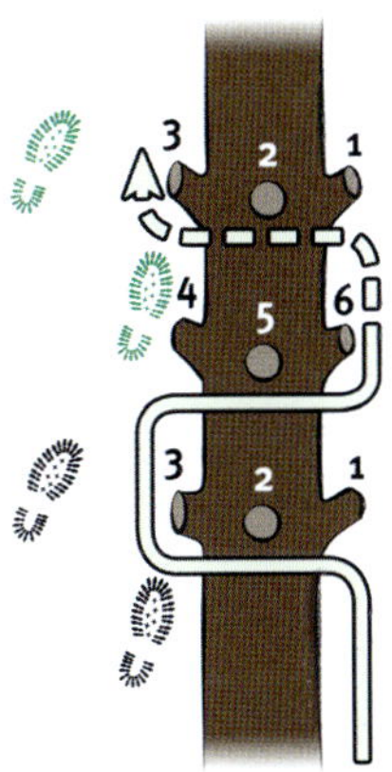

6-Punkt-Methode

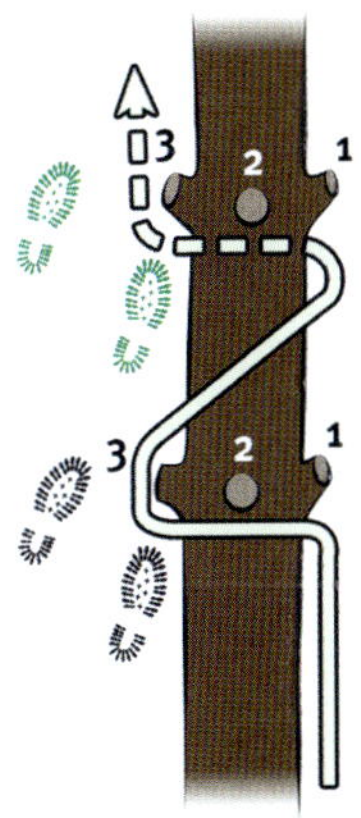

3-Punkt-Methode

geschwächt. Der Aufwand an Arbeitskraft ist gering, außerdem besteht keine Rückschlaggefahr.

Beträgt der Stammdurchmesser 5/4 der Schwertlänge, dann wird zuerst senkrecht an der gegenüberliegenden Stammseite eingeschnitten und danach mit dem Fächerschnitt abgetrennt.

Bei nicht verspanntem Holz

Bei verspanntem Holz wird immer an der Druckseite geschnitten. Schwache Stämme mit geringer Spannung werden an der Druckseite vorgeschnitten und dann von der Zugseite durchgeschnitten. Bei verspanntem Holz unterscheidet man die Zug- und die Druckseite. Bei liegenden oder schief stehenden Bäumen ist die Zugseite die äußere Seite, da hier das Holz gezogen wird. Die Druckseite ist die innere Stammseite, das Holz wird zusammengedrückt. Beim Anschneiden an der Zugseite besteht die Gefahr, dass das Holz aufreißt. Stärkere Stämme werden nach dem Vorschneiden an der Druckseite seitlich gegenüber dem Motorsägenführer und dann auf der Seite des Motorsägenführers beigeschnitten. Der Trennschnitt erfolgt wieder von der Zugseite her.

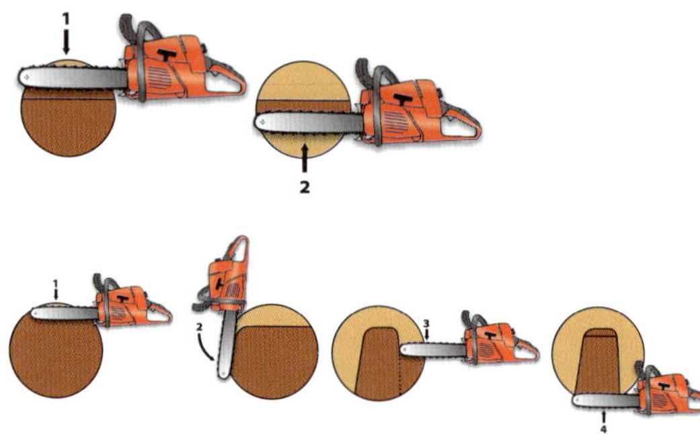

Bei schwach verspanntem Holz

Bei stark verspanntem Holz erfolgt der Schnittbeginn an der Druckseite. Der Stamm wird durchgeschnitten und eine Zugleiste belassen. Dann wird ein Trennschnitt in Richtung Druckseite geführt und eine Bruchleiste belassen. Danach wird die Zugleiste durchtrennt.

Bei stark verspanntem Holz

Sortimentierung

Die Sortimentierung hängt unmittelbar mit der Aufarbeitung zusammen. Durch die Sortimentierung entscheidet der Landwirte, welche Bloche und Holzsortimente zum Verkauf angeboten werden. In der Praxis richten sich die Blochlängen meist an die Vorgaben des Verkäufers, in der Regel sind das bei

Nach dem Fällen und Aufarbeiten wird das Holz sortimentiert. © Bernhard Henning/forestbook

Nadelholz 4 m, bei Laubholz 6 m lange Bloche.

Vor allem beim Laubholz ist sorgfältig zu sortimentieren, da ein falsch gesetzter Trennschnitt einen hohen Wertverlust bedeuten kann. Das wertvollste Stück ist in der Regel das Erdbloch, da dies über den größten Durchmesser und die beste Astreinigung verfügt.

Unter Sortiment versteht man die Zusammenfassung von Holzstücken, die bezüglich Länge, Durchmesser und zum Teil auch nach Qualität und Verwendung ähnliche Merkmale aufweisen. Diese Vereinheitlichung erleichtert den Handel mit Holz wesentlich.

Die nachfolgend kurz charakterisierten wichtigsten Sortimente sind in den Österreichischen Holzhandelsusancen (ÖHHU) genauer beschrieben.

Nadelholz

- Wird üblicherweise **in ganzen Meterlängen** gehandelt, nur Wertholz und nach Vereinbarung auch andere Sortimente in 0,5-m-Stufen.
- Kiefer muss, wenn nicht anders vereinbart, bis spätestens 30. April (Käuferwunsch oft 31. März) zur Übergabe bereitgestellt sein. **Gefahr der Verblauung** (Verfärbung durch Pilzinfektion).

Laubholz

- Längenausformung entsprechend Käuferwunsch; laut ÖHHU von 10 zu 10 cm steigend; bei Rotbuche der Güteklassen B, C und CX und bei Pappel Güteklassen B und C von 50 zu 50 Zentimeter.
- Muss **außerhalb der Saftzeit** geschlägert werden, falls es als Nutzholz verwendet wird. Ausnahmen: Industrieholz, Brennholz.
- Muss bis **spätestens 31. März zur Übergabe** – bei Erfüllungshindernissen infolge höherer Gewalt bis 15. April – bereitgestellt sein. Beispiele für Erfüllungshindernisse: Vermurung oder Unpassierbarkeit der Forststraße nach Starkregen, sehr hohe Schneelage.

Häufig werden Sortimente gesucht, die von den nachfolgend angeführten Definitionen abweichen (Zwecksortierung). Es ist daher notwendig, sich vor der Ausformung genau über die Wünsche des Käufers hinsichtlich Baumart, Qualität, Länge, Durchmesser, Übermaß und Liefertermin zu informieren! Vereinbarungen im Schlussbrief festhalten! Käuferwünsche orientieren sich an der Nachfrage und können sich rasch ändern!

Industrierundholz

Industrierundholz ist Rohholz unterschiedlicher Holzart und Qualität, welches in der Papier- und Zellstoffindustrie sowie in der Span- und Faserplattenindustrie Verwendung findet.

Langholz: (2) 3–6 m, auch fallende Längen.

Kurzholz: (Schichtholz) Länge von 1 oder 2 m.

Schleifholz (nur Fichte/Tanne)**:** Rohstoff für Papiererzeugung nach einem relativ umweltfreundlichen Verfahren; mechanische Holzaufschließung (Schleifen). Durch hellen Rohstoff (frisch, sorten- und artenrein) sind weniger Bleichvorgänge nötig. Ausgangsprodukt für die Erzeugung von verschiedenen Papiersorten.

Faserholz: Bei Verwendung für Papier- und Zellstofferzeugung; nach dem Zerkleinern zu Hackgut chemische

Aufschließung des Holzes (zum Teil auch Sekunda), mehrmaliges Bleichen nötig.

Plattenholz: Mischsortiment aus IF, I2, ID und IM; Zopfdurchmesser 4 cm plus;

Dünnholz: Zopfdurchmesser in Rinde (Durchmesser am schwächeren Ende des Stammes bzw. Bloches); Nadelholz: 4–7 cm; Laubholz: 4–9 cm; sonst wie Faserholz.

Manipulationsholz: Holz, das auf herkömmlichen Anlagen nicht ohne vorhergehende Manipulation transportiert bzw. verarbeitet werden kann (z. B. Zwiesel, sehr krumme Stücke).

Man unterscheidet:

- **Hartes Brennholz:** Rotbuche, Weißbuche, Eiche, Ahorn, Esche, Birke, Ulme, Robinie.
- **Weiches Brennholz:** Fichte, Tanne, Weißkiefer, Lärche.

Die Lieferung anderer Nadel- oder Laubholzarten ist gesondert zu vereinbaren!

Für den Verkauf:

- 1 Meter lang, im Schichtmaß aufgesetzt
- Rundlinge über 16 cm Durchmesser sind zu spalten.
- Das Holz darf keine weichfaulen Stücke enthalten, allerdings sind einzelne Stücke mit weichfaulen Stellen zulässig.

Ofenfertiges Brennholz: Gespaltenes und auf die dem jeweiligen Ofen entsprechende Länge (z. B. 25, 33, 50 cm) abgeschnittenes Holz.

Hackgut (Hackschnitzel): Maschinell zerkleinertes Holz. Häufigste Maßeinheit: Schütttraummeter.

Nach der Stückgröße unterscheidet man:

- **Feinhackgut:** typische Stückgröße unter 3 cm; ideal für automatische Feuerungsanlagen
- **mittleres Hackgut:** Stückgröße unter 5 cm; bedingt automatentauglich
- **Grobhackgut:** Stückgröße liegt unter 10 cm; für Großanlagen und für händisch beschickte Kessel

Qualitätsklassen für Hackgut nach dem Wassergehalt: W20, W30, W35, W40 und W50. Die Zahl gibt den höchstzulässigen Wassergehalt an. Dieser ist für den Heizwert und die Lagerfähigkeit des Hackgutes entscheidend. Zum Beispiel W30: Wassergehalt von 20–29,9 %.

Stärkeklassen

Die Verwendungsmöglichkeiten für den Rohstoff Holz und die Ausbeute bei der Verarbeitung hängen wesentlich von seinem Durchmesser ab.

In Österreich hat sich die Bezahlung von Sägerundholz nach dem Mittendurchmesser fast allgemein durchgesetzt. Das Sägerundholz wird nach seinem Mittendurchmesser ohne Rinde in Stärkeklassen eingeteilt. Die Unterteilung in „a" und „b" kann unterlassen oder auch auf andere Stärkeklassen erweitert werden.

Beispiele: 19 cm = 1b	
20 cm = 2a	68 cm = 6
34 cm = 3a	5+: ab 50 cm MD
35 cm = 3b	2a+: ab 20 cm MD
54 cm = 5	3b+: ab 35 cm MD

Holzmerkmale

Holz ist ein natürlicher Rohstoff, dessen Aufbau und Verwendbarkeit durch das Auftreten von für die jeweilige Holzart typischen Merkmalen stark beeinflusst wird. Die Österreichischen Holzhandelsusancen kennen folgende

Merkmale als Grundlage für die Zuordnung zu einer bestimmten Güteklasse.

Astigkeit

Äste verändern die ansonsten gleichförmige Struktur des Holzes. Die Folge sind starke Veränderungen der Holzeigenschaften (Festigkeit, Farbe), die sich auf die Verwendbarkeit auswirken.

Bei der Messung der Aststärke werden die Jahrringe des Astansatzes nicht mitgemessen.

Abholzigkeit

Darunter versteht man die Abnahme des Durchmessers zum Zopf (schwächeres Stammende) hin. Sie wird in Zentimetern je Laufmeter gemessen. Der Wurzelanlauf zählt nicht.

Die Abholzigkeit wirkt sich stark auf die Schnittholzausbeute sowie wegen des schrägen Faserverlaufs auf die Festigkeitseigenschaften aus.

Ermittlung: Durchmesser am starken Ende des Stammes minus Zopfdurchmesser dividiert durch den Abstand der Messstellen ergibt die Abnahme des Durchmessers je Laufmeter.

Maßeinheit: Zentimeter pro Meter.

Drehwuchs

Schraubenartiger Verlauf (Drehung) der Holzfasern um die Stammachse.

Wegen des schrägen Faserverlaufs weist drehwüchsiges Holz geringere Holzfestigkeitswerte auf. Es neigt beim Abtrocknen zum Verdrehen und Verbiegen.

Ermittlung: Man spannt ein Forstmaßband entlang der Stammachse und misst die Abweichung des Faserverlaufes nach einem Meter.

Maßeinheit: Zentimeter pro Laufmeter oder Prozent.

Krümmung ist vor allem bei Laubholz ein häufiger Fehler. Durch den richtig angesetzten Trennschnitt kann die Krümmung aber verkleinert werden. © Bernhard Henning/forestbook

Krümmung

Sie verringert die Schnittholzausbeute und die Festigkeitseigenschaften des Holzes.

Einfach: Krümmung in einer Ebene

Mehrfach: zwei oder mehr Biegungen in einer oder mehreren Ebenen

Ermittlung: Man spannt z. B. ein Forstmaßband entlang des Stammes und misst an der Stelle mit der stärksten Krümmung den Abstand zwischen Maßband und Stamm (= Pfeilhöhe). Der Wurzelanlauf bleibt bei der Messung unberücksichtigt!

Maßeinheit: Zentimeter Pfeilhöhe je Laufmeter (bei Laubholz) oder in Prozent des Mittendurchmessers (bei Nadelholz).

Buchs

Auch Rotholz oder Druckholz genannt. Rotbraun verfärbte Verdichtung der Jahrringe als Reaktion auf Druck. Kommt häufig bei einseitig bekronten Bäumen vor. Buchsiges Holz schwindet stärker in Längsrichtung, hat schlechtere Festigkeitseigenschaften und neigt zum Verdrehen und Verziehen.

Ermittlung: Die maximale Breite der buchsigen Stellen ist in radialer Rich-

Abhängig von der Holzart kann die Verfärbung toleriert werden oder den Holzwert mindern.
© Bernhard Henning/forestbook

tung zu messen und aufzusummieren. Buchsfreie Zwischenräume werden nicht mitgerechnet.
Maßeinheit: Prozent des Durchmessers der Sichtfläche

Verfärbung

Darunter versteht man eine Abweichung von der natürlichen Farbe des gesunden Holzes ohne Festigkeitsverminderung. Die Verwendbarkeit des Holzes ist aus optischen Gründen (auch in Abhängigkeit von der gerade vorherrschenden Modeströmung) eingeschränkt.
Unerwünscht: durch Pilze verursachte Bläue, durch Oxidationserscheinungen verursachte Kernverfärbungen bei Baumarten ohne Farbkern, unnatürliche Kernfarbe.
Beispiele: Buche, Esche, Ahorn.
Erwünscht: natürliche Kernfarbe bei Baumarten mit Farbkernbildung.
Beispiele: Eiche, Kirsche, Nuss, Lärche, Kiefer.

Fäule

Darunter versteht man die Zersetzung des Holzes durch Pilze (Rotstreif und Bräune) und andere Mikroorganismen,

Holzfäule ist einer der schwersten Holzfehler.
© Bernhard Henning/forestbook

die zu einem Erweichen, zunehmendem Verlust an Masse und Festigkeit sowie oft zu einer Änderung von Textur und Farbe führt. Sie entsteht häufig durch Rinden- und Wurzelverletzungen und schränkt die Verwendbarkeit des Holzes besonders im fortgeschrittenen Stadium sehr stark ein.

T-Flecken

Längliche Wundnarbe, die am stehenden Baum entsteht und als T-förmiges Bild am Querschnitt von Rund- und Schnittholz erscheint. Rindeneinwüchse im Buchenholz.

Harzgallen

Harzeinlagerungen liegen zwischen den Jahrringen. Sie erschweren die Bearbeitung der Holzoberfläche, verändern das Erscheinungsbild und schränken die Verwendbarkeit des Holzes vor allem im Innenausbau ein.
Ermittlung: Länge der Sehne, die die Enden der Harzgalle verbindet.
Maßeinheit: Zentimeter

Jahrringbreite

Sie beeinflusst die Festigkeitseigenschaften des Holzes sehr stark.
Ermittlung: Am Zopfende werden auf den äußeren 75 Prozent eines repräsentativen Radius der Sichtfläche die Jahrringe gezählt und durch die Länge dieser 75 % des Radius dividiert.
Maßeinheit: Millimeter

Insektenbefall

Die Bohrgänge der holzbrütenden Insekten führen zu einer technologischen (Holzfestigkeitsverminderung) und optischen (Verfärbung) Entwertung des Holzes. Holzwespen- und bockkäferbefallene Hölzer dürfen nicht für konstruktive Zwecke (Dachstuhl, tragende Elemente) verwendet werden. Der bedeutendste Schädling ist der Nutzholzbohrer (Lineatus). Er befällt geschlägertes Holz. Seine ausnahmslos im Holz angelegten Mutter- und Larvengänge führen zur Entwertung der äußeren Holzschicht und zu Preisabschlägen.
Erkennungszeichen für Befall: weiße Bohrmehlhäufchen auf der Rinde.

Risse

Sie entstehen durch Spannungen im Holz und durch unsachgemäße Fällung. Die Ursachen für Risse können vielfältig sein: sehr starker Frost, große Temperaturunterschiede zwischen Sonnen- und Schattenseite des Baumes, ungleichmäßige Krone, starke mechanische Beanspruchung durch Stürme u. a. Je nach Art, Verlauf und Länge vermindern sie die Schnittholzausbeute und die Verwendbarkeit des Holzes.
Man unterscheidet:
Gerader Riss: Verlauf weicht nicht mehr als fünf Prozent von der Stammachse ab.
Schiefer Riss: mehr als fünf Prozent Abweichung.

Holzrisse entstehen auf verschiedene Arten.
© Bernhard Henning/forestbook

Frostriss: durch Frosteinwirkung am lebenden Baum entstandener Riss.
Haarriss: feine oberflächliche Risse durch Schwindungsspannungen; keine Holzentwertung.
Stirnriss: Risse auf nur einer Stirnseite; eventuell auf Mantelfläche.
Kernriss: von der Kernröhre zum Mantel (radial) verlaufender, tief ins Holz reichender Riss.
Kreuzriss: verläuft teils radial, teils tangential bzw. entlang von Jahrringen.
Spinnerin: eine Vielzahl an Rissen, die von der Kernröhre ausgehen.
Sternriss: zwei oder mehrere Kernrisse

Ringschäle

Die Ringschäle ist ein Riss entlang eines Jahrringes, häufig bei einem plötzlichen Wechsel der Jahrringbreiten; auch Ringriss oder Kernschäle genannt. Sie entsteht durch innere Spannungen und vermindert die Schnittholzausbeute wesentlich.
Ermittlung: Durchmesser der Sichtfläche dividiert durch Durchmesser des Jahrringes, in dem die Ringschäle auftritt.
Maßeinheit: Prozent des Durchmessers der Sichtfläche

Güteklassen

Holz wird nach seiner Verwendbarkeit in Sortimente und Güteklassen eingeteilt. Entscheidend für die Zuordnung sind bei Sägerundholz der Durchmesser sowie Anzahl, Ausmaß und Ausprägung der Holzmerkmale.

Güteklasse A: Rundholz überdurchschnittlicher / ausgezeichneter Qualität; meist astfreie Erdstammstücke; frei von Mängeln oder nur unbedeutende Mängel, die die Verwendung kaum beeinträchtigen.

Güteklasse B: Rundholz mittlerer bis überdurchschnittlicher Qualität ohne Ansprüche auf mängelfreies Holz. Äste sind hinsichtlich ihrer Anzahl soweit zulässig, wie sie für die Holzart als durchschnittlich gelten. Dazu gehören gesunde Stämme, die nicht mehr zur Güteklasse A zu zählen sind.

Güteklasse C: Rundholz mittlerer bis unterdurchschnittlicher Qualität. Gütemerkmale, welche die natürlichen Eigenschaften des Holzes nicht beeinträchtigen, sind zulässig.

Güteklasse CX: Rundholz minderer Qualität, das für den Sägeeinschnitt geeignet ist und Merkmale aufweist, die in der Güteklasse C nicht zulässig sind. Aufgrund des Gesamteindruckes aus grober Astigkeit, grober Abholzigkeit und Unförmigkeit des Stammes ist eine Abstufung des Einzelstückes in CX zulässig, auch wenn die Werte für die genannten Einzelmerkmale eine Einstufung in die Güteklasse C ergeben würden. Eine Abstufung darf ausschließlich durch okulare Ansprache erfolgen.

Unter grober Astigkeit und grober Abholzigkeit versteht man den oberen Grenzwertbereich in der Güteklasse C, und wenn die groben Äste gehäuft auftreten. Bockkäfer und Holzwespen sind vereinzelt zulässig; Lineatus ist zulässig. Weichfäule ist ausgeschlossen. Die einfache Krümmung darf höchstens 32 % betragen.

Braunbloche: Rundholz, dessen Mantelfläche mindestens der Güteklasse B entspricht, das aber auf maximal 75 % der Stirnfläche nagelfeste Braun- oder Weißfäule aufweisen darf. Unbedeutende weichfaule Stellen im Bereich des Wurzelanlaufes werden toleriert.

Ausschuss: Rundholz, das für den Sägeverschnitt nicht geeignet ist. Das Volumen ist zu erfassen. Verwendbar als Schleifholz, Faserholz, Brennholz.

Durchschnittsklassifizierung (A/B, A/C, B/C):
Ist bei Laubholz im beiderseitigen Einvernehmen üblich, wenn zwischen einzelnen Stammteilen größere Qualitätsunterschiede auftreten. Es wird dann z. B. eine Stammhälfte als A-, die andere als C-Qualität verrechnet.

Holzausformung

Durch die Holzausformung wird der Stamm in verkaufsfähige und marktgerechte Bloche geschnitten. Bevor ausgeformt wird, sollte man sich die Ausformung gut überlegen, da ein falsch gesetzter Trennschnitt den Wert eines Bloches stark senken kann.

Die entscheidenden Kriterien für die Ausformung sind:

- Welche Sortimente erwartet der Käufer?
- Wie hoch ist der Preis dafür?
- Welche Sortimente sollen ausgeformt werden, um einen möglichst hohen Preis zu erzielen?

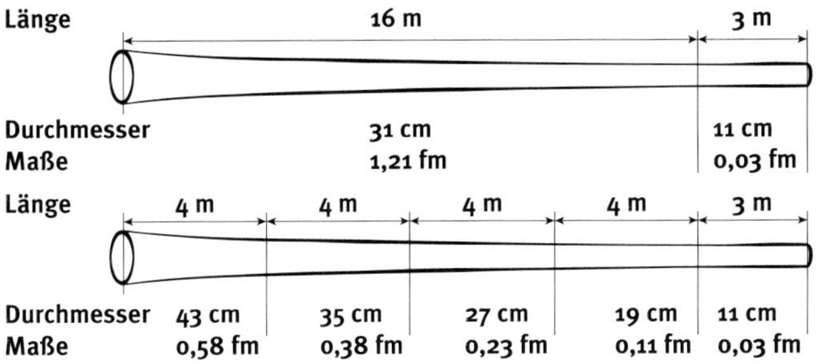

Abholzige Stämme sollen zu Blochen ausgeformt werden!

Messergebnis bei:
Blochausformung: 1,33 fm
Langholz: 1,24 fm

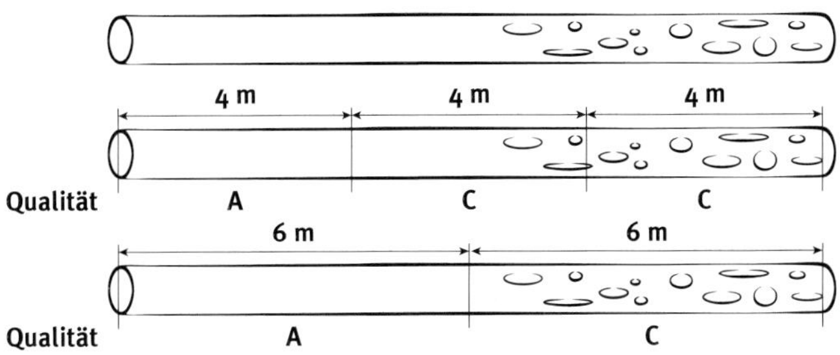

Abschnitte mit möglichst gleichmäßiger Qualität ausformen!

Die Ausformung soll zugunsten der wertvolleren Sortimente erfolgen.

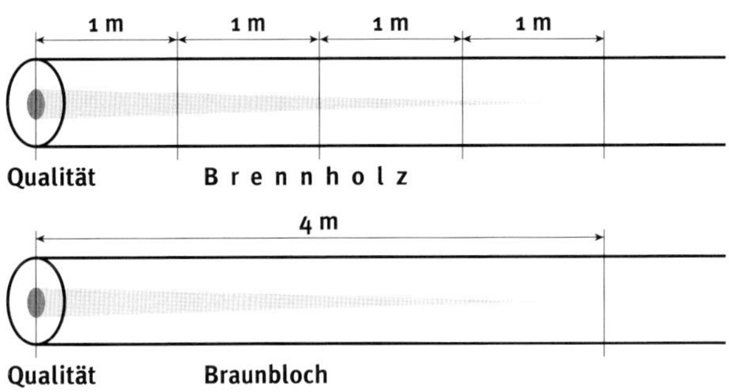

Auch rotfaules, nagelfestes Holz liefert Sägerundholz!

Verwendung: Paletten, Kisten, verlorene Schalungen

Wichtig: Zeigt sich auf einem Bloch auch nur eine kleine braune Stelle, kann er als Braunbloch eingestuft werden.

- Welche Längen mit wie viel Übermaß werden gewünscht?

In der Praxis werden häufig vor allem 4-m-Bloche ausgeformt, dabei wird jedoch sowohl das Potential längerer Bloche als auch von Langholz übersehen. Abnehmer von Langholz sind etwa Zimmereien und Sägewerke, die über eine eigene Ausformungsanlage verfügen. Wird Langholz ausgeformt, so ist auch zu berücksichtigen, ob die Rückung möglich ist, da mit einem 16 m langen Bloch die Bringung schwieriger ist als mit kürzeren Sortimenten.

Vollholzige Stämme sollen generell zu Langholz ausgeformt werden, da somit weniger Arbeit (weniger Trennschnitte sowie weniger Rückearbeit) und auch weniger C-Qualität anfällt.

Abholzige Stämme hingegen sollen zu Blochen ausgeformt werden. Die einzelnen Stammabschnitte sollen mit möglichst gleichmäßiger Qualität ausgeformt werden.

Auch rotfaules Holz kann als Sägerundholz verwendet werden, solange es nagelfest ist.

Krumme Stämme sollen gerade Bloche liefern. Gerade beim Laubholz

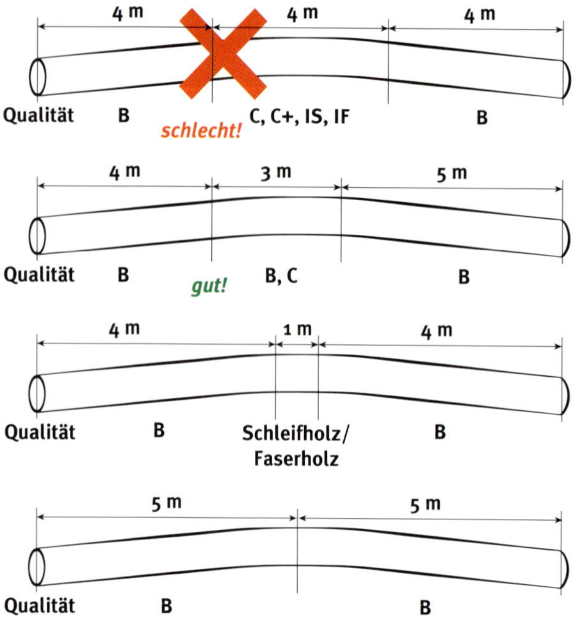

Auch krumme Stämme sollen gerade Bloche liefern!

Ist die Krümmung des Stückes zu stark, kann es auch als Schleifholz (Fichte/Tanne) oder als Faserholz (alle anderen Baumarten) eingestuft werden.

Das Stück mit der Krümmung sollte möglichst kurz ausgeformt werden!

Bei zu starker Krümmung das Stück mit der stärksten Krümmung herausschneiden!

Bei geringer Krümmung den Trennschnitt an der Stelle mit der stärksten Krümmung setzen!

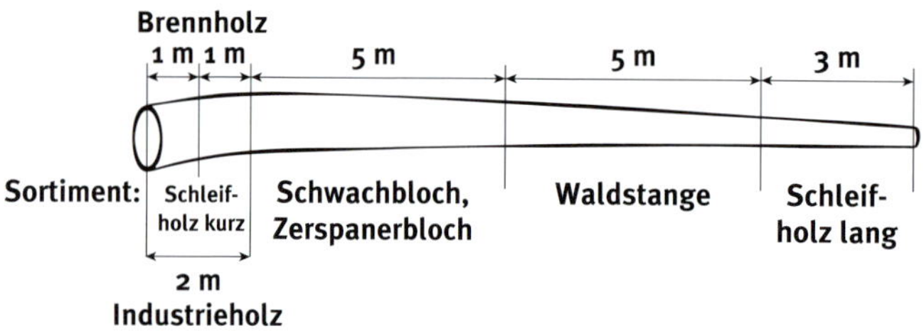

Aus Durchforstungsholz Spezialsortimente ausformen!

Wenn möglich, Langschleifholz erzeugen!

Die Grafik zeigt ein Beispiel für die Ausformung eines am Stammfuß leicht gekrümmten Stammes.

Merke!

Als bäuerlicher Waldbesitzer sollte man die Möglichkeit einer gemeinsamen Vermarktung durch einen Waldbesitzerverband oder eine Waldwirtschaftsgemeinschaft in Betracht ziehen. Die Ausformung ist nur dann erfolgreich, wenn man für die Spezialsortimente auch einen Abnehmer findet. Die meisten Holzverarbeiter sind an einer Abnahme ab einer gewissen Holzmenge interessiert, damit sich Transport und Verwaltung auch lohnen. Vermarktet man sein Holz im Zuge eines Waldverbandes, so steigen die Chancen, dass auch für alle Sortimente Abnehmer gefunden und die besten Preise erzielt werden können.

sind häufig einzelne Stammabschnitte oder der gesamte Stamm gekrümmt. Der Stamm soll so ausgeformt werden, das die stark gekrümmten Teile möglichst kurz und die geraden Stammteile möglichst lang ausgeformt werden können. Ist die Krümmung zu stark, ist das Stück mit der stärksten Krümmung rauszuschneiden.

Asten

Neben dem Durchmesser und der Stammform ist **die Astigkeit das wichtigste Kriterium für die Holzqualität.** Will der Waldbesitzer wertvolles Holz erzielen, dann ist die Ästung ein probates Mittel dafür. Aber damit die Ästung nicht zur Fleißaufgabe wird und auch tatsächlich zu einem Mehrerlös beim Holzverkauf führt, sind einige Details zu beachten. Die Baumarten, der Zeitpunkt der Ästung und die Auswahl der zu ästenden Bäume sind dabei nur einige wichtige Punkte.

Mit laufendem Wachstum wird es dunkler im Bestand und die unteren Kronenschichten bekommen nicht mehr ausreichend Licht für die Photosynthese. Deshalb lässt der Baum Äste, deren Blätter nicht mehr genug Energie erzeugen können, absterben.

Die meisten Laubbaumarten sind so genannte Totastverlierer, da die absterbenden Äste abgeworfen werden. Ausnahmen sind Wildkirsche, Pappel und Birke. Die Nadelhölzer sind Totasterhalter, sie verlieren ihre toten Äste nicht. Jeder, der schon mal durch einen Fichtenstangenholz gewandert ist, wird das bestätigen. Die Ästung findet daher hauptsächlich in Nadelholzbeständen statt.

Die überwiegende Motivation dafür ist eine bessere Wertschöpfung: Ein astfreies Bloch wird als A-Qualität eingeteilt und erzielt damit einen wesentlich höheren Preis.

Die Ästung stellt eine Form der Veredelung dar. Klarerweise kann nicht jeder Baum im Bestand diese Sonderbehandlung erhalten, sondern sie soll nur den besten Bäumen zugutekommen. Bevor also massenweise Äste abgesägt werden, ist eine genaue Auswahl nötig.

Für Bäume, die geästet werden sollen, gelten dieselben Kriterien wie für Z-Bäume. Sie sollen im Bestand vorherrschend sein, eine kräftige, vollständig ausgebildete Krone haben und keine Holzfehler (Drehung, Krümmung) oder Schäden haben. Bestände, die durch Windwurf, Schneebruch oder Rotfäule gefährdet sind, sind von einer Ästung auszuschließen.

Vor der Ästung sollte eine Durchforstung durchgeführt werden. So wird den auserwählten Bäumen mehr Raum für ihr Wachstum gegeben, außerdem kann so vermieden werden, dass ein Baum nach seiner Ästung bei der Holzernte bei der Rückung beschädigt wird und die Ästung nutzlos war. Geästete Bäume sollten markiert werden, damit sie nicht irrtümlich einer zukünftigen Durchforstung zum Opfer fallen. Steht eine Gruppe von Bäumen dicht beieinander, die sehr wüchsig ist, dann kann auch die gesamte Baumgruppe geästet werden. Die Zahl der zu ästenden Bäume sollte sich an der Stammzahl im Endbestand orientieren. **Bei Fichte sind das etwa 200 Bäume pro Hektar, bei Kirsche und Pappel 150 Bäume pro Hektar.**

Um einen lukrativen Holzpreis für einen astfreien Stamm zu erzielen, muss der Stamm auch eine gewisse Dimension haben. Je stärker der Stamm ist, desto wertvoller ist er. Es sollen daher nur Bäume geastet werden, die einen **Zieldurchmesser von mindestens 45 cm** erreichen können. Auf schlechten Standorten lohnt sich die Ästung daher nicht. Damit der Baum aber die gewünschten Dimensionen erreichen kann, ist es notwendig, dass der Waldbesitzer möglichst früh mit der Ästung beginnt. **Ab einem Durchmesser von 10 cm** kann geästet werden, Ästungen über einem Durchmesser von 15 cm sind nicht mehr sinnvoll.

Die Ästung in so jungen Beständen hat auch den Vorteil, dass die zu entfernenden Äste dünn sind und die Ästung wenig Zeit in Anspruch nimmt. Der Arbeitsaufwand liegt pro Baum bei etwa fünf Minuten.

Geästet werden können sowohl grüne Äste als auch tote. Tote, trockene Äste sind bereits komplett vom Baum abgetrennt, es kann also durch die Ästung kein Schaden am Baum mehr entstehen. Gegen die Grünästung spricht, dass der Ast noch Kontakt mit dem Kambium hat. Eine Verletzung kann daher eine Infektion mit Pilzen zur Folge haben.

Die Grünäsung sollte auch nur sehr vorsichtig durchgeführt werden und nur die untersten Kronenbereiche betreffen. Eine zu starke Grünästung führt zu Wachstumsverlusten und ist somit kontraproduktiv.

Trockene, tote Äste, die über keinen Kontakt zum lebenden Baum mehr verfügen, können zu jeder Jahreszeit entfernt werden. Dabei ist allerdings zu beachten, dass sich die Baumrinde während der Saftzeit, die im Spätwinter einsetzt und bis in den Herbst dauert, schon bei kleinen Stößen und Beschädigungen löst.

Im Falle der Grünästung steigt diese Gefahr einer Verwundung noch an, weil die noch lebende Rinde der Äste mit der Rinde des Stammes verbunden ist. Brechen Äste ab, wird auch die Baumrinde aufgerissen. Daher ist der Winter, wenn Saftruhe herrscht, die ideale Zeit für die Ästung.

In Österreich sind Bloche üblicherweise 4 m lang, daher sollte die Ästung auch nur bis auf eine Höhe von 4 m durchgeführt werden. Ästungen in größeren Höhen sind möglich, allerdings bringen diese einen entsprechenden technischen Aufwand mit sich, der sich im Kleinwald kaum lohnt.

Bei der Ästung selbst ist vor allem auf eine saubere Schnittführung zu achten. Der Schnitt soll möglichst nah am Stamm angesetzt werden, die umherliegende Rinde darf dabei nicht verletzt werden. Der Schnitt muss gerade geführt werden und den gesamten Ast entfernen. Ästungen, bei denen Aststummel überbleiben, sollen möglichst vermieden werden.

Als Hilfsmittel für die Ästung kommen sowohl Teleskopstangen wie auch Leitern in Frage. Der Vorteil der Teleskopstangen ist neben ihrem geringeren Gewicht auch der leichte Transport. Eine Leiter durch schwieriges Gelände zu tragen kann sehr mühsam werden. Dafür erlaubt die Leiter eine saubere Schnittführung, da man einen besseren Blick auf den zu entfernenden Ast hat. Der Einsatz der Motorsäge auf einer Leiter ist zu riskant und kann zu lebensbedrohlichen Verletzungen führen! Daher sollten für den Schnitt auf der Leiter nur Handsägen verwendet werden, die sich einhändig führen lassen.

Die gängigsten Handsägen für die Ästung sind:

- Baumsäge mit Spannhebel: eine Handsäge, die mit beiden Händen geführt wird und sich daher nicht für den Leitereinsatz eignet
- Rebsäge: hat 35–40 cm lange Sägeblätter, wird einhändig geführt und kann nicht an Teleskopstangen befestigt werden. Bei der Arbeit mit dieser Baumsäge soll eine Schutzbrille getragen werden
- Dauner Ästungssäge: hat eine Blattlänge von 40 cm, ist für alle Baumarten geeignet und auf Teleskopstangen aufsetzbar. Bei ihrem Einsatz sollte neben der Schutzbrille auch der Schutzhelm getragen werden, um Unfälle durch herunterfallende Äste zu vermeiden

Nicht durchgesetzt haben sich vollmechanische Klettersägen. Diese haben gummibereifte Steigräder und werden von einem 2,5-PS-Motor angetrieben. Sie steigen den Stamm hoch und entfernen dabei alle Äste. Die Resultate waren aber häufig nicht zufriedenstellend.

© Bernhard Henning/forestbook

Bringung

Unter der Bringung versteht man den Transport des geschlägerten Holzes vom Fällort bis zur Forststraße bzw. dem Holzlagerplatz. Die technischen Möglichkeiten der Holzbringung sind vielfältig:

- Bringung durch den Bodenzug mittels Pferd, Seilwinde oder Forstspezialschlepper
- Bringung durch ein Trägerfahrzeug wie Krananhänger oder Forwarder
- Bringung durch Seilkran
- Bringung durch Hubschrauber
- Bringung durch die Schwerkraft (Riesen, Logline)
- Bringung durch Wasserkraft (Flößerei)

In der heutigen forstlichen Praxis sind der Bodenzug sowie der Transport durch ein Transportfahrzeug die am häufigsten angewandten Methoden.

Im bäuerlichen Wald überwiegt der Bodenzug durch die Seilwinde sowie der Transport durch den Krananhänger. Die Bringung durch Seilkräne wird nur dort angewandt, wo steile Hanglagen keine andere Bringungsmethode zulassen oder die Bodenverhältnisse so feucht sind, dass ein Befahren der Waldfläche aus ökologischen Gründen nicht vertretbar ist. Die Flößerei hat in Mitteleuropa keine Bedeutung mehr.

Bevor sich die Mechanisierung in der Forstwirtschaft durchgesetzt hat, wurde auf menschliche und vor allem auf tierische Muskelkraft gesetzt. Mittlerweile überwiegt aber der Einsatz von Maschinen bei der Bringung.

Pferderückung: Nur Nostalgie?

Mit dem Aufkommen der ersten Forstmaschinen und der generellen Motorisierung der Holzernte verschwanden in kurzer Zeit die Pferde aus dem Wald.

Vor allem bei Erstdurchforstungen können Pferde ihre Stärken zeigen. © Bernhard Henning/forestbook

Früher war der Pferdeeinsatz das wichtigste Rückemittel. © Bernhard Henning/forestbook

Tab.: **Unfallursachen bei der Bringung**

Ursache	Wirkung	Abhilfe
Seitliches Umstürzen des Forsttraktors durch Querfahrt im steilen Gelände	Verletzung des Maschinenführers	Nur vertretbare Geländeneigungen befahren, Gleitschutzketten verwenden.
Umstürzen des Forsttraktors durch seitlichen Zuzug	Verletzung des Maschinenführers	Forsttraktor in Zugrichtung aufstellen, tiefer Seilauslauf, Einsatz von Umlenkrollen, Forsttraktor während des Zuzugs beobachten.
Überschlagen nach hinten durch zu hohe Last, speziell bei Bergauffahrt	Verletzung des Maschinenführers	Last tief anhängen, steile Bergauffahrten vermeiden, Frontgewichte anbringen.
Versagen der Bremsanlage	Unkontrolliertes Bergabfahren, Verletzung des Maschinenführers	Bremsen laufend kontrollieren.
Lenkradschlagen	Handverletzung	Lenkrad nur von außen anfassen.
Wegziehen oder Umstürzen des Forsttraktors beim Seilwindeneinsatz	Verletzung des Maschinenführers	Bergstütze absenken, Seilwindenzugkraft dem Forsttraktor anpassen.
Zugseil- oder Kettenriss	Verletzung des Maschinenführers	Schutzgitter hinter dem Fahrersitz, beschädigte Seile reparieren oder austauschen, Lasten dem Zugvermögen anpassen.
Bewegung der Last	Verletzung von Hilfskräften	Sicherheitsabstand einhalten, Seilverlauf beobachten und für hindernisfreie Seiltrasse sorgen.
Seileinlauf bei Seilwinde	Handverletzung	Laufendes Seil nie berühren.
Einzeldrahtbrüche	Handverletzung	Handschuhe verwenden.
Arbeit mit Umlenkrollen, Bruch der Rolle	Verletzung der Hilfskräfte oder des Maschinenführers	Niemals im Seilwinkel aufhalten, Rollen zur doppelten Belastung dimensionieren.
Ausschwenken der Last bei Kurvenfahrten	Verletzung des Maschinenführers	Langsam in Kurven ein- und ausfahren.
Abrollende Hölzer beim Seilzug	Verletzung des Maschinenführers	Genügend Abstand halten, Fernbedienung benutzen.
Festsitzende Last beim Seilzug	Verletzung des Maschinenführers durch schnellende Lastbewegung	Hindernisfreie Seiltrasse benutzen, festsitzende Lasten nur bei entspanntem Seil lösen.

War das Pferd über Jahrhunderte hinweg die einzige pflegliche Möglichkeit, Holz aus dem Wald zu transportieren, übernahmen fortan Forsttraktoren, Schlepper und Forwarder diese Aufgabe. Als die Idee der naturnahen Waldbewirtschaftung sich verbreitete, erinnerte man sich wieder an die Pferderückung.

Im Vergleich zu einem 15-Tonnen-Forwarder, der laut ist und Abgase verbreitet, wirkt der Einsatz eines Pferdes, das einen Stamm im gemächlichen Schritt hinter sich herzieht, geradezu romantisch. Aber ist die Pferderückung auch wirtschaftlich und unter welchen Umständen ist es sinnvoll, im Wald ein Pferd einzusetzen?

Pferderücker beklagen ihren schlechten Ruf innerhalb der Forstwirtschaft. Die meisten Förster würden die Pferderückung als veraltete Methode betrachten, die in der modernen Waldwirtschaft keinen Platz mehr hat. Ganz unbegründet ist das nicht. Vergleicht man die Leistungsdaten eines Pferdes mit denen einer modernen Forstmaschine, so ist die Maschine dem Pferd klar überlegen und als wesentlich leistungsstärker einzustufen.

Manch ein Förster schreckt auch vor dem Umstand zurück, dass man bei der Pferderückung mit einem lebendigen Wesen zu tun hat, das gefüttert und gepflegt werden muss. Diesem Argument ist allerdings entgegenzuhalten, dass auch eine Forstmaschine nicht ohne Treibstoff läuft und ein nicht geringer Teil der Arbeitszeit von Maschinenführern der Wartung und Pflege der Maschine gilt.

In Deutschland ist der Einsatz von Pferden für den Holztransport verbreiteter als in Österreich, allerdings kommen die meisten Kunden der deutschen Pferderücker aus dem Bereich des Naturschutzes und nur wenige aus der Forstwirtschaft.

Ein Grund, warum bei den Anhängern der naturnahen Waldwirtschaft das Pferd so hoch angesehen ist, liegt in den Nachteilen, die der Einsatz von schweren Forstmaschinen mit sich bringt. Die Bodenverdichtung ist dabei das größte Problem. Dies hängt mit der Herkunft der meisten Forstmaschinenhersteller – Skandinavien und Nordamerika – zusammen. In Skandinavien ist die Bodenverdichtung kaum ein Thema, da überwiegend im Winter bei gefrorenem Boden geerntet wird. In Kanada und den USA wiederum ist aufgrund der Größe der verfügbaren Waldfläche eine pflegliche Bewirtschaftung der Wälder eher zweitrangig.

Natürlich hat sich die Forsttechnik weiterentwickelt und es wurden bodenschonende Antriebe, wie Raupenfahrwerke oder Boogiebänder, entworfen, die weniger Bodendruck ausüben. Aber auch andere Probleme ergeben sich durch den Einsatz von Forstmaschinen, wie etwa die Verbreitung von Hydrauliköl im Bestand oder die Beunruhigung des Wildes.

Will man nun die oben genannten Nachteile des Maschineneinsatzes vermeiden, stellt sich die Pferderückung als Alternative dar. Anwendungsgebiete sind etwa:

- Nasse Böden, auf denen ein Maschineneinsatz schwere Folgeschäden verursachen würde
- Steillagen mit Felsblöcken, die für Maschinen unpassierbar sind
- Erstdurchforstungen mit schmalen Rückegassen, wo eine hohe Wendigkeit notwendig ist
- In Wertholzbeständen, wo Rückeschaden am wertvollen Erdbloch wirtschaftlich schwerwiegend sind

- In Naturschutzgebieten, wo Lärm und Abgasbelastung vermieden werden sollen

Die Vorteile der Pferderückung liegen in der Bestandes- und Bodenpfleglichkeit und der nicht vorhandenen Umweltbelastung. Die höhere Wendigkeit der Pferde, die geringere Zugkraft sowie die bessere Übersicht des Rückers im Vergleich zum Maschinenführer führen dazu, das bedeutend weniger Schäden am verbleibenden Bestand durch die Rückung entstehen.

Nicht jede Pferderasse ist für die Holzrückung geeignet. Auch ist die Holzrückung nichts für Amateure. Pferd und Rücker müssen aufeinander eingespielt sein, zudem muss das richtige Arbeitsgerät verwendet werden.

Den Idealtyp für die Rückearbeit im Wald stellt das **mittelschwere Kaltblut** dar, das über genügend Wendigkeit und ausreichend Zugkraft verfügt. Geeignete Pferderassen sind mit der Waldarbeit nicht überfordert. Voraussetzung dafür ist die korrekte Einarbeitung und angemessene Einsatzbedingungen. Das Zugtier bedankt sich für die richtige Haltung mit Arbeitswillen und Leistungsvermögen. Auch für den Rücker ist die Arbeit anstrengend: **Kraft, Geschicklichkeit, Ausdauer und hohe Konzentration sind gefordert.** Entscheidend beim Pferdezug ist das Gewicht der Last und die Bodenreibung und nicht etwa die Länge und der Durchmesser der Last. Beim einspännigen Zug sollte das Pferd auf Dauer nicht mehr als maximal 20 % seines eigenen Körpergewichts ziehen. Dies entspricht einem Stammvolumen von etwa 0,3 fm. Kurzfristig können auch höhere Lasten gezogen werden.

Kühle Temperaturen werden von Pferden bevorzugt, im Sommer ist die Leistungsgrenze schneller erreicht. Bei Hangneigungen von maximal 50 % ist die Grenze der Geländegängigkeit erreicht. Je länger die Rückeentfernung, desto unrentabler wird der Pferdeeinsatz. Ideale Rückelängen liegen unter 50 m. Die Zuggeschwindigkeit von Pferden liegt bei 3,5 km/h und damit unter der von Forstmaschinen.

Das ideale Einsatzgebiet von Pferden sind Erstdurchforstungen. Die geringen Baumdimensionen, die hohe Wendigkeit der Pferde und die bestandesschonende Rückung sind die Gründe, warum die Pferderückung hier wirtschaftlicher ist als der Einsatz von Forstmaschinen. Dabei müssen Pferd und

Infos zum Pferdeeinsatz

- In Österreich gibt es genügend Pferde, die für die Holzrückung geeignet wären. Allerdings sind nur wenige dafür ausgebildet.
- Am besten ist es, wenn man mit dem Pferd direkt in den Wald kommen kann ohne Zugfahrzeug. Ein längerer Weg zum Einsatzort macht nur Sinn, wenn der Einsatz mehrere Wochen dauert, also eine entsprechende Auftragsmenge vorhanden ist.
- Mit einer guten Rückeplanung sind die Pferde sehr wohl konkurrenzfähig. Bis 50 m Vorrückung sind sie kostengünstiger, danach wird es teurer.
- Bei bestem Gelände kann man sehr wohl bis zu einem Festmeter Weichholz als Dauerleistung für acht Stunden ansetzen. Für trainierte gesunde Pferde sind in der Praxis Tagesleistungen pro Pferd von 6–20 fm anzunehmen, je nach Gelände, Entfernung und Holzstärken. Ein erfahrener Fuhrmann kann über den Atem der Pferde die Belastung steuern. Dabei sieht er, wann das Pferd Pause braucht.
- Grundsätzlich sind fast alle schwereren Pferderassen geeignet. Am wichtigsten ist, dass sie auf Kommando stehen bleiben können. Viel Körpergewicht ist von Vorteil. In Österreich ist der Noriker das ideale Pferd. Warmblutpferde oder Araber sind nicht für diese Arbeit geeignet.

Bei zu steilem Gelände ist das Pferd nicht als Rückemittel verwendbar. © Bernhard Henning/forestbook

In Südostasien wird der Indische Elefant für den Holztransport eingesetzt. © Bernhard Henning/forestbook

Andere Länder, andere Zugtiere

Pferde sind nicht die einzigen Tiere, die Holz transportieren. Vor allem außerhalb von Mitteleuropa wird eine Reihe anderer Tierarten dafür eingesetzt.

Esel: In Spanien, Griechenland und Zentralasien kommen Esel zum Einsatz, da diese gegenüber Hitze widerstandsfähiger sind als Pferde.

Ochsen: Rinder waren auch in Europa lange als Zugtiere gebräuchlich. Sie sind zwar nicht ganz so kräftig wie Pferde, scheuen aber nicht und sind ruhiger. Heute werden sie noch in Ostasien verwendet.

Kamele: In den Wüstengebieten Afrikas sind Kamele die einzigen Tragtiere, die in der großen Hitze arbeitsfähig sind.

Lamas: Im Hochgebirge der Anden, wo die dünne Luft und die Hangneigungen den Pferdeeinsatz unmöglich machen, transportieren Lamas Brennholz.

Rentiere: Die Ureinwohner Skandinaviens, die Samen, spannen Rentiere vor ihre Schlitten, um Kurzholz zu ziehen.

Elefanten: In Südostasien werden Elefanten auch für den Holztransport verwendet.

Maschine aber nicht miteinander konkurrieren, sondern die Verknüpfung der Vorteile beider Arbeitssysteme führt zum Erfolg. Das Pferd rückt das Holz bis zur Rückegasse vor, um dann an Forstschlepper oder Krananhänger zu übergeben.

Rückung mit Forsttraktor und Seilwinde

Wesentlich für eine effiziente Bringung ist die Schlagordnung. Durch die Schlagordnung (Richtung, in welche die Bäume gefällt werden sollen) soll die Rückung sicher, leichter und kostengünstiger durchgeführt werden können. Ebenso sollen die Schäden am verbleibenden Bestand vermieden werden.

Bei der Auswahl der Schlagordnung sind die Geländeneigung, die Art der Feinerschließung, das Arbeitsverfahren, die Stärke der Entnahme sowie das Bestandesalter entscheidend.

Im flachen Gelände unterscheidet man zwischen

- Sortimentsverfahren, hierbei werden nur die Sortimente gerückt

Ganzbaumverfahren bei der Rückung mit der Seilwinde © Sozialversicherungsanstalt der Bauern

© Bernhard Henning/forestbook

Die Holzrückung mit nicht geeigneten Traktoren kann zu schweren Unfällen führen.

- Stammverfahren, der Stamm ohne Krone wird gerückt
- Baumverfahren, der gesamte Baum, das heißt mitsamt der Krone, wird gerückt

Durch die Vorrückung werden mittels Sappel (Werkzeug zum händischen Ziehen von Stämmen) die Sortimente für die Rückung vorbereitet. Sie sind dabei auf Unterlagen so zu lagern, dass Würgeschlingen oder Ketten mühelos durchgezogen werden können. Diese Bündel werden neben der Rückegasse fischgrätenartig gelagert, das Trägerfahrzeug muss dabei rückwärtig in die Rückegasse einfahren.

Sind einzelne Sortimente zu massiv, um mit dem Sappel vorgerückt zu werden, so sind sie per Seilzug vorzurücken. Die Vorrückung gibt auch die Möglichkeit, die Arbeitsbelastung zu verändern und die Arbeit abwechslungsreich zu gestalten.

Das Holz soll so gelagert werden, dass das starke Ende in Abfuhrrichtung liegt. Pro Bündel sollte nur ein Sortiment enthalten sein, um die Arbeit bei der Holzlagerung zu erleichtern. Die Bündelgröße soll sowohl der Schlingengröße als auch der Breite der Rückegasse und nicht zuletzt der Zugkraft der Seilwinde angepasst sein.

Die Sortimente werden von der Seilwinde in die Rückegasse gezogen, bis sie am Rückeschild der Seilwinde angekommen sind. Danach werden sie vom Forsttraktor über die Rückegasse zur Forststraße bzw. zum nächstgelegenen Holzlagerplatz transportiert. Begünstigt wird die Rückearbeit durch trockenes Wetter sowie Frost, da hier die Bodenverhältnisse für den Holztransport günstiger sind. Bei feuchter Witterung und vernässten Böden darf die Rückung nicht durchgeführt werden, da es zu irreparablen Schäden des Waldbodens kommen kann. Um den Bodendruck zu verkleinern, kann die Rückegasse mit Reisig ausgelegt werden.

Beim Seilzug ist Folgendes zu beachten:

- Der Arbeitsfortschritt sollte entgegen der Rückerichtung erfolgen, das bedeutet, die ersten Sortimente, die gerückt werden, liegen am weitesten entfernt.
- Die Fuhren sollen aus gleichen Sortimenten gebildet werden.
- Der Seilzug soll möglichst geradlinig erfolgen, um Schäden am Bestand zu vermeiden.
- Sind Kette oder Seilschlinge zu lang, kann die Last doppelt umschlungen werden, dadurch wird das Ausschlüpfen von Einzelhölzern verhindert.

ei der Rückung ist auf den verbleibenden Bestand u achten. © Sozialversicherungsanstalt der Bauern

orstspezialschlepper kommen in Österreich für die Rückng nur selten zum Einsatz. © Bernhard Henning/forestbook

- Die Last soll zuerst von der Kette gewürgt und danach erst gezogen werden.
- Anschlagmittel sind bei der Rückung zu verwenden, keinesfalls darf das Zugseil als Würgeseil verwendet werden.
- Beim Bergabseilen darf die Maschine nicht in der Falllinie unter der Last positioniert sein.
- Schrägfahrten unter Last sind mit dem Traktor zu vermeiden.
- Bei Arbeiten mit Umlenkrollen müssen die Bäume und Stöcke, an denen Umlenkrollen befestigt werden, entsprechend gesund sein.
  Neben einem Durchmesser von über 50 cm sollten die Bäume auch über eine gesunde, vitale Krone verfügen.

Checkliste für den Maschineneinsatz

Forsttraktor:
- Überprüfung der Dichtheit durch Blick unter die Maschine und Suche nach Öl- und Treibstoffflecken
- Kontrollieren, ob ausreichend Betriebsstoffe vorhanden sind (Wasser, Motoröl, Hydrauliköl, Treibstoff, Reifendruck)
- Funktion von Hupe, Beleuchtung und Scheinwerfer überprüfen
- Kontrolle der Schutzeinrichtungen

Seilwinde:
- Windenabstützung kontrollieren
- Zugseil, Anhängeschlingen- und -ketten überprüfen
- Auf sonstige Störungen, wie lockere Schrauben, achten

Vollständigkeit des Zubehörs überprüfen: Motorsäge samt Treibstoffkanister, Maßband, Umlenkrollen, Schlingen, Werkzeugkiste, Seilschere, Funkgerät, Absperrschilder, Gleitschutzketten, Schaufel

Kontrolle bei laufender Maschine
- Öldruck
- Motortemperaturanzeige
- Ladekontrolle
- Bremsanlage
- Funktion aller Kontrollen und Bedienungselemente
- Lenkhilfbremse

Zubehör für die Seilwindenrückung

Würgeketten zeigen eine geringe Abnutzung beim Bodenzug und sind daher lange einsetzbar. Es kann zu keinem Drahtbruch kommen. Die Ketten können einfach repariert werden. Im Falle der Lockerung der

Der Gefahrenbereich bei der Rückung mit der Seilwinde

Innerhalb des markierten Bereichs darf sich während der Seilrückung niemand befinden.

Bei der Arbeit im Steilgelände ist besonders auf die Sicherheit zu achten. Man muss die Sicherheitsabstände einhalten und sicherstellen, dass Seilwinde und Traktor genug Leistung haben.

Kette kann sich die Würgekette nicht selbstständig aushängen. Als Nachteile sind das hohe Gewicht und der vergleichsweise geringe Würgeeffekt zu nennen.

Würgeseile haben als Einhängevorrichtung meist Endnippeln. Sie sind leichter als Würgeketten, lassen sich an Lasten leichter befestigen und der Würgeeffekt ist dadurch ebenfalls besser. Dafür ist der Verschleiß wesentlich größer, wodurch auch die Verletzungsgefahr durch abstehende, verrostete Drähte ansteigt. Sollte sich die Seilschlinge lösen, kann es zu einem selbstständigen Aushängen der Last kommen.

Umlenkrollen sollen einen möglichst sicheren und bestandsschonenden Zuzug ermöglichen.

Krananhänger

Krananhänger sind für die Rückung von Holzsortimenten unterschiedlicher Dimension ab der Rückegasse einsetzbar. Je nach Transportdistanz wird das Holz dabei bis zum Lagerplatz oder bis ins Sägewerk transportiert.

Der wesentliche Vorteil gegenüber der konventionellen Traktorrückung im

© Sozialversicherungsanstalt der Bauern

Die Bedienungselemente müssen laufend gewartet werden, um ihre Einsatzfähigkeit zu gewährleisten.

Bodenzug liegt darin, dass Boden, Bestand und Holz geschont werden.

Krananhänger verfügen auch über eine gute Geländegängigkeit. Mit angetriebenen Hängern können Hangneigungen bis zu 35 % befahren werden. Ohne Antrieb begrenzen die Eigenschaften des Zugfahrzeuges die Einsatzmöglichkeiten, als Richtwert werden 20 % Geländeneigung genannt. Ein weiterer wesentlicher Vorteil ist, dass im Gegensatz zum Rücken über Boden mit Traktor und Winde das Holz beim Transport mit dem Krananhänger sauber und unbeschädigt bleibt. Der Einsatz eines Kranhängers erlaubt auch die exakte Sortierung und bessere Ablage des Holzes. Der optimale Einsatz verlangt aber einen geschulten und geübten Maschinenführer.

Vorteile gegenüber dem Bodenzug:

- Schneller Transport des Holzes von der Rückegasse zum Lagerplatz
- Kleinmengen können auf einen zentralen Lagerplatz konzentriert werden
- Keine Beschädigung von Rückegasse und Forststraße durch Holz, das auf dem Boden schleift
- Platzsparende Lagerung, getrennt nach Sortimenten
- Holztransport bei Kurzstrecken bis ins Sägewerk möglich
- Tägliche Manipulation von Brennholzsortimenten

Durch den Krananhänger fällt der Aufbau des Holzpolters leichter. © Sozialversicherungsanstalt der Bauern

Die Last soll erst möglichst nahe am Krananhänger angehoben werden, um die Maschine zu schonen.

© Sozialversicherungsanstalt der Bauern

© Sozialversicherungsanstalt der Bauern

Die Beladung des Krananhängers muss sorgfältig durchgeführt werden und die einzelnen Bloche müssen so gelagert werden, das ein Verrutschen während der Fahrt verhindert wird. Übergroße Bloche müssen notfalls extra gerückt werden.

© Sozialversicherungsanstalt der Bauern

Auf Leitungen und ähnliche Hindernisse ist bei der Arbeit mit dem Krananhänger zu achten.

- Möglichkeit, mittels Drallkegel oder Spaltzange Energieholz zu spalten und an einem geeigneten Ort für die Trocknung zu lagern

Beim idealen Einsatz des Krananhängers wird das Holz per Sappel vorgerückt, **in Bündeln an der Rückegasse abgelegt** und schließlich vom Krananhänger aufgenommen und abtransportiert.

In manchen Fällen kann es aber notwendig sein, dass der Krananhänger mit der Seilwinde kombiniert werden muss. So ist es bei Starkholz, vor allem im Laubholz, möglich, dass einzelne Bloche zu schwer sind, um sie mit der Hand vorzurücken. Dann ist der kombinierte Einsatz von einer Seilwinde, die die einzelnen Sortimente zur Rückegasse vorrückt, und dem Krananhänger, der die weitere Rückung durchführt, empfehlenswert.

Der Krananhänger ist aber nicht zum Vorrücken gedacht: Mit dem Kran soll das Holz in den Rungenkorb abgelegt werden, aber nicht zur Rückegasse vorgerückt werden!

Sicherheitsvorschriften für das Arbeiten mit Krananhängern

- Schnelle Bewegungen mit dem Ausleger sind zu vermeiden. Wenn der Kranarm ausgefahren wird, ist darauf zu achten, dass keine Hindernisse vorhanden sind.
- Die vorgeschriebenen Mindestabstände sind einzuhalten!
- Der Ausleger darf unter keinen Umständen in angehobener Position verbleiben, wenn er nicht überwacht wird.
- Das Überschreiten der maximalen Belastung ist verboten. Bei Höchstlasten ist besonders konzentriert zu arbeiten.
- Im geneigten Gelände ändern sich die Maximallasten, daher dürfen hier die Höchstlasten nicht ausgeschöpft werden.
- Falls der Ausleger sich wegen Überlast zu senken beginnt, soll die Last mit dem Knickarm näher zur Kransäule bewegt werden, auf keinen Fall dürfen die Zangen geöffnet werden.

Durch das Ausfahren der seitlichen Stütze wird die Standfestigkeit des Krananhängers verbessert.

Hydraulikschläuche sind laufend zu kontrollieren.

- Wenn die gesamte Maschine zu kippen droht, ist die Last abzusenken. Keinesfalls die Zangen öffnen oder von der Maschine springen.
- Vor dem Laden das Teleskop benutzen, um die Last heranzuziehen, die Last wird erst in unmittelbarer Nähe des Krananhängers angehoben.

Krananhänger dürfen nur bis zum oberen Rand des Schutzgitters beladen werden, da sonst die Gefahr besteht, dass Stämme rutschen und den Maschinenführer schwer verletzen. Außerdem sind aufgrund der Einsatzbedingungen und des Transportgewichts Krananhänger mit einer Fremdbremsanlage auszustatten. Wird der Krananhänger auf öffentlichen Straßen verwendet, muss er den kraftfahrerrechtlichen Bestimmungen entsprechen.

Bei niedrigen Temperaturen erhöhen sich der Verschleiß von Dichtungen sowie die Gefahr von Schlauch- und Metallbrüchen. Bei solcher Witterung darf die Hubkraft des Krans nicht bis zum Maximum ausgeschöpft werden. Bei hohen Temperaturen sollte auf die Temperatur des Hydrauliköls geachtet werden. Ist diese zu hoch, leidet die Ölqualität und es kann zu Schädigungen der Dichtungen kommen.

Vor der Inbetriebnahme ist der Ladekran vom Maschinenführer ausführlich zu kontrollieren. Dabei soll besonders auf Lecks, Brüche und andere Defekte geachtet werden. Alle Funktionen sind zu überprüfen, so soll auch der Kran in alle Richtungen ausgefahren werden. Allfällige Mängel sind zu beheben, wie etwa der Austausch von leckem Hydrauliköl. Erst nach Behebung solcher Mängel darf der Krananhänger eingesetzt werden.

Rückung mittels Logline © Bernhard Henning/forestbook

Logline

Die **Riese**, die in Bayern **Loite** und in der Schweiz **Laaß** genannt wird, **ist eine Rinne,** die aus verschiedenen Materialien wie Holz, Stahlblech oder Kunststoff gefertigt werden kann.

Die Logline ist eine Kunstoffriese. Sie funktioniert wie eine Kinderrutsche: In die Riese werden die Holzstämme gelegt und hangabwärts Richtung Forststraße transportiert. Mit einer **Obergrenze von 35 cm Durchmesser** ist sie für Durchforstungen konzipiert. Damit der Holztransport auch wirklich flutscht, ist ein **Mindestgefälle von 15 %** notwendig. Die Halbschalen bestehen aus Polyäthylen und sind daher leicht. Eine Halbschale wiegt 20 kg. Ein wesentlicher Vorteil der Logline ist die schonende Rückung. Da sich die Stämme in den Halbschalen nach unten bewegen, werden weder Boden noch der verbleibende Bestand beschädigt. Gerade in jungen Beständen ist eine schonende Rückung von großer Bedeutung.

Bei den historischen Vorgängern der Logline war weniger der schonende Holztransport wichtig, als der geregelte Bergabtransport des Holzes. In der alpinen Waldwirtschaft spielten Riesen jahrhundertelang eine wichtige Rolle. Zu Zeiten, in denen ganze Waldgebiete noch gänzlich unerschlossen waren, war der Transport über Flüsse die einzige Möglichkeit, das geschlägerte Holz aus dem Wald zu bringen. Dazu mussten die Bloche aber erstmal in den Fluss gebracht werden. Das geschah ebenfalls über Riesen, die damals aus Holz gefertigt waren. Diese Arbeit brauchte nicht nur gehörig Muskelschmalz. Es wurden auch große Mengen an Holz für den Bau der Holzriesen benötigt. Daher zahlte sich der Einsatz von Holzriesen nur bei Schlägerungen aus, bei denen auch dementsprechend viel Holz anfiel.
Bei der damals gängigen Praxis der Waldbewirtschaftung stellte das aber kein Problem dar: Ganze Hänge wurden kahlgeschlagen. Mit dem Einzug der geregelten Forstwirtschaft wurden die Kahlschläge aber kleiner und die Holzriesen verloren gleichzeitig an Bedeutung.

Auch die Kunststoffriese kommt heute nur noch selten zum Einsatz. Unter vielen Forstleuten hat die Riese den Ruf, zu arbeitsaufwändig und zu gefährlich zu sein. Beim Liefern muss aufmerksam gearbeitet werden. Erst nachdem ein Stamm am Ende der Riese entfernt worden ist, darf der nächste abtransportiert werden. Auch darf während des Holz-

Der Einsatz von Seilkränen erfordert geschultes Personal. © Bernhard Henning/forestbook

transports niemand die Riese queren oder gar begehen. Ist der Hang zu steil, dann können Stämme rausgeschleudert werden. Deshalb sind Bremsvorrichtungen einzubauen.

Seilkran

Im Gegensatz zu den anderen hier vorgestellten Rückesystemen ist der Einsatz eines Seilkrans wesentlich aufwändiger, was Planung und Personal betrifft. Neben einer ausführlichen Planung ist es beim Seilkraneinsatz auch notwendig, im Aufbau und Betrieb des Seilgeräts geschult zu sein und über ausreichend Erfahrung im Umgang mit dem Rückegerät zu verfügen. Für die meisten Landwirte und Kleinwaldbesitzer kommt daher ein Seilkraneinsatz in Eigenregie kaum in Frage. Die detaillierte Beschreibung des Seilkraneinsatzes würde den Rahmen dieses Buches sprengen, deshalb wird hier nur auf entsprechende Kurse der forstlichen Ausbildungsstätten verwiesen.

Die Rückung mit dem Seilkran ist bodenschonend, sie benötigt aber im Vergleich zu den anderen Rückemitteln mehr Planung. © Bernhard Henning/forestbook

© Bernhard Henning/forestbook

Lagerung

Die Holzernte ist beendet und mit Stolz blickt der Waldbesitzer auf die gefällten Stämme. Aber ganz ist die Arbeit noch nicht abgeschlossen: Auch der Holzlagerung muss man noch Aufmerksamkeit schenken. **Durch die korrekte Holzlagerung sorgt der Waldbesitzer für Arbeitssicherheit, einen effizienten Abtransport und vermeidet eine Entwertung des Holzes.**

Mit dem richtigen Verfahren kann der Wert des Holzes erhalten und ein besserer Holzpreis erzielt werden. Vor allem bei außerplanmäßigen Nutzungen, die durch Schadereignisse notwendig werden, ist die Polterung (Aufschichtung von Stämmen am Holzlagerplatz) wichtig denn Windwürfe und andere Kalamitäten zwingen den Waldbesitzer, erhebliche Mengen Holz sofort zu ernten, deren Absatz unsicher sein kann.

Deshalb gilt es, die Zeit bis zum Verkauf so zu überbrücken, dass die Holzqualität nicht darunter leidet. Das betrifft besonders die Farbe und die Festigkeit des Holzes. Im Kalamitätsfall soll das Holzlager auch dazu dienen, einerseits den lokalen Holzmarkt zu entlasten und andererseits dem Waldbesitzer die Möglichkeit zu geben, einen möglichen Preisverfall am Holzmarkt abzuwarten und erst dann das Holz zu verkaufen, wenn die Preise wieder ein attraktives Niveau erreicht haben.

Mit der Aufarbeitung des Holzes beginnt dessen Alterungsprozess. Dieser besteht zunächst im Feuchtigkeitsverlust des Holzes. Mit sinkender Holzfeuchte wird das Holz anfällig für Schädlinge, wie Insekten und verschiedene Pilze. Diese verursachen zunächst Verfärbungen, später auch mechanische Schäden am Holz. Im schlimmsten Fall können – bei unsachgemäßer Lagerung über längere Zeiträume – Insekten und Pilze das Holz so schwer schädigen, das es zu einer vollständigen Entwertung kommt.

© Bernhard Henning/forestbook

Ein korrekt angelegter Holzlagerplatz erleichtert den Abtransport des Holzes durch den LKW.

© Bernhard Henning/forestbook

Beispiel für einen schlampig angelegten Holzpolter. Die Sicherheit ist in diesem Fall nicht gegeben.

Mit oder ohne Rinde?

Poltern in Rinde ist weitverbreitet und günstig: Für kurze Zeit kann so das Holz aller Baumarten gelagert werden. Die hohe Holzfeuchte soll möglichst erhalten bleiben, was durch die richtige Polterung gelingt. Für wintergeschlagenes Nadel- und Buchenholz ist eine Lagerung in Rinde nur über eine Vegetationsperiode sinnvoll. Über diesen Zeitraum hinaus führen Insekten- und Pilzbefall zu hohen Qualitätsverlusten. In Rinde gelagertes Holz sollte im Sommer in jedem Fall zügig abgefahren werden. Wenn mit einer längeren Lagerdauer zu rechnen ist, empfiehlt es sich, das Holz entweder zu entrinden oder ins Nasslager zu bringen.

Beim Poltern in Rinde ist zu beachten:

- schattige und windgeschützte Lagen als Lagerplatz nutzen
- einseitig bündig, um den Abtransport zu erleichtern
- auf Unterlagen poltern, z. B. auf zwei querliegenden Stämmen, um Verschmutzungen zu vermeiden
- nicht auf der Fahrbahn, im Graben oder im Bestand poltern
- keine stehenden Bäume als Stützen verwenden
- gegen Abrollen sichern, max. 4 m hoch
- Stämme höchsten 7 m von der Wegmitte entfernt lagern

Beim Poltern ohne Rinde muss das Holz nach der Entrindung rasch trocknen. Durch luftige Lagerung wird den Stämmen so viel Wasser entzogen, dass

Forwarder und Krananhänger erleichtern den Aufbau von Holzpoltern. © Bernhard Henning/forestbook

holzzerstörende Pilze keine geeigneten Lebensbedingungen mehr vorfinden.

Aber Vorsicht: Wird das Holz zu rasch und zu stark getrocknet, kann es zu einer Rissbildung kommen. Poltern ohne Rinde ist nur für Nadelholz geeignet. Zwischen Aufarbeitung, Entrindung und Polterung darf nur kurze Zeit verstreichen, damit der Trocknungsprozess rasch einsetzen kann. Poltern ohne Rinde ist nur bei gesunden und starken Stämmen wirtschaftlich sinnvoll.

Auch ist vor der Entrindung mit dem Holzabnehmer zu sprechen: Für viele holzverarbeitende Betriebe ist die Rinde heutzutage ein wertvoller Rohstoff, der unter anderem für die Holztrocknung verheizt wird.

Die Bedeutung des Polterns ohne Rinde ist in den letzten Jahren stark zurückgegangen, da kaum noch mobile Entrindungsmaschinen verfügbar sind. Allerdings entwickeln einige Harvesterhersteller derzeit Harvesterköpfe, die auch in der Lage sind, zu entrinden.

Damit das Holz gut trocknen kann, wird es lagenweise gepoltert. Dabei werden die Stämme so übereinander gelagert, **dass jede Lage quer zur unteren liegt.** Haufenpolter sind bei längerer Lagerdauer wegen schlechter Durchlüftung nicht zu empfehlen. Diese eignen sich nur an wind- und sonnenexponierten Orten, da Lagenpolter hier eventuell zu rasch austrocknen und sich verstärkt Risse bilden. Erfahrungen aus der Praxis zeigen, dass entrindetes Fichtenstammholz aus Winterfällung nach mehrmonatiger Lagerung an der Waldstraße im Wesentlichen trocken ist. Rotstreifigkeit, Bläue und andere Verfärbungen zeigen sich, wenn überhaupt, nur bis in geringe Tiefen.

Kran oder Polterschild?

Das Rundholz kann sowohl per Kran (Krananhänger oder aufgebaut am Forsttraktor) als auch mit dem Polterschild der Seilwinde gepoltert werden. Auch wenn mittels Kran die Polterung leichter fällt, können auch mit dem

© Bernhard Henning/forestbook

Stöcke können als Aufbauhilfe für Holzpolter dienen, Bäume aus Sicherheitsgründen aber nicht.

Polterschild gute Holzpolter aufgebaut werden, die mehrere Stammlagen umfassen. Die zu lagernde Holzmenge sowie die Ausstattung des einzelnen landwirtschaftlichen Betriebes sind letztlich entscheidend für diese Frage. Unabhängig vom Gerät ist eine sorgsame Polterung aber unbedingt notwendig:

- Rundholz, das sorgfältig und nach Sortimenten aufgeteilt ist, lässt sich besser vermarkten.
- Je sorgfältiger gepoltert wird, desto besser lässt sich der vorhandene Platz am Holzlager ausnutzen.
- Aus Sicherheitsgründen und zur Vermeidung schwerer Unfälle ist es auch notwendig, einen stabilen Holzpolter aufzubauen.

Lebendkonservierung

Während die Lagerung am Holzpolter die Lagerart für geplante Nutzungen ist, ist die Lebendkonservierung mit Folie und Beregnung eigentlich kein Lagerungsverfahren. Vielmehr soll das im Kalamitätsfall aufgearbeitete Holz möglichst lange ohne gelagert werden, ohne dass die Holzqualität darunter leidet.

Geworfene Stämme

Eine Sonderform der **Lebendkonservierung** sind **geworfene Stämme, die immer noch Wurzelkontakt haben.** Diese können über längere Zeit im Wald unaufgearbeitet liegenbleiben. Das ist bei Fichte, Tanne, Kiefer, Douglasie, Buche, Eiche und Pappel möglich.

Einzelne oder kleine Würfe eignen sich am besten für diese Art der Lagerung, größere Flächen nur dann, wenn sie im Schatten liegen.

Die Behandlung der Wurffläche erfolgt abhängig nach Baumart:

Bei Fichte, Tanne und Kiefer sollen zuerst die Kleinflächen, danach die Großflächen sowie schwächeres vor stärkerem Holz aufgearbeitet werden.

Sorgfältig aufgebaute Holzpolter erleichtern nicht nur den Abtranport, sondern auch den Holzverkauf.

Je stärker die Sortimente, desto niedriger soll der Holzpolter aufgebaut werden.

Für Buche lautet die Devise: Wertholz vor übrigem Stammholz und Großfläche vor Kleinfläche aufarbeiten. Douglasie, Eiche und Pappel können zwei Jahre lebend gelagert werden. Für eine ausreichende Wasserversorgung des Baumes ist es notwendig, dass mindestens 20–30 % der Wurzeln noch Bodenkontakt haben.

Folienlagerung

Die Folienlagerung beruht auf dem Prinzip des Luftabschlusses nach außen. **Das Holz deckt man mit UV-beständiger Polyäthylenfolie (Silofolie) ab.**

Beim Baden-Württembergischen Verfahren wird das Holz luftdicht eingeschweißt und damit in möglichst sauerstofffreier Atmosphäre gelagert. Dazu wird sowohl auf dem Boden unter dem Holz als auch über dem Holz eine doppellagige Folie ausgebreitet. Beide Folien werden miteinander verschweißt. Natürliche Prozesse wie Atmung und Gärung reduzieren den Sauerstoffgehalt gegen 0 % und erneuter Luftzutritt findet nicht statt. Dieses Verfahren wurde bisher für Fichte, Tanne, Kiefer, Buche, Bergahorn, Esche und Birke getestet. Das Holz muss in jedem Fall frisch sein. Bei ungestörter Konservierung treten auch nach längerer Lagerdauer keine oder kaum Qualitätsverluste auf.

Das Schweizer Verfahren verzichtet auf eine Bodenfolie. Der Schutzeffekt beruht darauf, das verpackte Holz durch den Luftabschluss permanent feucht zu halten. Deshalb eignet sich nur absolut frisches Holz für die Einlagerung. Erfahrungen gibt es beim Schweizer Verfahren bisher nur bei Fichtenholz.

Beide Verfahren sind aufgrund des hohen Logistikaufwandes nur für große Holzmengen geeignet. Nachteilig wirken sich die relativ hohen Kosten und die Notwendigkeit regelmäßiger Kontrollen aus. Schon alleine wegen der Kosten sollte eigentlich nur Rundholz mit guter Qualität verpackt werden. Die bisherigen Berichte weisen gute Erfolge bei der Erhaltung der Holzqualität aus, auch im Vergleich zu anderen Lagermethoden, wie der Nasslagerung.

Auch der Holzanfall, die Transportmöglichkeiten und die Lagerplatzgröße und -lage sowie die Möglichkeiten von Insektizidanwendung sind Kriterien für die Wahl der Lagermethode. Andererseits kann diese Methode, wie oben beschrieben, auch dazu beitragen, dass durch Borkenkäfer befallenes Holz ohne Begiftung oder Entrindung im Wald gelagert werden kann, ohne dass diese ausfliegen und einen Neubefall induzieren können. Untersuchungen an verpacktem, von Borkenkäfer befallenem

© Bernhard Henning/forestbook

Die Nasslagerung ist nur bei guten Holzqualitäten wirtschaftlich.

© Bernhard Henning/forestbook

Bei Temperaturen unter null Grad kann die Beregnung im Nasslager ausgesetzt werden.

Holz haben gezeigt, dass nach einigen Wochen keine lebenden Tiere im Paket zu finden waren.

Auch weil bei der Folienverpackung dem Borkenkäfer potenzielles Brutmaterial entzogen und somit eine weitere Verbreitung verhindert wird, kann diese Lagermethode als eine Borkenkäfer-Bekämpfungsmaßnahme eingestuft werden.

Nasslagerung

Für eine Lagerung über mehrere Jahre einget sich die Nasslagerung. **Das Holz wird dabei entweder beregnet oder in einem Gewässer gelagert.** Die Nasslagerung verhindert, dass Pilze und Insekten das Holz entwerten. Es eignet sich für Fichte, Tanne, Kiefer und Buche. Die Beregnung von Stammholzpoltern ist in Sägewerken eine gängige Vorgehensweise zur Produktionssteuerung und die wichtigste Methode zur Langzeitlagerung von Sturmholz. Sie ist die etablierteste Lagerungsform und gilt in Wissenschaft und Praxis auch als die zuverlässigste. Eine Beregnungsanlage kann aus dem Grundwasser, aus einem Oberflächengewässer oder aus der öffentlichen Wasserversorgung gespeist werden. Für die Anlage und den Betrieb eines Beregnungsplatzes ist eine wasserrechtliche Genehmigung erforderlich.

Die Beregnungsanlage muss entsprechend der Lage und Form des Lagerplatzes, der Art, der Menge sowie dem Druck des Wassers ausreichend dimensioniert sein. So ist beispielsweise eine Beregnungsmenge von 3,6 m³/1.000 fm pro Stunde notwendig. Vor der Einrichtung eines Nasslagers ist eine korrekte Planung zwingend erforderlich.

Nasslager: So funktioniert es

Lagerplatz: Im Idealfall sind die Flächen im Besitz des Lagerbetreibers und verfügen über eine gute Verkehrsanbindung mit entsprechend tragfähigen Zufahrtswegen. Zügiges Be- und Entladen wird durch einen Rundumverkehr ermöglicht. Die Platzgröße sollte 1 ha aus wirtschaftlichen Gründen nicht unterschreiten. Dies entspricht einer Lagerkapazität von 25.000 bis 30.000 Festmetern. Der Lagerplatz muss an das Stromnetz angeschlossen sein.

Rechtliche Aspekte: Es sind die wasserrechtlichen und sonstigen Vorschriften (Naturschutzgesetz) zu beachten und bei den Behörden (Bezirkshauptmannschaft) die nötigen

Bewilligungen einzuholen. Um sich rechtlich absichern zu können, sind Betretungsverbote, Gefahrenhinweise und Hinweistafeln für Dritte nötig. Schranken auf den Zufahrtswegen verhindern einen möglichen Holzdiebstahl.

Auswahl und Lagerdauer: Aufgrund der Kosten kommen nur A/B-Qualitäten oder Furnierholz in Frage. Das Holz darf maximal 2 Wochen nach der Aufarbeitung im Wald verbleiben. Nadelholz kann mit dieser Methode vier bis fünf Jahre eingelagert werden, Laubholz sollte nicht länger als ein Jahr nass gelagert werden. Ab dem dritten Jahr der Lagerung ist mit einer Holzentwertung durch Pilzbefall zu rechnen.

Polterung: Eine sorgfältige Polterung ist unbedingt notwendig und sollte mittels Kran durchgeführt werden, da die Polterhöhe zwischen vier und fünf Metern liegt. Ein Polterplan hilft dabei, den Überblick zu bewahren.

Wassermanagement: Sobald die ersten Stämme am Lagerplatz sind, beginnt die Beregnung und wird bis zur Räumung des Lagerplatzes fortgesetzt. Für eine sichere Beregnung ist eine Beregnungsmenge von 1 Liter pro Sekunde und 1.000 Festmetern nötig. Fallen die Außentemperaturen auf nur wenige Grad über Null, ist die Beregnung nicht mehr nötig, sobald sich ein dichter Eispanzer über das Holz gebildet hat. Fängt dieser an zu schmelzen, muss wieder beregnet werden.

Kosten: Die Kosten sind sehr hoch. Selbst bei großen Holzmengen ergeben sich Gesamtlagerungskosten in der Höhe von etwa 15 Euro pro Festmeter. Daher kommen aus wirtschaftlichen Gründen nur beste Qualitäten für die Nasslagerung in Frage.

Die Nasslagerung in Skandinavien © Bernhard Henning/forestbook

Die Wasserlagerung von Rundholz in stehenden oder auch langsam fließenden Gewässern ist eine sichere und vor allem in Skandinavien und Nordamerika seit Langem praktizierte Art der Nasskonservierung. Die Stämme werden einzeln oder zusammengefasst zu Flößen oder Bündeln, die sich leichter handhaben lassen, in das Gewässer gebracht. In Bündeln zusammengefasste Stämme erfordern nur wenig Fläche, aber eine Wassertiefe von mindestens 2–3 m. **Damit der Schutz gewährleistet ist, müssen ständig mindestens zwei Drittel des Stammquerschnittes unter Wasser liegen.** Eventuell ist extra zu beregnen. Es hat sich als vorteilhaft erwiesen, die Stämme bereits bei der Anfuhr zu bündeln. Ein ständiger Wasserzu- und -ablauf verhindert größere Gewässerbelastungen. **Buchenstämme sind bereits nach kurzer Zeit nicht mehr**

schwimmfähig. Das rasche Absinken des Buchenholzes verhindert Pilzbefall. Wassergelagertes Buchenholz bleibt gut schälbar.

Das Verfahren erfordert nur einen geringen technischen Aufwand, denn eine Wartung technischer Einrichtungen entfällt. Die Bergung schwimmender oder abgesunkener Stämme kann sich jedoch schwierig gestalten. Die Kosten der Wasserlagerung liegen bei etwa 15,00 Euro pro Festmeter,wenn bereits ein benutzbares Gewässer vorhanden ist.

Die Wasserlagerung ist wohl nicht die erste Wahl unter den langfristigen Konservierungsverfahren, kann aber bei sehr großen Schadereignissen eine Alternative sein.

Möglichkeiten der Holzentwertung

Holzschädlinge benötigen Sauerstoff und Wasser. Beides ist dann ausreichend vorhanden, wenn die Holzfeuchte zwischen 20 % und 120 % liegt. Für eine Schädlingsabwehr muss daher ein Milieu geschaffen werden, in dem es sehr trocken oder sehr feucht ist.

Bei Holzfeuchten über 120 % sinkt das Luftvolumen so stark, dass Sauerstoffmangel herrscht. Bei Holzfeuchten unter 30 % ist kein freies Wasser mehr im Holz vorhanden, es herrscht Wassermangel.

Anmerkung: Frisches Holz kann mehr Wasser aufnehmen, als es der Holzmasse entspricht, deshalb können auch Holzfeuchten über 100 % erreicht werden.

Insekten

Die Larven holzbrütender Insekten (z. B. Nutzholzborkenkäfer, Bockkäfer und Holzwespe) legen Fraßgänge im Holz an, die die Verwendbarkeit des Holzes stark einschränken und Eintrittspforten für andere Schadorganismen bilden.

Risse

Bei Nadelholz, das schnell trocknet, können Mantelrisse auftreten, die mehrere Zentimeter tief und mehrere Millimeter breit sein können. Diese entwerten das Holz direkt und stellen gleichzeitig Eintrittsöffnungen für Schadorganismen dar.

Bei Laubholz, insbesondere bei Buche, treten kurz nach der Fällung oft Spannungsrisse auf, die Stirnflächen spalten. Bisher ist keine Methode bekannt, um diese Risse zu verhindern. Sie lassen sich durch die Verwendung von S-Haken einschränken.

Verfärbende Pilze

Gelagertes Holz kann durch verfärbende Pilze entwertet werden. Ein Beispiel ist die so genannte Bläue, eine blauschwarze Färbung, die oft bei im Sommer eingeschlagenem Holz auftritt. Beim Schneiden wird diese Bläue sichtbar. Holz, das in dieser Weise befallen ist, eignet sich nicht mehr für den Möbelbau oder als Zimmereiware.

Fäulepilze

Nach längerer Lagerdauer und bei entsprechender Holzfeuchte kann es zu Holzzersetzung durch Braun-, Weiß- oder Moderfäulepilze kommen.

Die überwiegend an Nadelholz vorkommenden Braunfäulepilze bauen Zellulose sowie Hemizellulose in den Zellwänden ab, das Lignin bleibt zurück und es kommt zur charakteristischen Braunfärbung des Holzes.

Brennholz

Für Waldbesitzer jeder Größe bietet es sich an, Holz für den eigenen Ofen zu produzieren. Brennholz ist einfach zu erzeugen, da so gut wie in jedem Wald Bäume stehen, die man nicht an die Sägeindustrie verkaufen kann. Um Brennholz selbst zu erzeugen, muss nicht viel investiert werden. Neben der Motorsäge sollte aber unbedingt auch die persönliche Schutzausrüstung getragen werden. Komplett ist diese, wenn Schnittschutzhose, Sicherheitsschuhwerk mit Schnittschutzeinlage sowie ein Schutzhelm samt Gehör- und Gesichtsschutz bei der Arbeit getragen wird. Denn auch bei der Brennholzproduktion können schwere Unfälle passieren. Im Wald werden häufig einen Meter lange Rund- oder Spaltstücke hergestellt. Auf Ofenlänge wird das Brennholz dann zuhause am Lagerplatz geschnitten.

Ein echter Mann fällt seine Scheite mit der Axt: So stellen sich jedenfalls viele die Brennholzproduktion vor. Aus Sicht der Arbeitslehre ist Spalten von Hand eine äußerst belastende Arbeit, die noch dazu wenig effektiv ist. **Moderne Kurzholzspalter**, die meist als Anbaugerät von Traktoren zum Einsatz kommen, schaffen **zwischen drei und fünf Raummetern pro Stunde.**

Ob sich der Kurzholzspalter für den eigenen Bedarf auszahlt, hängt also vor allem vom eigenen Verbrauch ab. Für das Schneiden auf Ofenlänge bieten sich Kreis- und Bandsägen an. Mit **Säge-Spalt-Automaten** werden in einem Arbeitsschritt **fünf bis sieben Raummeter pro Stunde** in fertigen Ofenlängen produziert.

Brennholz sollte hauptsächlich in den Wintermonaten geschlagen werden, um die Infektion mit Pilzen zu vermeiden. Es soll auch möglichst rasch nach

Spalten mit der Axt ist aus Sicht der Ergonomie ineffizient. © Bernhard Henning/forestbook

dem Einschlag gespalten werden, um die Austrocknung zu beschleunigen. Waldfrisches Holz lässt sich außerdem leichter spalten. Ungespaltenes Holz benötigt dagegen bis zu zwei Jahre, um entsprechend abzutrocknen. Zahlreiche Laubhölzer werden bei einer zu langsamen Trocknung von holzabbauenden Pilzen besiedelt und verlieren dadurch stark an Brennwert.

Als Lagerort eignen sich am besten Stellen, wo Sonne und Wind Zugang haben. So wird die Trocknung begünstigt. Auch auf den Untergrund ist zu achten: Er sollte möglichst trocken sein. Paletten oder Rundhölzer können hierbei helfen. Nasses Holz verbrennt mit deutlich geringerer Energieausbeute und kann zu höheren Emissionen sowie aggressiven Ablagerungen in Ofen und Kamin führen. Die Größe der Scheite soll an die Feuerungsanlage ange-

Auch Brennholz muss sorgfältig geschichtet werden, damit es trocknen kann.

passt sein. Dadurch erreicht man noch schneller Wassergehalte unter 20 % und damit ofenfertige Brennholzqualität. Frisch geschlagenes Holz soll nicht in geschlossenen Räumen gelagert werden und auch nicht komplett in Plastikplanen verpackt werden. Es kann so nicht austrocknen. Besonders schnell trocknet Brennholz im Kreuzstapel geschichtet oder in Gitterboxen.

Wissenswertes zu den verschiedenen Holzarten

Man unterscheidet zwischen **Weich- und Harthölzern.** Weichhölzer sind weniger dicht, haben daher einen geringeren Brennwert und sind gleichzeitig leichter entflammbar.

Alle Nadelhölzer zählen zu den Weichhölzern sowie Pappel, Weide und Birke. Die meisten anderen Laubbaumarten sind Harthölzer. Das Holz ist dicht und schwerer, verfügt über einen höheren Brennwert und ist schwerer zu entflammen.

Das Holz von **Fichte und Kiefer brennt sehr gut an.** Es eignet sich daher als Span zum Anzünden. Allerdings spritzen diese beiden Holzarten auch. Das Spritzen wird durch das Harz verursacht, das beim Verbrennen schmilzt und so die Wasserleitungsbahnen verstopft: Dadurch kann das noch im Holz befindliche Wasser nicht entweichen und sprengt es.

Birkenholz ist ein hervorragendes Kaminholz. Da es kein Harz enthält, spritzt es auch nicht. Wer genau hinsieht, wird eine bläuliche Flamme erkennen: Die ätherischen Öle darin verursachen diesen Effekt. Auch wegen seiner weißen Rinde ist es als dekoratives Scheitholz beliebt.

Das Holz von **Pappel und Weide ist relativ schnell abgebrannt** und daher als Scheitholz weniger geeignet. Es lässt sich bestenfalls als Sommerholz für den Kaminofen verwenden, wenn weniger Energieleistung benötigt wird.

Buchenholz, das über eine hohe Dichte verfügt, entwickelt viel Glut und erzeugt dadurch eine gleichmäßige, langandauernde Wärme. Buchenholz zeigt ein schönes Flammenbild, verbrennt nahezu ohne Funkenspritzer und ist daher sehr gut für alle Öfen, besonders aber für solche mit Sichtfenster geeignet. Harthölzer, wie Esche und Ahorn, aber auch die seltenere Hainbuche und Kirsche, sind im Verbrennungsprozess der Buche sehr ähnlich.

Das schwere **Holz der Eiche hat einen hohen Heizwert und eine sehr lange Brenndauer.** Eichenholz ist ideal für Öfen, die der reinen Wärmeerzeugung dienen (z. B. Zentralheizung, Kachelöfen). Da es kein schönes Flammenbild entwickelt, ist es für Kaminöfen nicht zu bevorzugen.

Die Geruchsentwicklung bei der Verbrennung ist gewöhnungsbedürftig und auf die im Holz enthaltene Gerbsäure zurückzuführen.

Brennholz sollte nicht in geschlossenen Räumen gelagert werden, da die Trocknung länger dauert.

Wie viel Wärme von einer Holzart gespendet wird, hängt von zwei wesentlichen Faktoren ab: einerseits der Holzdichte und andererseits vom Wassergehalt.

Je niedriger dieser ist, desto größer ist der Heizwert. Deshalb ist eine gute Lagerung, bei der die Austrocknung gefördert wird, auch so wichtig. Lufttrockenes Brennholz (Wassergehalt von 15 bis 20 %) hat einen durchschnittlichen Heizwert von 4 kWh/kg, frisch geschlagenes Holz (Wassergehalt von 50 % und mehr) von 2 kWh/kg. Heizöl liegt zum Vergleich bei rund 10 kWh/Liter.

Tab.: **Heizwert verschiedener Baumarten. Die Werte in den Spalten kWh/kg sind auf ganze Zahlen gerundet.**

Wassergehalt in %	Einheit	0	15	20	30	50	Dichte in kg TM/Fm
Fichte	kWh/kg	5	4	4	3	2	
	kWh/Fm	1.971	1.926	1.904	1.863	1.713	379
	kWh/Rm	1.380	1.348	1.333	1.304	1.199	
Kiefer	kWh/kg	5	4	4	3	2	
	kWh/Fm	2.241	2.190	2.166	2.118	1.948	431
	kWh/Rm	1.569	1.533	1.516	1.483	1.364	
Buche	kWh/kg	5	4	4	3	2	
	kWh/Fm	2.790	2.724	2.692	2.631	2.411	558
	kWh/Rm	1.953	1.907	1.885	1.841	1.687	
Birke	kWh/kg	5	4	4	3	2	
	kWh/Fm	2.630	2.568	2.538	2.480	2.272	526
	kWh/Rm	1.841	1.798	1.777	1.736	1.591	

Schadensmanagement bei Sturmflächen

Durch den Klimawandel werden in Zukunft Sturmereignisse häufiger vorkommen. Doch nicht nur die Witterung, auch hausgemachte Probleme, wie mangelnde Pflege oder falsche waldbauliche Konzepte (Fichtenmonokulturen in Tieflagen), führen durch Wind und Wetter zu Schäden im Wald. Auch Mischwälder werden zukünftig öfters von Schadereignissen betroffen sein, als es bisher der Fall war.

© Bernhard Henning/forestbook

Für viele Waldbesitzer bedeutet ein großflächiger Windwurf oder ein ähnliches Schadensereignis einen schweren Schock. Neben dem finanziellen Verlust ist es vor allem der Eindruck eines zerstörten Waldes, der für viele Waldbesitzer eine starke psychologische Belastung darstellt.

Als Waldbesitzer muss man sich aber bewusst sein, das Störungen im Wald eine natürliche Erscheinung und damit Teil des Ökosystems Wald sind. Wälder sind in der Lage, sich von solchen Schadereignissen zu erholen. Zudem ist mit den meisten Schadereignissen ein erheblicher finanzieller Verlust verbunden. Aber nur im Fall des Waldbrands ist das Holz gänzlich vernichtet und ein wirtschaftlicher Komplettverlust aufgetreten. Da die Nachfrage nach Holz in den letzten Jahren stark anstieg, und da vor allem im Bereich des Energieholzes, ist es heutzutage möglich, auch gebrochenes und stark entwertetes Holz noch zu vermarkten.

Der wichtigste Grundsatz für den Waldbesitzer nach einem Sturmereignis bedeutet daher, Ruhe zu bewahren. Hektik oder Panik sind genauso falsch wie ein übereiltes Aufarbeiten der Sturmschäden in Eigenregie. Daraus ergibt sich der nächste Grundsatz:

Sturmflächen dürfen von bäuerlichen Waldbesitzern und anderen Kleinwaldbesitzern niemals selbst aufgearbeitet werden!

In verschiedenen Ratgebern und Broschüren wird erklärt, wie Holz im Windwurf aufgearbeitet wird und wo am besten der Trennschnitt angesetzt wird. Als Autor und Experte halte ich diese Hinweise aus mehreren Gründen für grob fahrlässig:

- Sturmflächen sind kein Übungsgelände: Im Gegensatz zur normalen Fällung, die in der Regel unter kontrollierten Bedingungen geschieht, ist das Risiko einer schweren Verletzung ungleich höher.
- Auch für professionelle Forstarbeiter sind Sturmflächen eine große

Sturmflächen haben einen starken psychologischen Effekt auf Waldbesitzer. Deshalb gilt es, zunächst Ruhe zu bewahren und die Situation zu beurteilen.
© Bernhard Henning/forestbook

Herausforderung, daher dürfen an solchen Stellen keinesfalls Personen mitarbeiten, die über weitaus weniger Übung und Erfahrung verfügen.
- Die Aufarbeitung von Sturmflächen ist nichts, das man aus einem Buch oder einer Broschüre lernen und dann problemlos im Ernstfall umsetzen kann. Dafür braucht es geschultes Personal, das sich in Speziallehrgängen das nötige Wissen angeeignet hat.

Aus diesen Gründen sollen bäuerliche Waldbesitzer die Aufarbeitung von Sturmflächen nicht selbst durchführen.

Im folgenden Kapitel wird erläutert, was der Landwirt im Falle der Fälle tun kann und wie er richtiges Schadensmanagement betreibt, ohne dabei Leib und Leben zu gefährden: Tödliche Unfälle in der Holzernte passieren am häufigsten bei der Aufarbeitung von Schadholz.

Strukturierte Aufarbeitung

Die Aufarbeitung des Schadens ist mit viel Organisation verbunden, weshalb es ratsam ist, sich schon vorab für den Fall der Fälle vorzubereiten und ein kurzes und knappes Konzept vorzubereiten. Die wichtigsten Schritte sind dabei:
- Besichtigung der Fläche (soweit möglich) und Einschätzung des Schadensumfangs
- Akquirierung eines geeigneten forstlichen Unternehmers
- Kontaktaufnahme mit benachbarten Waldbesitzern, evtl. Bildung einer Solidargemeinschaft
- Kontakt mit Behörden und Holzabnehmern
- Planung der Aufarbeitung
- Organisation der Holzabfuhr bzw. der Zwischenlagerung
- Durchführung der Aufarbeitung
- Kontrolle der Fläche
- Vorbereitung des Forstschutzes

Nicht alle Flächen sind gefahrlos begehbar, deshalb ist es auf manchen Flächen notwendig, die Beurteilung aus der Ferne durchzuführen.

Besichtigung der Fläche

Als erster Schritt sind die betroffenen Waldflächen zu besichtigen, soweit es gefahrlos möglich ist. Dies sollte unmittelbar nach Sturmende passieren, um somit nicht wertvolle Zeit zu verschwenden. Im Falle von Schadereignissen kommt es relativ schnell zum Mangel von geeigneten Forstunternehmern und auch die Holzvermarktung gestaltet sich schwieriger. Sind Forststraßen versperrt, ist deren Räumung ebenfalls in die Planung aufzunehmen. In Steillagen kann die Begehung sehr schwer sein, in manchen Fällen sogar unmöglich. In solchen Fällen kann man vom Gegenhang aus mit dem Fernglas den Schaden grob abschätzen. Eine neue Methode ist die Befliegung von Waldflächen durch Drohnen, die mit Kameras ausgerüstet sind.

Die Besichtigung soll folgende Fragen klären:

- Wie viel Waldfläche ist betroffen?
- Wie groß ist die aufzuarbeitende Holzmenge?
- Welche Baumarten und welche Sortimente werden geerntet werden können (Energieholz oder sägefähig)?
- Sind die Forststraßen befahrbar?

In Beständen, in denen ein Teil der Bäume stehengeblieben ist, sind auch diese mit Vorsicht zu beurteilen. Durch Wurzelschäden oder Spannungen im Holz kann es bei der Ernte zu Unfällen kommen.

Akquirierung eines geeigneten forstlichen Unternehmers

Zur allgemeinen Vertragsgestaltung mit Lohnunternehmern sind einige Hinweise im Kapitel Betriebswirtschaft zu finden. Im Gegensatz zu einer geplanten Nutzung ist es aber bei Kalamitäten oft schwierig, geeignete Unternehmer zu finden, da die Nachfrage sehr groß ist. Möglicherweise ist man darauf angewiesen, mit Lohnunternehmern zusammenzuarbeiten, die nicht aus der Gegend stammen. Im Idealfall hat man bereits mit dem Lohnunternehmer zusammengearbeitet und das Unternehmen verfügt über

- Erfahrung in der Aufarbeitung von Sturmflächen
- den geeigneten Maschinenpark (Raupenharvester)
- geschultes Personal, das ausnahmslos mit der persönlichen Schutzausrüstung und moderner Ausrüstung ausgestattet ist
- der Bereitschaft, auch unter den schwierigen Bedingungen pfleglich zu arbeiten und
- die gesamte Aufarbeitung und nicht nur Teilarbeiten (Holzrückung) durchzuführen

Wie bereits erwähnt, sind Sturmflächen **keine Einsatzgebiete für Amateure.**

Um einen Nährstoffverlust zu vermeiden, soll der Schlagabraum mit Wipfeln und dünnen Ästen, sofern es möglich ist, auf der Fläche verbleiben.

Engagiert man Lohnunternehmer, die über schlecht geschultes Personal verfügen, das in Gummistiefeln antritt, wird die Aufarbeitung noch schwieriger und man schafft sich Probleme, anstatt welche zu lösen. Auch sollte die gesamte Aufarbeitung von einem einzelnen Unternehmen durchgeführt werden, um eine reibungslose Organisation zu garantieren. **Auf Sturmflächen ist die pflegliche Arbeit besonders wichtig,** denn das wenige, was noch an verbleibendem Bestand übrig ist, soll nicht auch noch durch die Aufarbeitung beschädigt werden.

Der Unternehmermarkt ist groß. Auch bei größeren Sturmereignissen gibt es keinen Grund, dem erstbesten (unbekannten und/oder ortsfremden) Unternehmer den Zuschlag zu erteilen. Es ist genügend Zeit vorhanden, eine Auswahl nach Kriterien zu treffen. Der billigste Anbieter ist nicht zwangsläufig der preiswerteste Unternehmer. Die Angebote sind im Hinblick auf evtl. entstehende Folgekosten zu untersuchen Die Referenzen unbekannter Unternehmer sollten unbedingt eingefordert und (wenn möglich) genau überprüft werden. Bei unbekannten Unternehmern sollten zunächst mengenmäßig begrenzte Verträge abgeschlossen werden (bis zu 5.000 Fm) und weitere Aufträge nur dann in Aussicht gestellt werden, wenn die Zusammenarbeit zufriedenstellend verlaufen ist. Das ist nicht immer leicht durchzusetzen, die Erfahrungen haben aber gezeigt, dass es sich insbesondere für das Nervenkostüm des betroffenen Waldbesitzers mehr als lohnt, „passende" Unternehmer auszuwählen.

Mögliche Problemfelder sind:

- ortsfremde Unternehmer
- Verständigungsschwierigkeiten mit fremdsprachigen Arbeitern
- unzureichende maschinelle Ausstattung, zu schwache/alte Maschinen, dadurch Befahrung der gesamten Fläche schwierig

- Einhaltung der Unfallverhütungsvorschriften
- Einhaltung der Qualitätsstandards/Pfleglichkeitsstandards
- Unzuverlässigkeit

Kontaktaufnahme mit benachbarten Waldbesitzern

Geteiltes Leid ist halbes Leid: Neben dem psychologischen Effekt ist es auch für die Organisation von Vorteil, wenn sich **betroffene Waldbesitzer bei der Aufarbeitung zusammenschließen**, die Freiwilligkeit vorausgesetzt. Die Akquirierung eines Lohnunternehmers wird einfacher fallen, wenn das Auftragsvolumen eine größere Fläche anstatt viele kleine umfasst. Gleiches gilt auch für die Holzvermarktung.

Ein Problem kann die Planung der Aufarbeitung darstellen, da jeder Waldbesitzer verständlicherweise seine Fläche als erste aufgearbeitet haben möchte. Ein Lösungsansatz hierfür ist, dass zuerst die Flächen aufgearbeitet werden, die am nächsten an befahrbaren Forststraßen liegen.

Kontakt mit Behörden und Holzabnehmern

Bei größeren Kalamitäten kann der bäuerliche Waldbesitzer auch mit der Unterstützung von Behörden und Interessensvertretungen rechnen. So werden von manchen Waldverbänden Nasslager für die Holzlagerung eingerichtet. Häufig gibt es auch Förderungen aus dem Katastrophenfond oder aus dem Budget der Bundesländer. Die Kontaktaufnahme mit den Behörden dient also vor allem der Informationseinholung.

Bei den lokalen Holzabnehmern kann man schon vorab anfragen, ob Verarbeitungskapazitäten für die aufzuarbeitende Holzmenge verfügbar sind.

Wertvolles Holz soll zuerst aufgearbeitet werden. Stämme wie dieser sind nur noch für die Zellstoffindustrie oder als Energieholz verwertbar. © Bernhard Henning/forestbook

Der Holzpreis wird sich dabei zwar am unteren Ende der letzten Marktpreise orientieren, wird von Seiten der Holzabnehmer aber versucht, den Preis zu stark zu drücken, sollte über Alternativen nachgedacht werden. Vorsicht ist in solchen Situationen vor allem vor manchen dubiosen Holzhändlern geboten: Viele Landwirte haben bereits schlechte Erfahrungen mit Holzhändlern gemacht, denen es gelungen ist, ihre Notlage auszunutzen.

Planung der Aufarbeitung

Zweck der Aufarbeitung ist die Ernte des geworfenen Holzes. Da die Gefahr einer Verletzung oder sogar eines Todesfalls sehr hoch ist, muss der Arbeitssicherheit in der Planung entsprechend viel Aufmerksamkeit gewidmet werden. Wo immer möglich, sollen Forstmaschinen die Arbeit übernehmen und Forstarbeiter nur zum Einsatz kommen, wo der Maschineneinsatz absolut nicht möglich ist.

Aufgrund ihres Gewichts und ihres Leistungsvermögens wurden gute Erfahrungen mit Raupenbaggern, die mit Harvesterköpfen bestückt sind, gemacht. © Bernhard Henning/forestbook

Nur Stämme mit BHD unter 20 cm dürfen mit der Motorsäge bearbeitet werden.
© Bernhard Henning/forestbook

Bei der motormanuellen Aufarbeitung soll aber trotzdem die maschinelle Unterstützung (Seilwinde) gewährleistet sein.

- Sicherstellung der maschinellen Unterstützung bei der motormanuellen Arbeit
- höherer Mechanisierungsgrad – vermehrter Einsatz maschineller Aufarbeitungsverfahren
- Einführung eines Kommunikations- und Notrufsystems, entweder über Sprechfunkgeräte oder über Handy
- Ein Rettungsplan soll entworfen werden und alle Forstarbeiter darüber informiert werden.

Erfahrungen von betroffenen Forstbetrieben zeigen, dass die **Einführung des so genannten „Sturmlohns"**, das Herzstück der Sicherheitsstrategie während der Sturmholzaufarbeitung ist. Dieser Zeitlohn erlaubt es den Forstarbeitern, an die Sturmholzaufarbeitung **mit Ruhe und Besonnenheit heranzugehen,** ohne neben der eigenen Sicherheit an den Verdienst denken zu müssen. Bei schwierigen Situationen bleibt ausreichend Zeit, sich ein genaues Bild von der Situation zu machen, die Gefährdungen zu beurteilen und im Zweifel Kollegen zur Problemlösung zu Rate zu ziehen. Daher ist bei der Auswahl des Lohnunternehmers auch nicht der Billigstanbieter die beste Lösung.

- Die Gesundheit des Menschen steht im Vordergrund. Sicherheit geht vor Kosten und Holzverlust.
- Ohne unmittelbaren Zugriff auf eine Maschine stockt der Waldarbeiter im Verhau keine Bäume ab. Als Verhau bezeichnet man eine Ansammlung von geworfenen und gebrochenen Stämmen, unter Abstocken versteht man die Trennung der Stämme von den Wurzeln („vertikales Fällen").
- Im Verhau soll möglichst nur abgestockt werden. Alle weiteren Arbeiten finden dann auf einem Aufarbeitungsplatz statt. Dort können die Stämme weiterbearbeitet werden.
- Zum Entzerren von großen Schadflächen wird aus Gründen der Arbeitssicherheit auf der Ebene ein ausreichend leistungsfähiger Raupenbagger mit einem Greifer eingesetzt. Das Halten des Baumes verhindert zudem ein Aufreißen des Stammes. Weniger geeignet ist hier der Seilschlepper. Der Zangenschlepper sollte zum Entzerren auf der Fläche nur dann eingesetzt werden, wenn keine geeigneteren Maschinen zur Verfügung stehen.

Durch den Einsatz eines Raupenbaggers kann die Arbeitssicherheit beim Abstocken deutlich erhöht werden.

- Im Steilhang wird das Entzerren mittels Seilkran durchgeführt. Entasten und Einschneiden finden am Weg statt.
- Die Kommunikation mittels Funkgeräten zwischen dem Forstarbeiter, der abstockt, und dem Maschinenführer erhöht die Arbeitssicherheit.
- Bei besonders gefährlichen Bäumen ist es empfehlenswert, ein Sicherungsstück möglichst in Sortimentslänge stehen zu lassen. Dieses wird später vom Stock abgetrennt und gerückt.
- Besonders gefährliche Wurzelteller werden durch den Seilschlepper oder den Raupenbagger gesichert.
- Mit einem Zangenschlepper kann das Holz exakt manipuliert und das Reisigmaterial beiseite geschafft werden.
- Raupenbagger sollten über eine Leistungsstärke von mindestens 100 kW verfügen, damit genügend Reserven, vor allem zum Greifen und Heben, vorhanden sind. Nicht die Reichweite des Krans allein, sondern die Kombination mit der Hubkraft ist entscheidend. Das Einsatzgewicht sollte mindestens 25 t betragen. Dadurch wird die Arbeitssicherheit erhöht und die Produktivität gesteigert.
  Grundsatz: Besser eine überdimensionierte als eine unterdimensionierte Maschine!
- Raupenbagger mit einer Kranreichweite von unter 10 m sind für den Einsatz nicht geeignet. Je größer die Reichweite, desto günstiger (Befahrungsdichte!).
- Die Rückegassenabstände ergeben sich nicht automatisch aus der doppelten Kranlänge. Es sind alle verfahrenstechnischen Maßnahmen zu ergreifen, um den Abstand möglichst weit zu halten.

Abgebrochene Stämme sollen ebenfalls durch einen Harvesterkopf abgetrennt werden, da beim Einsatz der Motorsäge die Spannungen im Holz zu schweren Unfällen führen können. © Bernhard Henning/forestbook

  Dazu ist es z. B. nötig, dass die Fahrlinie vor Beginn gekennzeichnet sein muss. Ein gestreckter Verlauf der Rückegasse erleichtert die nachfolgende Rückearbeit.
- Normale Raupenbagger (ohne tiltbaren Oberwagen) haben auch in der Falllinie nur bis max. 15 % Neigung ihren Einsatzbereich. Nicht in Steilhängen arbeiten!
- Der Raupenbagger kann und muss die Fahrlinie so hinterlassen (Stöcke entfernen oder einbauen), dass das Rückegerät jederzeit durchfahren kann.
- Die Raupenbagger sind oftmals mit Personal aus der Baubranche besetzt, das keinerlei forstliche Erfahrung und Ausbildung hat.
  Aus diesem Grund ist eine intensive Einweisung notwendig, insbesondere in der Zusammenarbeit mit dem Abstocker.

Hängengebliebene Kiefern: Typisches Einsatzszenario für einen schweren Harvester. Auf keinen Fall sollte versucht werden, solche Stämme mit der Motorsäge zu ernten. © Bernhard Henning/forestbook

- Der Abstocker muss mit ausreichendem Sicherheitsabstand zum Raupenbagger arbeiten und unbedingt Warnkleidung tragen. Im Verhau muss der Bagger dem Waldarbeiter zur Seite stehen und die Stämme entzerren.

Rettungsplan und Rettungskarte

Rettungsplan und Rettungskarte funktionieren nur, wenn die nachstehenden Punkte zuverlässig beachtet werden und den Forstarbeitern die lebensrettende Bedeutung des Rettungsplans als Glied innerhalb der Rettungskette bewusst ist.

Die Rettungskette soll garantieren, dass verletzte Forstarbeiter schnellstmöglich Hilfe erhalten und die Rettung organsiert abläuft – soweit dies bei einem Notfall möglich ist. Jedem Forstarbeiter sollen die ungefähren GPS-Koordinaten des Einsatzorts mitgeteilt werden, damit die Rettungskräfte (Notfallhubschrauber) den Verletzten möglichst schnell finden und bergen können.

Rettungsplan und Rettungskarte müssen in den Fahrzeugen gut sichtbar angebracht werden. Mindestinhalte: Notruftelefonnummern, Erste-Hilfe- und Rettungseinrichtungen sowie die mit den Rettungsdiensten vereinbarten Treffpunkte. Die ausgewiesenen Treffpunkte müssen allen Mitarbeitern bekannt sein. Die im Rettungsplan vermerkten Treffpunkte müssen so ausgewählt sein, dass sie für das betroffene Gebiet (Waldfläche des Reviers) zentrale Punkte darstellen, von denen aus jeder Punkt der Waldfläche gut erreichbar ist.

Pflegliche Holzernte

Trotz Sturmwurf darf es zu keiner flächigen Befahrung kommen! Die Bodenschonung durch eine Konzentration der befahrenen Fläche hat oberstes Gebot. Eine flächige Befahrung bei der

Raupenbagger verfügen über ein deutlich höheres Gewicht als die meisten anderen Forstmaschinen. Daher ist ein flächiges Befahren unbedingt zu vermeiden. © Bernhard Henning/forestbook

Holzernte darf nur in Ausnahmefälle vorkommen. Die bestehende Feinerschließung soll genutzt werden, die Fahrtrassen sind einzuhalten. Dazu ist eine durchgehende Markierung der Rückegassen notwendig.

Die Feinerschließung darf nicht verdichtet werden: Ein Mindestabstand von 20 m in der Ebene und 30 m im Steilhang ist einzuhalten. Die Rückegassenbreite ist so gering wie möglich zu halten und soll fünf Meter nicht überschreiten.

Die rechtzeitige Ausbesserung von Schäden an Fahrwegen vermeidet hohe Folgekosten. Die Befahrung der Rückegassen darf nur bei geeigneter, trockener Witterung erfolgen, um die technische Befahrbarkeit zu erhalten. Dieser Grundsatz gilt insbesonders, wenn kein Reisigmaterial (z. B. bei motormanueller Aufarbeitung, Laubholz-Bestände) zur Armierung der Gasse zur Verfügung steht.

Organisation der Holzabfuhr bzw. der Zwischenlagerung

Ist ein Forstunternehmer gefunden und in die Arbeit eingewiesen, ist umgehend die Holzabfuhr bzw. die Zwischenlagerung zu organisieren. Zu Beginn der Arbeiten wird es noch möglich sein, das Holz rasch an die nächsten Verarbeiter, wie Sägewerke und Papierfabriken, zu liefern, mit zunehmender Dauer und einer steigenden Menge an Schadholz wird sich die Holzabfuhr verzögern, in vielen Fällen sogar für einige Wochen gänzlich eingestellt werden. Für diese Zeiträume sind Lagerungsmöglichkeiten einzurichten, die idealerweise nicht allzu weit weg von den Schadensflächen liegen, da durch lange Transportwege erneut Kosten entstehen würden.

Zu diesem Zeitpunkt ist auch zu entscheiden, ob ein Teil des aufgearbeiteten Holzes als Energieholz genutzt werden soll. Energieholz erzielt mittlerweile Preise, die noch immer einen positiven Deckungsbeitrag erwarten lassen, gleichzeitig sind diverse Holzfehler, die durch Windwurf und/oder Aufarbeitung passieren, für die Energieholzproduktion nicht von Bedeutung.

Durchführung der Aufarbeitung

Mit der Aufarbeitung kann begonnen werden, sobald der Forstunternehmer samt Maschinen vor Ort ist und alle Forstarbeiter eingewiesen sind.

Für den Landwirt sollte gelten, dass er sich zumindest einmal täglich vor Ort nach dem Fortschritt der Arbeit erkundigt und sich über eventuelle Schwierigkeiten informieren lässt.

Kontrolle der Fläche

Nach Beendigung der Arbeit ist die Sturmfläche zu begutachten. Folgende Dinge sind dabei zu kontrollieren:

- Ist das gesamte Sturmholz aufgearbeitet worden?
- Wurde pfleglich gearbeitet?
- Sind der verbleibende Bestand und der Waldboden geschont worden?
- Abseits von möglichen Ernteschäden, wie ist der Zustand des verbleibenden Bestandes?
- Ist der Waldboden aufnahmefähig für Naturverjüngung bzw. Pflanzungen?
- Wo wurden Reisig und Schlagabraum abgelagert?

Reisig und Schlagabraum sollen nicht zu Energieholz verarbeitet werden: Auch wenn dies mittlerweile gängige Praxis ist, so führt es zu einem gehörigen Nährstoffentzug. Gerade bei Sturmflächen, wo viel Schlagabraum (Reste einer Schlägerung, wie Rinde, Stammteile, Äste, Sägespäne, Kronenmaterial) anfällt, kann dies zu einer Verschlechterung der Nährstoffbilanz führen.

Der Schlagabraum sollte zumindest an windexponierten Stellen gelagert werden, in der Hoffnung dass der Wind Nadeln und Blätter über die Sturmfläche verteilt und somit die Nährstoffe wieder in den Kreislauf gelangen. Eine andere Variante ist das händische Ausbringen des Schlagabraums, diese ist allerding sehr arbeitsintensiv.

Mit der Kontrolle der Fläche beginnt auch die Entscheidung über die Zukunft des Bestandes und der Wahl des Verjüngungskonzepts.

Vorbereitung des Forstschutzes

Besteht das aufgearbeitete Holz zum Großteil aus Nadelholz, insbesondere aus Fichte und Kiefer, so müssen sich auch Gedanken für den Forstschutz gemacht werden.

Bei Laubholz spielt das weniger eine Rolle, da die Schadinsekten von Laubhölzern normalerweise nicht das Potential zur Massenvermehrung haben, wie es bei Borkenkäfern von Fichte und Kiefer der Fall ist.

Neben Nasslagerung und Folienlagerung (s. Kapitel Lagerung, S. 164) gibt es auch die Möglichkeit, **das Holz zu entrinden,** was allerdings sehr arbeitsaufwändig ist.

© Bernhard Henning/forestbook

Betriebswirtschaft

Neben der Gewinnung des Rohstoffes Holz dient die Holzernte auch dazu, Einkommen zu erzielen. Traditionell wird der Wald im bäuerlichen Betrieb – nicht zu Unrecht – als Sparkasse gesehen.

Im Gegensatz zu Forstbetrieben ist der Landwirt nicht darauf angewiesen, jährlich Einkommen aus dem Wald zu lukrieren, da für gewöhnlich auch keine größeren Fixkosten durch den Waldbesitz entstehen. Nichtsdestotrotz soll die Waldbewirtschaftung und insbesondere die Holzernte lukrativ sein oder zumindest kostenneutral. Auch wenn es einige Aktivitäten, wie das Asten oder die Kulturbegründung gibt, bei denen zunächst lediglich Kosten entstehen, soll der Wald für den Landwirt eine Einkommensquelle darstellen.

Die Holzernte soll zum Einkommen des landwirtschaftlichen Betriebs beitragen. © Bernhard Henning/forestbook

Um sicherzustellen, dass auch tatsächlich wirtschaftlich und effizient bei der Waldbewirtschaftung gearbeitet wird, hilft der Vergleich mit anderen Betrieben.

Auch die Berechnung der Kosten der Holzernte sowie die Investitionsrechnungen für neue Maschinen und Geräte sollten vom Landwirt laufend durchgeführt werden. Bedeutend sind auch die richtige Vertragsgestaltung beim Holzverkauf sowie die marktkonforme Gestaltung des Holzeinschlags.

Kennzahlen

Kennzahlen haben die Aufgabe, Vergleichswerte und Aussagen über die betrieblichen Kosten und Erträge zu liefern.

Für den bäuerlichen Waldbesitzer geben Sie aber auch eine Orientierungshilfe dwarüber, wie sich Kosten und Erträge der Waldwirtschaft – auch im Vergleich zum landwirtschaftlichen Betrieb – gestalten und entwickeln.

Einkommen pro ha Waldfläche = Gesamteinkommen Waldwirtschaft (Holzverkauf, Nebennutzungen) / Gesamtwaldfläche

Gewinn pro fm Holz = (Gesamteinkommen Holzverkauf – Gesamte Holzerntekosten)/ Gesamteinschlag

Durchschnittspreis pro fm = Gesamteinkommen Holzverkauf / Gesamteinschlag

Holzerntekosten = Maschinenstundensatz x Betriebsstunden

Tab.: **Anschaffungskosten, max. jährliche Betriebsstundenanzahl und Maschinenstundensatz ausgewählter Forstmaschinen**

Maschine	Neupreis in Euro	Jährliche Auslastung in Stunden	Maschinenstundensatz	fm/Betriebsstunde	Anmerkung
Motorsäge	800	200	6	2	2,5 kW
	1.150	200	8	2	3,5 kW
Harvester	400.000	2000	105	15	
Forwarder	370.000	2000	89	15	Nutzlast 14 t
Forsttraktor	97.000	600	37		70 kW
	135.000	600	48		100 kW
Krananhänger	32.000	400	19	4	8 t
	57.000	600	24	6–8	12 t
	67.000	600	29	8	Radantrieb
Seilwinde	10 000	400	8	2	40 kN Zugkraft
	23.000	600	14	2–4	60 kN Zugkraft
	33.000	800	18	4	80 kN Zugkraft
Kippmastanlage (Traktorgetrieben)	27.000	400	20	6–8	15 kN Windenzugkraft

Die Berechnung der Holzerntekosten ist eine der wichtigsten Kennzahlen für den bäuerlichen Waldbesitzer.

Dabei wird die Gesamtanzahl der Betriebsstunden sämtlicher Forstmaschinen, die an der Holzernte beteiligt waren, mit den jeweiligen Maschinenstundensätzen berechnet.

Beispiel:

Ein Landwirt führt in Eigenregie eine Durchforstung durch. Die geerntete Holzmenge beträgt 150 fm.

Zum Einsatz kamen die Motorsäge (Fällung, Aufarbeitung), die Seilwinde (Rückung) und der Forsttraktor (Transport und Polterung).

Motorsäge Betriebsstunden: 75
Seilwinde Betriebsstunden: 40
Forsttraktor: 60

Kosten Motorsäge: 75 x 6 = 450
Kosten Seilwinde: 40 x 8 = 320
Kosten Forsttraktor: 60 x 37 = 2.220

Die Gesamtkosten für die Holzernte liegen bei 2.990 Euro und pro Festmeter bei 20 Euro. Dabei ist aber noch kein Einkommen (Unternehmerlohn) für den Landwirt berücksichtigt, es handelt sich dabei lediglich um die Kosten für Treibstoff, Schmierstoffe und die Abnutzung der Maschine.

Verkauft der Landwirt das Holz für einen Durchschnittspreis von 52 Euro pro fm, so liegt sein Umsatz bei 7.800 Euro. Abzüglich der Holzerntekosten von 2.990 Euro verbleibt ein Einkommen von 4.810 Euro.

Investitionsrechnungen

Ob sich die Anschaffung einer Maschine lohnt, hängt vor allem von der be-

Für die meisten bäuerlichen Waldbesitzer ist der Einsatz der Motorsäge die wirtschaftlichste Variante bei der Holzernte. © Bernhard Henning/forestbook

nötigten Kapazität ab. Wirtschaftlich rechtfertigen lässt sich die Anschaffung einer Maschine dann, wenn durch sie nicht nur die Holzerntekosten sinken, sondern auch die vom Hersteller angegebene jährliche Betriebsstundenzahl annähernd erreicht wird. Wird die Maschine nicht verwendet, so ist durch die Maschine Kapital gebunden, das nicht ausreichend genutzt wird. Besonders kritisch ist das, wenn für die Maschine ein Kredit aufgenommen wird und neben der Kreditrate auch noch Zinsen zu bezahlen sind.

Gehen wir im vorigen Beispiel davon aus, das der Landwirt sich einen Kleinharvester anschafft, da er nicht mehr mit der Motorsäge arbeiten will. Die Rückung erfolgt weiterhin, wie gehabt, per Forsttraktor und Seilwinde. Die Holzmenge beträgt weiterhin 150 fm.

Harvester Betriebsstunden: 20
Seilwinde Betriebsstunden: 30
Forsttraktor: 50

Kosten Harvester: 20 x 105 = 2.100
Kosten Seilwinde: 30 x 8 = 240
Kosten Forsttraktor: 50 x 37 = 1.850

Die Gesamtholzerntekosten liegen bei 4.190 Euro und damit höher als zuvor. Durch den Harvestereinsatz hat sich die Arbeitsszeit deutlich verringert, da der Harvester nur 20 Stunden benötigte, um die Bäume zu fällen und aufzuarbeiten, im Vergleich zur Motorsäge, die dafür 75 Stunden benötigt. Auch die Rückung konnte schneller durchgeführt werden, da der Harvesterkopf das Holz besser neben der Rückegasse ablegen konnte.

Die Holzerntekosten pro fm liegen aber nun bei 28 Euro, und damit höher, obwohl schneller gearbeitet wurde. Das liegt an den hohen Maschinenstundensätzen des Harvester, der wesentlich mehr Treibstoff und Schmierstoffe verbraucht als die Motorsäge. Kurzum, die Holzmenge war einfach zu gering, um die Produktivität des Harvesters wirtschaftlich nutzen zu können.

Dies wird auch an den Betriebsstunden erkennbar: Von den 1.600 möglichen Betriebsstunden im Jahr wurden lediglich 20 benötigt. Der Harvester würde also den Großteil des Jahres ungenutzt in der Garage verbleiben.

Wer nun glaubt, dass dieses Beispiel nicht der Praxis entspricht, irrt: Gerade Anfang der 1990er-Jahre, als die ersten Harvester in Mitteleuropa Einzug hielten, gab es immer wieder Landwirte, die sich von der Produktivität der Maschinen blenden ließen und eine für die eigenen Bedürfnisse gänzlich überdimensionierte Maschine kauften.

Merke!

Bei der Anschaffung einer neuen Maschine ist also abzuwägen, ob die Leistung der benötigten Kapazität entspricht und ob sich dadurch tatsächlich auch die Holzerntekosten senken lassen.

Lohnunternehmer optimal einsetzen

Für viele Landwirte ist es Realität, dass aufgrund der Arbeitsbelastung durch den landwirtschaftlichen Betrieb nicht mehr genug Zeit für den Wald bleibt. Beim letzten Besuch im eigenen Wald hatte man das Gefühl, dass eine Durchforstung dringend notwendig wäre. Nur die Zeit dafür fehlt. Und wenn man ehrlich ist, ist man im Umgang mit der Motorsäge auch schon etwas aus der Übung. Also vergibt man die anstehende Arbeit im Wald an einen forstlichen Lohnunternehmer. Dabei gilt es aber, einige Dinge zu beachten.

Je genauer der Auftrag spezifiziert wird, desto leichter fällt es dem Lohnunternehmer, den Auftrag zur vollen Zufriedenheit des Waldbesitzers zu erfüllen. Dafür ist es aber notwendig, dass der Waldbesitzer selbst eine ungefähre Vorstellung hat, in welche Richtung sich sein Bestand entwickeln soll. Ist man sich dabei unsicher, so kann man die Hilfe eines forstlichen Beraters der Landwirtschaftskammer holen. Auch der Lohnunternehmer kann waldbauliche Vorschläge machen, diese sollten dem Waldbesitzer aber vor Beginn der Arbeit präsentiert und mit ihm abgesprochen werden. Folgende Punkte sollten auf jeden Fall im Arbeitsauftrag enthalten sein:

- Umfang des Auftrags (Fläche in ha)
- detaillierte Beschreibung der auszuführenden Arbeiten, wie Auszeige, Fällen, Entasten, Sortimentieren, Rücken, Poltern
- Bekanntgabe der gewünschten Blochlängen (4 oder 6 m)
- Zeitraum des Auftrags
- eine Vorabschätzung der anfallenden Holzmenge
- Bekanntgabe des Ortes, wo das geschlägerte Holz gelagert werden soll

Das Personal von Lohnunternehmern muss die persönliche Schutzausrüstung tragen.
© Bernhard Henning/forestbook

- Toleranzgrenze für Schäden am verbleibenden Bestand (je nach Bestandesalter zwischen 5 % im Baumholz und maximal 10 % der Stammzahl in Dickungen und Stangenholz)
- Regelung, ob bei nasser Witterung die Arbeiten eingestellt werden sollen

Die Kosten sind natürlich ein wichtiges Kriterium für die Auftragsvergabe. Doch Vorsicht: **Der günstigste Preis muss nicht zwangsläufig für die Entwicklung des Waldes günstig sein.** Beim Preisvergleich ist daher das komplette Arbeitspaket zu vergleichen und zu überprüfen, welche Leistungen im Detail enthalten sind.

Mundpropaganda ist immer noch eines der besten Argumente für die Auswahl eines Lohnunternehmers. Hat man jedoch keinen Bekannten zur Verfügung, der eine Empfehlung aussprechen kann, so muss man sich selbst auf die Suche machen.

In Zeiten des Smartphone hat praktisch jedes Unternehmen eine Homepage, von der man sich aber nicht unbedingt blenden lassen sollte: Ein professioneller Webauftritt sagt noch wenig über die Fähigkeiten bei der Holzernte aus und umgekehrt bedeutet eine langweilige Firmenhomepage noch lange nicht, dass der Lohnunternehmer sein Handwerk nicht versteht. Kann der Unternehmer Referenzprojekte vorweisen, so hilft dies wesentlich dabei, die Arbeitsqualität zu beurteilen. Vor allem wenn bereits staatliche Einrichtungen (Bezirksforstinspektionen) oder Großbetriebe zum Kundenkreis gehören. Wer besonders kritisch ist, kann auch nach der Telefonnummer früherer Kunden fragen. Oft gibt schon nur die Reaktion auf diese Frage Auskunft über die Arbeitsqualität.

Vergibt man die Waldarbeit an einen Dritten, so will man die Gewissheit haben, dass der Lohnunternehmer sorgfältig arbeitet und den Wald möglichst pfleglich behandelt. Daher ist die Frage nach seiner Qualifikation absolut berechtigt. Manche Unternehmer antworten darauf mit dem Hinweis, dass sie jahrelange Erfahrung haben.

Doch nur Erfahrung alleine ist nicht alles: Wer keine Ausbildung absolviert hat, schließt seine Bildungslücken nicht durch jahrelanges Pfuschen. Verfügt der Lohnunternehmer über Mitarbeiter, so ist ebenfalls nach deren Qualifikation zu fragen. Forstfacharbeiter, Forstwirtschaftsmeister oder Forstwart sind in Österreich staatlich anerkannte Ausbildungen, in Deutschland ist es der Forstwirt. Werden ausländische Arbeitskräfte eingesetzt, so muss zumindest der Partieführer über ausreichende Deutschkenntnisse verfügen.

Waldarbeit ist anstrengend, deshalb müssen laufend Pausen gemacht werden, um die Einsatzfähigkeit zu erhalten. Die Einhaltung der Pausen dient nicht nur dazu, Unfälle zu vermeiden, sondern auch, um die Arbeitsqualität zu erhalten. Je müder und unkonzentrierter ein Forstarbeiter ist, desto wahrscheinlicher ist es, dass Schäden und Unfälle passieren.

Manche Lohnunternehmer sind nur auf Teilarbeiten, wie etwa die Rückung, spezialisiert. Daher ist schon vor Auftragsvergabe zu klären, welche Arbeiten genau erledigt werden sollen.

Neben der Holzernte ist das Ziel eines Eingriffs im Wald die positive Entwicklung des verbleibenden Bestandes. Deshalb ist die pflegliche Arbeit bei der Holzernte absolut notwendig. Ein gewisses Maß an Schäden am verbleibenden Bestand ist nicht vermeidbar, trotzdem sollten sie die Ausnahme bleiben. Ist bereits Verjüngung im Bestand vorhanden, so ist auch auf diese Acht zu geben. Der Bodenschutz ist ebenfalls wichtig: Mittels Astreisig auf den Rückegassen kann die Belastung des Bodens gesenkt werden. Bei längerem Regen sollten Harvestereinsätze sowie die Rückung nicht durchgeführt werden, um Schäden am Boden zu vermeiden.

Das Tragen der persönlichen Schutzausrüstung (PSA) ist Pflicht und muss vom Lohnunternehmer gewährleistet werden. Dasselbe gilt für den Fremdschutz: Waldflächen, in denen gearbeitet wird, müssen korrekt abgesperrt werden, um Dritte nicht zu gefährden.

Vorgaben für den Maschineneinsatz

- Transport und Lagerung von Betriebsstoffen ausschließlich in dafür zugelassenen Behältern
- Radmaschinen müssen für komplizierte Einsatzbedingungen auf Nassböden und in Hängen mit Boogiebändern und Gleitschutzketten ausgerüstet sein
- Ausschließliche Verwendung biologisch schnell abbaubarer Hydraulikflüssigkeiten
- Mitführen genügend dimensionierter Ölunfallsoforthilfesets
- mindestens sechsrädrige Maschinen bei Rückungen
- auf Nassböden und in Hanglagen achträdrige Maschinen mit Boogiebändern und Gleitschutzketten
- Seilwinde mit lastangepasster Zugkraft und Funkfernsteuerung
- gefahren wird ausschließlich auf den Rückegassen, das Verlassen ist verboten
- Aufbau einer Reisigmatratze: Astmaterial und Wipfelholz sind möglichst quer auf der Rückegasse abzulegen
- ein Kurzprotokoll über den aktuellen Stand der aufgearbeiteten Mengen, gegliedert nach Sortimenten, ist jederzeit verfügbar
- markierte Z-Bäume sind bei der Aufarbeitung besonders zu schonen
- vorhandene Naturverjüngung ist weitestgehend zu schonen
- das Holz ist sorgfältig zu rücken, Schäden am verbleibenden Bestand insbesondere an den Randbäumen der Rückegassen sind zu vermeiden
- Vermeidung von Bruchschäden am geernteten Holz
- verkehrssichere Lagerung, stirnseitig bündig auf Unterlagen und vom Lkw-Kran zu erreichen
- die Polterung an oder zwischen Bäumen ist zu vermeiden
- Stammholz besserer Qualität (Wertholz) ist auf Anweisung des Auftraggebers einlagig zu poltern
- das Holzrücken hat der Holzernte unmittelbar zu folgen bzw. auf Weisung des Auftraggebers spätestens fünf Tage danach zu beginnen
- um tiefe Fahrspurbildung („Gleisbildung“) zu vermeiden, kann die Arbeit witterungsbedingt unterbrochen werden; nach Möglichkeit werden Ausweicharbeiten angeboten

Trau, schau, wem: Holzhandel hat auch viel mit Vertrauen zu tun. © Bernhard Henning/forestbook

Holzverkauf

Bereits vor der Holzernte soll sich der Waldbesitzer – unabhängig davon, ob er in Eigenregie arbeitet oder die Arbeit fremdvergibt – ein Bild davon machen, wie viel Holz anfallen wird und welche Sortimente anfallen werden.

Aufgrund dieser Informationen macht sich der Waldbesitzer danach auf die Suche nach einem – oder mehreren – Käufern. Selbstverständlich ist auch der nachträgliche Verkauf möglich, also nach der Holzernte. Allerdings ist dies nicht zu empfehlen, da der Waldbesitzer unter dem Druck steht, das Holz zu verkaufen, was erhebliche Auswirkungen auf den Holzpreis haben kann. Im Übrigen sollte die Möglichkeit einer **gemeinsamen Holzvermarktung im Rahmen eines Waldverbandes überprüft werden.**

Die Verträge sollten schriftlich ausformuliert sein, um keine nachträglichen Unklarheiten aufkommen zu lassen und um über eine gewisse **Rechtssicherheit** zu verfügen. Mündliche Verträge sind laut Gesetz zwar zulässig, sollten aber nur in Ausnahmefällen mit äußerst vertrauenswürdigen Geschäftspartnern geschlossen werden.

Die wichtigsten Bestandteile eines Vertrages:

Wer?
Angabe der Vertragspartner, Anschriften der Partner

Wann?
Zeitraum der Mengenbereitstellung, Fristen zur Holzübernahme und Abfuhr

Wo?
Ort des Einschlages / der Holzlagerung / der Übergabe an den Käufer

Was?
Baumarten, Sortiment, Dimension, Übermaß, Messverfahren, Güteklasse, ergänzt z. B. durch eine Holzliste als Anlage zum Vertrag

Wie viel?
Mengenangabe, Bezugsgröße (Mengeneinheiten, Lieferung frei Waldstraße), Toleranzen

Preis- und Preisgestaltung?
Preis netto / brutto, Besteuerung, Bezugsgröße (z. B. fm o. R., Rm m. R., tatro), Güte, Stärkeklassen, Zahlungsmodalitäten (z. B. Fälligkeit, Skonto, Zahlungsverzug)

Auch wenn die Holzernte fremdvergeben wird, sollte der eigene Wald laufend besucht werden, um einen Eindruck über die Waldentwicklung zu erhalten. © Bernhard Henning/forestbook

Mehr Informationen über die Vertragsgestaltung sowie Musterverträge findet man in den Österreichischen Holzhandelsusancen sowie in diversen Merkblättern der Landwirtschaftskammern und Waldverbände.

Flexibel bleiben am Holzmarkt

Gegenüber Forstbetrieben haben Landwirte einen großen Vorteil: Sie müssen kein jährliches Einkommen aus dem Wald erzielen. Und der Wald hat im Vergleich zu anderen landwirtschaftlichen Flächen den Vorteil, dass er nicht jährlich geerntet werden muss. Bäume sind langlebig und der Wald kann als lebendiges Lager angesehen werden.

Dadurch bekommt der Landwirt große Flexibilität, um richtig auf den Holzmarkt reagieren zu können. Dies betrifft nicht nur das eine oder andere Jahr, in denen der Holzpreis nicht zur Nutzung einlädt. Bei manchen Baumarten kann diese Lagerhaltung auch mehrere Jahre bis hin zu Jahrzehnten dauern. Seit einigen Jahren erzielt zum Beispiel die Buche schlechte Preise am Holzmarkt, teilweise ist sie gar nicht vermarktbar. Die Buche ist aber eine langlebige Baumart, die wenigsten 300 Jahre alt werden kann und gleichzeitig sehr sturmfest ist. Beste Voraussetzungen also, um eine Flaute am Holzmarkt auszusitzen. Und während dieser Zeit gibt es sogar noch Zinsen in Form von Holzzuwachs. Lässt man einen Buchenbestand 15 Jahre ungenutzt und führt nur die wichtigsten Pflegemaßnahmen durch – sofern waldbaulich notwendig – steigt der Holzvorrat während dieser Zeit durch den natürlichen Zuwachs an.

Als Landwirt darf man sich von dem häufig in der Forstwirtschaft gebrauchten Schlagwort der „überalteten Bestände“ nicht blenden lassen. Noch immer dominiert in der Forstwirtschaft die Umtriebszeit von 100 Jahren. Bestände, die älter als 100 Jahre sind, zeigen zwar einen geringeren Zuwachs, der Holzzuwachs geht aber nicht gänzlich zu Neige. Auch verlieren Bäume mit einem Alter über 100 Jahre nicht an Vitalität und sind noch in der Lage, Blätter und Samen zu bilden. Nur für die forstliche Planung, die von einer 100-jährigen Umtriebszeit ausgeht, sind solche Bestände überreif.

Es besteht also auch in über 100-jährigen Beständen keine Dringlichkeit, diese sofort zu nutzen, und auch bei erntereifen Beständen kann der Landwirt die Situation am Holzmarkt in Ruhe beobachten und bewerten. Ausnahmen sind Bestände, die für den Befall mit Rotfäule bekannt sind, sowie instabile Bestände, in denen mit Schäden durch Windwurf und/oder Borkenkäfer gerechnet werden muss.

© Bernhard Henning/forestbook

Pflegliche Waldarbeit

Die Holzernte ist der letzte Prozess im Zuge der forstlichen Produktion. Das Holz, welches über Jahrzehnte im Bestand herangewachsen ist, wird geerntet und nach der Bringung an den Holzlagerplatz vermarktet.

Deshalb sollte die **Holzernte möglichst pfleglich** durchgeführt werden. Wird das Holz während der Fällung, Aufarbeitung oder Rückung beschädigt, so entsteht nicht nur ein wirtschaftlicher Schaden durch die verminderte Holzqualität, sondern viele Jahre des Holzwachstums wurden ebenfalls in kürzester Zeit zerstört.

Je wertvoller die Sortimente, desto mehr Sorgfalt ist geboten: Während bei Energieholz Schäden durch die Holzernte kaum von Bedeutung sind, ist das bei Sägeholz sehr wohl der Fall. Speziell bei Laubwertholz kann ein schwerwiegender Schaden einen Verlust von hundert Euro und mehr pro Festmeter ausmachen. **Sorgsam umgegangen werden soll aber nicht nur mit dem Produkt Holz, sondern auch der Produktionsfaktor Wald soll durch die Holzernte keine bleibenden Schäden erleiden müssen.**

Zerstört die Forsttechnik den Wald?

Schon von Weitem riecht man stinkende Abgase und hört lauten Motorenlärm. Ein 18-Tonnen-Ungetüm bewegt sich mühelos durch den Wald und seine Radabdrücke sind im Boden deutlich erkennbar. Der zehn Meter lange Greifarm packt einen Baum nach dem anderen und schneidet die prächtigsten Fichten um. Kaum eine Minute braucht der Stahlkoloss, um hundert Jahre Baumwachstum zu beenden.

© Bernhard Henning/forestbook

Bei nasser oder feuchter Witterung dürfen Rückewege nicht mit Lasten befahren werden. Die Schäden, die dadurch am Waldboden entstehen, bleiben für Jahrzehnte bestehen.

Grundlage für eine pflegliche Waldarbeit ist der Einsatz moderner Technik und geeigneter Arbeitsverfahren. © Bernhard Henning/forestbook

Auf diese Weise wird der Einsatz moderner Forsttechnik in vielen Medien dargestellt. Die Holzernte wird einer Waldvernichtung gleichgestellt. **Auch wenn diese Darstellungen polemisch sind, stellt sich trotzdem die Frage, ob die moderne Forsttechnik nicht nur produktiv, sondern auch schonend und nachhaltig ist.** Erlaubt eine naturnahe Waldbewirtschaftung überhaupt den Einsatz von Harvester und Co.?

Ein Kahlschlag ist ein Bild der Verwüstung. Die frischen Stöcke, die zurückgelassenen Äste und Kronen sowie die Spuren der Rückung haben wenig mit dem harmonischen Bild vom Wald zu tun, das in den Köpfen vorherrscht. Vor allem für Erholungssuchende und forstliche Laien wirkt eine Nutzung des Waldes wie ein brutaler Eingriff in die Natur. Aber auch im Naturwald gibt es nicht nur Wachstum, sondern auch Zerstörung. Je nach Waldgesellschaft und Bestandesalter sterben Bäume großflächig ab. Insekten, Wind, Schnee, Lawinen, Feuer und Überschwemmungen zerstören laufend Wald.

Im naturnahen Waldbau gibt es die Tendenz, die Ernte an das jeweils vorherrschende Störungsregime anzupassen: In Skandinavien etwa werden großflächige Kahlschläge als naturnah angesehen, weil auch Waldbrände Waldflächen zerstören, die viele Hektar groß sind. In Mitteleuropa kommen großflächige Störungen vor allem im Gebirgswald durch Lawinen und Schneebrüche sowie Stürme vor. In Waldgesellschaften, die von Eiche, Tanne und Buche dominiert werden, sind eher kleinflächige Störungen die Regel. Daher sollten in solchen Wäldern die Eingriffe nicht großflächig gestaltet werden und eher Einzelstämme genutzt werden.

Wichtiger als das Aussehen eines Waldes nach einer Schlägerung ist die Frage, ob der Wald in seinen Funktionen gestört wurde. Es geht also darum, ob ein Eingriff negative Folgewirkungen hat, die das Wachstum der aktuellen und der kommenden Baumgeneration erschweren oder gar unmöglich machen. Dabei gibt es drei Fragen, die abzuklären sind:

- Wurde der Boden bei der Nutzung verdichtet?

Boogiebänder und Gleitschutzketten vermindern den Bodendruck. © Bernhard Henning/forestbook

- Sind die Schäden am verbleibenden Bestand so groß, dass dieser nun instabil ist?
- Wurden bei der Nutzung Betriebsstoffe, wie Hydrauliköl, und andere chemische Substanzen freigesetzt, die Boden und Vegetation gefährden?

Im Boden sind Wasser und Nährstoffe enthalten. Wird der Boden durch die Holzernte verdichtet, können die Wurzeln das Bodenwasser nicht mehr aufnehmen. Ebenso kommt es zu Problemen im Nährstoffhaushalt, da das Bodenleben durch die Bodenverdichtung beeinträchtigt wird. Verdichtete Böden nehmen auch Regenwasser schlechter auf. Um die Bodenverdichtung zu vermeiden, darf der Bestand nicht flächig befahren werden. Schwere Forstmaschinen, wie Harvester, Forwarder und Traktoren mit Krananhänger, sollen sich nur auf Rückegassen bewegen, um den negativen Einfluss einzuschränken. Aber auch entlang der Rückegassen ist mit dem Boden möglichst schonend umzugehen. Boden und Maschine befinden sich im Gleichgewicht, wenn der Druck, den die Forstmaschine verursacht, geringer ist als die Tragfähigkeit des Bodens.

Neben der Struktur ist vor allem die Bodenfeuchte entscheidend für die Tragfähigkeit. Die Bodentragfähigkeit ist für den Praktiker schwer zu bestimmen. Je trockener der Boden, desto tragfähiger ist er. Auch gänzlich vereiste Böden eignen sich gut für den Holztransport. Wird die Tragfähigkeit überschritten, kommt es zu einem Grundbruch des Bodens. Erkennbar ist dieser durch die Ausbildung tiefer Gleise und ausgeprägter Randauswölbungen. Ein solcher Boden ist geschädigt und kann über Jahrzehnte hinweg nicht mehr von Bäumen bewachsen werden. Ob der Waldboden fähig ist, sich von solchen Schäden zu erholen, ist innerhalb der Wissenschaft noch umstritten.

Um solche schweren Schäden zu vermeiden, setzt die moderne Forsttechnik ihr Augenmerk darauf, den von Forstmaschinen verursachten Druck zu verkleinern. Der Bodendruck ist umso geringer je

- größer die Radzahl,
- geringer der Reifeninnendruck,
- größer die Reifenbreite ist.

Aktuell produzieren die führenden Harvesterhersteller Modelle, die über 8 statt wie bisher über 6 Räder verfügen. Einige Hersteller verwenden auch Raupenfahrwerke. Diese haben den Vorteil, dass durch die wesentlich größere Aufstandsfläche der Druck geringer ist.

Eine weitere Entwicklung sind Boogiebänder. Dabei handelt es sich um Ketten die aus Stahlgliedern bestehen und um die Räder angelegt werden, vergleichbar mit Schneeketten. Mit ihrer Hilfe verringert sich der Druck ebenfalls.

In Osteuropa, wo es häufig an Erschließung mangelt, werden Flüsse als Wege genutzt. Neben der Belastung der Gewässer ist diese Art der Bringung auch zu unterlassen, da das geerntete Holz erhebliche Bringungsschäden erleidet.

Harvester sollen so eingesetzt werden, das ihre Kapazität auch den Ansprüchen entspricht.

Auch der Reifeninnendruck kann viel zur Druckverringerung beitragen: Wird der Reifendruck von 3,5 bar auf 1,5 bar gesenkt führt das bei gleichbleibender Last zu einer 70 % größeren Aufstandsfläche, wodurch der Boden weniger belastet wird.

Wie pfleglich ein Bestand genutzt wird, ist weniger eine Frage, ob moderne Forsttechnik eingesetzt wird, sondern vielmehr, auf welche Art und Weise sie zum Einsatz kommt.

Trotz der vielen Innovationen und Weiterentwicklungen gibt es noch Standorte, an denen Forstmaschinen an ihre Grenzen stoßen. So sind sehr steile Hänge sowie Waldbestände in Feuchtgebieten eine Herausforderung für die gängigen Forstmaschinen und sollten eher von Forstarbeitern mit der Motorsäge genutzt werden.

Bei der Holzernte, unabhängig davon, ob mit der Motorsäge oder dem Harvester geerntet wird, darf der **verbleibende Bestand sowie die Naturverjüngung nicht beeinträchtigt werden.** Besonders Rindenverletzungen wirken sich langfristig äußerst negativ aus, da sie eine Eintrittspforte für Pilze darstellen.

Bei Durchforstungen sind **Rindenverletzungen besonders kritisch:** Dabei sollen die Z-Bäume von ihren Bedrängern befreit werden und ihr Wachstum gefördert werden. Erleiden Z-Bäume dabei Verletzungen der Rinde, die durch Pilzinfektionen zu Holzschäden führen, war letztlich die gesamte Durchforstung kontraproduktiv. Dasselbe gilt für Eingriffe, bei denen die bestehende Verjüngung durch Auflichten des Kronendachs gefördert werden soll. Wird bei solchen Eingriffen die Verjüngung beschädigt, etwa durch fallende Stämme oder Wurzelverletzungen, dann ist diese Pflegemaßnahme letztlich erfolglos.

Neben einer vorrausschauenden Arbeitsplanung und geschultem Personal ist es auch notwendig, die richtige Forsttechnik einzusetzen, um den Bestand schonend pflegen zu können.

Bei Durchforstungen mit Harvestern sollen Modelle eingesetzt werden, die die richtige Dimension besitzen. Im Stangenholz hat ein Harvester mit

© Bernhard Henning/forestbook

Fichtenstamm, der durch die Fällung eines Nachbarbaums beschädigt wurde.

© Bernhard Henning/forestbook

Raupenfahrwerke vermindern den Bodendruck, dabei haben Harvester eine bessere Standfläche.

300 PS und einem Harvesterkopf mit einer maximalen Griffweite von 50 cm ebenso wenig zu suchen wie ein 100 PS Harvester im Altbestand. Auch sollen in Steillagen nicht die Einsatzgrenzen von Mensch und Maschine ausgetestet werden. Im besten Fall resultieren solche Risikoeinsätze in einem schlecht gepflegten Bestand, im schlimmsten Fall in einem schweren Unfall.

Es liegt am Waldbesitzer selbst, ob die Bestände pfleglich genutzt werden oder nicht. Wird in Eigenregie gearbeitet, so muss entschieden werden, ob man über das richtige Werkzeug verfügt und auch in der Lage ist, damit umzugehen. Vergibt man die Ernte an einen Unternehmer, so soll vorab geklärt werden, mit welchen Forstmaschinen die Arbeit ausgeführt wird, warum die Entscheidung auf die jeweilige Maschine fällt und über wie viel Erfahrung das Unternehmen verfügt.

Für den Betrieb von Motorsäge und Forstmaschinen werden Treib- und Betriebsstoffe benötigt, vor allem Benzin, Diesel und Hydrauliköle. Im Nährstoffkreislauf des Waldes sind diese chemischen Verbindungen Fremdkörper, weshalb ein **unkontrollierter Austritt vermieden** werden muss. Der Betrieb von Benzin- und Dieselmotoren bringt auch Abgase in den Wald.

Etwa ein Drittel des eingesetzten Benzins verbrennt bei Zweitaktmotoren, wie Motorsägen nicht, sondern gelangt als Abgas in die Umgebungsluft des Motorsägenführers. Dadurch ist er während der Laufzeit des Motors mit großen Mengen von gesundheitsschädlichen Stoffen belastet. Eine Abhilfe schaffen hier **Sonderkraftstoffe**. Mit ihrer Hilfe verringert sich der Schadstoffausstoß erheblich. Aber auch die Motorsäge selbst profitiert, denn durch Sonderkraftstoffe findet im Motor praktisch keine Korrosion statt.

Vorsicht ist auch geboten beim Umgang mit den verschiedenen Ölen. Sägeketten müssen ständig geschmiert werden, um einen reibungslosen Betrieb zu garantieren. Dadurch gelangen laufend Öltropfen in die Umgebung (Verlustschmierung). Ähnlich ist die Problematik bei den hydraulischen Anlagen der Forstmaschinen. Für den Betrieb werden mehrere Hundert Liter Hydrauliköl benötigt. Unachtsamkeit und defekte Schläuche können dazu führen, dass Öl in die Umwelt austritt. Deshalb sollten umweltverträgliche

Bäume mit Rücke- oder sonstigen Schäden, wie dem Stammbruch auf dem Bild, die entlang von Rückewegen oder Forststraßen wachsen, sollen belassen werden, damit sie als Abweiser dienen. © Bernhard Henning/forestbook

Hydrauliköle und Kettensägeöle auf Pflanzenbasis verwendet werden. Bei Unfällen mit solchen Ölen oder Lecks in Tanks und Schläuchen wird der Waldboden weit weniger belastet. Prinzipiell sollten Öl- und Treibstoffleitungen regelmäßig kontrolliert werden. Nicht nur der Umwelt zuliebe. Ein undichter Hydraulikschlauch beeinträchtigt auch die Produktivität und die Arbeitssicherheit.

Holzernte & Verjüngung

Wo gehobelt wird, da fallen Späne, sagt ein altes Sprichwort. Ein gewisses Maß an Schäden ist bei der Holzernte praktisch nicht vermeidbar. Trotzdem gilt:

> Boden und Bestand sollen möglichst nicht von Schlägerung und Rückung beeinflusst werden.

Durch die zunehmende Praxis der Naturverjüngung unter Schirm wird es immer wichtiger, nicht nur die aktuelle, sondern auch die nächste Baumgeneration vor Schäden zu schützen. Lässt sich die Holzernte so organisieren und durchführen, dass der Jungwuchs nicht geschädigt wird? Und wie reagiert die Verjüngung auf Schäden durch die Holzernte?

Folgende Schäden können bei der Holzernte auftreten:

- Niederdrücken und Brechen der Stämmchen durch die Last der geschlägerten Bäume
- Brechen der Stämmchen, Verlust von Blattmasse, Herausreißen und Beschädigung der Wurzeln durch Bloche, welche durch die Verjüngung gerückt werden.
- Brechen und Niederdrücken der Jungpflanzen, Wurzelschäden sowie Bodenverdichtung durch Forstmaschinen, die sich durch die Naturverjüngung bewegen. Im beladenen Zustand (Forwarder, Krananhänger)

Waldarbeit muss pfleglich erfolgen: Der verbleibende Bestand, der Boden und die Naturverjüngung sollen geschont werden. © Bernhard Henning/forestbook

Auch moderne Forsttechnik kann falsch eingesetzt werden. Selbst mit Boogiebändern darf auf so feuchtem Untergrund keine Forstmaschine eingesetzt werden. © Bernhard Henning/forestbook

sind die Schäden schwerwiegender als im unbeladenen.

- Niederdrücken und Brechen der Jungpflanzen sowie Verlust des Lichtzugangs durch Kronenteile und Äste, die während der Schlägerung auf der Naturverjüngung abgelagert werden

Pflegliche Holzernte zeichnet sich aber dadurch aus, dass die Schäden möglichst gering bleiben. Bereits durch eine **gezielte Planung** können allfällige Schäden verhindert werden. Mit einer guten räumlichen Ordnung der Schlägerung werden die Stämme neben oder an den Rand von Verjüngungskegeln gefällt.

Dasselbe gilt für die Anlage bzw. **Nutzung der Rückegassen:** Diese sollen so liegen, das die Stämme nicht mitten durch die Verjüngung gezogen werden müssen, wo sie den meisten Schaden anrichten. Ist die Verjüngung noch nicht über Kniehöhe, dann darf sie auch nicht mit dem Schlagabraum, wie Kronen und Äste, überdeckt werden. Die jungen Bäume verlieren dadurch den Zugang zum Licht, die Folgen reichen vom Zuwachsverlust bis zum Tod.

Das Befahren von Verjüngungsflächen soll gänzlich vermeiden werden: Nicht nur werden die Wurzeln sowie der Spross der Jungpflanzen beschädigt oder sogar abgetötet, sondern der durch die Forstmaschine verdichtete Boden kann ebenfalls zum Absterben von Bäumen führen, vor allem bei Arten, die nicht in der Lage sind, auf verdichteten Böden zu wachsen. Zudem muss damit gerechnet werden, dass beschädigte Wurzeln bei Jungpflanzen zum Absterben oder massiven Holzfehlern (Pilzinfektionen) führen.

Durch eine gezielte Planung der Holzernte kann ein Großteil der Schäden vermieden werden.

- Vor der Schlägerung ist eine Auszeige zwingend. Diese kann durchaus vom Maschinenführer durchgeführt werden: allerdings nicht von der Kabine des Harvesters aus, sondern beim Begehen des Bestandes.
- Positiv wirkt sich eine gute Feinerschließung aus, die eine geregelte Rückung möglich macht. Fehlt diese, so kann sie noch vor der Schlägerung angelegt werden.
- Der Schlägerungstrupp hält eine strikte Fällordnung ein. Gefällte Altbestandsbäume kommen auf den

Rückegassen oder in Bereichen ohne Verjüngung zu liegen.
- Je kleiner der Hieb desto geringer sind die Lücken, die in der Verjüngung entstehen. Günstig sind Hiebe, die unter 100 Erntefestmeter pro Hektar bleiben.

Neben diesen planerischen Maßnahmen gibt es auch noch waldbauliche Möglichkeiten, um Schäden bei der Holzernte zu verringern:
- Die Verjüngung ist stammzahlreich.
- Der verbleibende Bestand hat eine hohe Zahl von Altbäumen, die durch Naturverjüngung die Verluste ausgleichen können.
- Ehemalige Samenbäume, die sich zu Überhältern entwickeln, sollen möglichst problemlos aus den Verjüngungskegeln zu entfernen sein. Ist dies nicht der Fall, dann soll mit der Schlägerung der Überhälter so lange gewartet werden, bis die ersten Pflegemaßnahmen (Erstdurchforstungen) in der Verjüngung anstehen.

Aber auch die Qualifikation des Schlägerungstrupps ist mitentscheidend für das Schadensausmaß.

- Das Personal muss in der Lage sein, die Stämme gezielt und sicher in die gewünschten Fällrichtungen zu schlägern.
- Wird mit Harvester geerntet, so muss der Harvesterfahrer den Umgang mit der Maschine so beherrschen, dass er einen Teil seiner Aufmerksamkeit auch noch dem verbleibenden Bestand sowie der Verjüngung widmen kann.
- Alle im Einsatz befindlichen Maschinen müssen gewartet und in funktionstüchtigem Zustand sein.
- Die Dauer der Holzernte ist so geplant, dass das Personal ohne Zeitdruck arbeiten kann und die Pausen

Zu unterscheiden ist auch, ob die Verjüngung aus Zielbaumarten besteht oder es sich um Stellen handelt, wo Pionierbaumarten oder Mischbaumarten dominieren.

Bei der Verjüngung eines Eichen-Hainbuchenbestandes ist der Schaden an Hainbuchen sowie anderen Mischbaumarten, wie Birke oder Linde, als geringer zu bewerten als die Schäden an jungen Eichen.

Schäden bei Pflanzungen wirken sich meist schlimmer aus als bei Naturverjüngungen, da diese eher in der Lage sind, den Verlust selbst auszugleichen.

Bei Pflanzungen muss durch erneute Pflanzung nachgebessert werden, während die Naturverjüngung nicht immer genutzt werden kann, da es fraglich ist, ob die Zielbaumarten sich auch natürlich verjüngen. **Laubholzverjüngungen sind widerstandsfähiger als Nadelholzverjüngungen.**

Auch wenn die Verjüngung oft in der Lage ist, sich von Schäden durch die Holzernte zu erholen, so müssen auch mögliche Folgeschäden berücksichtigt werden. Beschädigte Wurzeln und Sprossabschnitte sind ideale Eintrittspforten für Pilzinfektionen. Auf Bruch des Leitsprosses reagieren viele Baumarten mit dem Aufrichten eines Seitentriebs, wodurch es zur Zwieselbildung kommt.

Die **langfristigen Folgen von Holzernteschäden** können daher **enorme Holzentwertungen** sein, wodurch die Verjüngung misslungen ist, auch wenn die Auswirkungen erst Jahrzehnte später sichtbar werden. Der Verjüngung muss daher bei der Holzernte ausreichend viel Aufmerksamkeit geschenkt werden.

Auswirkung von Schäden

Bei Tanne und Buche werden Verletzungen durch Rückeschäden im Bereich der Stammbasis offensichtlich wirksam abgeriegelt. Die entstehenden Störzonen bleiben räumlich eng eingegrenzt und Infektionen mit Wundfäule erregenden Pilzen erfolgen nur in geringem Umfang. Im Gegensatz dazu entwickeln sich bei **Fichte als Folge von Rückeschäden ausgedehnte Störzonen** mit reduzierten Feuchtegehalten im Splint. Diese können sich stark ausbreiten: Untersuchungen zeigen, das sich bereits 2 Jahre nach der Beschädigung einer Wurzel holzzerstörende Pilze bis über den Brusthöhendurchmesser auf 1,3 m entwickeln können. Das hat eine massive Holzentwertung zur Folge. Fällschäden sind bei der Buche schlimmer einzustufen als Rückeschäden, da Fällschäden offenbar in größerem Umfang von schädlichen Pilzen infiziert werden.

Tab.: **Toleranzgrenze an geschädigten Bäumen bei verschiedenen Holzernteverfahren in der Durchforstung**

Holzernteverfahren	Schäden am verbleibenden Bestand in %
motormanuell mit Seilwinde	5–20
Raupenharvester und Forwarder	15–20
Radharvester und Forwarder	5–15
Seilkran Sortiment	10–15
Seilkran Ganzbaum	10–25
händische Lieferung	20–40

Unmittelbare Zuwachseinbußen sind wohl nicht zu befürchten. Zwar ist es prinzipiell durchaus denkbar, dass sich mit Verletzungen der Rinde verbundene Heilungsprozesse und/oder Störungen im Bereich der wasserleitenden Gewebe auch auf den Zuwachs auswirken könnten. Dies müsste sich dann in der Folgezeit nach der Verletzung in Form abweichender Zuwachsverläufe im Vergleich zu Bäumen mit intakter Rinde ausdrücken. Darauf geben die Zuwachsanalysen jedoch keinerlei Hinweise. Vor dem Hintergrund dieser Befunde ist davon auszugehen, dass holzerntebedingte Rindenschäden nicht unmittelbar zu Zuwachseinbußen führen.

Rückeschaden © Bernhard Henning/forestbook

Auch wenn keine Zuwachseinbußen bei Rindenverletzungen drohen, so ist doch zu bedenken, das der Zuwachs an einem Holzkörper erfolgt, der mit großer Wahrscheinlichkeit durch die Rindenverletzung von holzzerstörenden Pilzen infiziert wurde. Dadurch wird ein Teil des Kernholzes entwertet, was letztlich auch durch gesundes, selbst sehr wüchsiges Splintholz nicht mehr ausgeglichen werden kann. Oder anders formuliert: Das Stammholz ist entwertet und daher ist der zukünftige Zuwachs an solch einem Holzkörper nicht mehr von Bedeutung.

Ob eine Behandlung eines Stammschadens lohnt, hängt von der Baumart und der Dimension ab. Für diese Birke wird sich eine Behandlung aus wirtschaftlicher Sicht nicht lohnen.

Behandlung von Schäden bei Laubbäumen

Im Gegensatz zu Nadelbäumen (Ausnahme Tanne) sind Laubbäume nicht in der Lage, Schäden am Stamm durch Harzfluss zu verschließen.

Für den Waldbesitzer sind Schäden an Laubholz deshalb besonders bedeutend: Neben dem fehlenden Harzfluss ist der wirtschaftliche Schaden bei guten Qualitäten auch wesentlich größer, da fast alle Laubbaumarten bessere Holzpreise erzielen als Nadelbäume.

Bis in die 1980er-Jahre wurden Stammwunden baumchirurgisch behandelt. Eine Reihe von Untersuchungen ergaben aber, dass eine Verfärbung des Holzkörpers sowie eine Fäule dadurch nicht verhindert werden kann, weshalb diese Praxis nicht mehr angewandt wird.

Neuerdings setzt man auf die Selbstheilungskraft der Laubbäume: Sowohl am Wundrand als auch auf der Wundfläche bildet sich ein so genannter Kallus. Dies ist ein Wundgewebe, das die Wunde verschließt. Der Kallus ist direkt mit dem darunterliegenden Holz verwachsen und es entstehen weder Verfärbungen noch Fäule.

In der Behandlung von Stammschäden an Laubbäumen gilt es daher, die Kallusbildung zu fördern. Erfahrungen zeigen, dass ein vollflächiges Einstreichen der Wundfläche mit einem Wundverschlussmittel diese baumeigenen Wundreaktionen unterstützen kann. Besonders lichtundurchlässige Kunststofffolie fördert die Kallusbildung.

Von den heimischen Laubbaumarten sind alle in der Lage, einen Kallus zu bilden.

Empfehlungen für die Praxis

- Die Behandlung erfolgt nur an Stämmen, die einen Durchmesser von stärker als 35 cm haben und über eine gute Qualität verfügen und keine sonstigen groben Holzfehler aufweisen.
- Die Behandlung hat rasch zu erfolgen, möglichst unmittelbar nach dem Auftreten des Schadens. Schäden, die älter als zwei Wochen sind, sollten unbehandelt bleiben.
- Vor der Behandlung des Anfahrschadens ist die Wundfläche großzügig mit Leitungswasser einzusprühen, um den Trockenstress der Zellen auf der Wundfläche zu verringern.
- Verschmutzungen auf der Wunde können verbleiben, da ein Säubern eine mechanische Schädigung der lebenden und noch reaktionsfähigen Zellen auf der Wundfläche bedeuten würde.

- Gelöste Rinde, die noch mit der umliegenden Rinde in Verbindung steht, darf nicht mit Nägeln befestigt werden: Bei dieser sehr gängigen Praxis ist die Gefahr groß, dass die Nägel vergessen werden und bei späterer Verarbeitung im Sägewerk das Holz als wertlos ausgeschieden wird.
- Wenn Holzteile (Splitter) aus der Wunde herausragen und eine enge Abdeckung der Wunde verhindern, sollten sie vorsichtig entfernt werden.
- Die Wunde nicht mehr baumchirurgisch behandeln, dadurch wird die Kallusbildung verhindert und die Wunde nur vergrößert.
- Frische Anfahrschäden sind mit einer lichtundurchlässigen Kunststofffolie bis ca. drei bis fünf Zentimeter über den Wundrand hinaus abzudecken. Die Folie wird hierfür mit Heftnadeln auf der Borke befestigt. Mehrere kleine, nebeneinanderliegende Wunden können mit einer großen Folie gemeinsam abgedeckt werden.
- Die Folie kann ca. ein Jahr nach Behandlung des Anfahrschadens abgenommen werden, da danach keine weiteren positiven Auswirkungen mehr zu erwarten sind.

Auf dem Weg zur erfolgreichen Holzernte.

Drohnen bieten aufgrund ihrer zahlreichen Einsatzmöglichkeit eine wertvolle und preisgünstige Unterstützung bei der Waldbewirtschaftung.

© Alex Juzhakov/shutterstock.com

Drohnen & Digitalisierung

Drohnen in der Forstwirtschaft

Drohnen gewinnen in der Forstwirtschaft zunehmend an Bedeutung und bieten zahlreiche Einsatzmöglichkeiten, die die Waldarbeit effizienter gestalten und den Arbeitsalltag im Forst erleichtern. Zu den wichtigsten Anwendungen in der forstlichen Praxis gehören:

Bestandsüberwachung: Drohnen können dazu verwendet werden, den Zustand und die Gesundheit von Wäldern zu überwachen. Sie können hochauflösende Bilder und Daten liefern, die es Waldbesitzern und Forstleuten ermöglichen, den Zustand des Waldes zu beurteilen, Krankheiten zu identifizieren und potenzielle Probleme frühzeitig zu erkennen.

Überwachung von Schädlingen und Krankheiten: Drohnen können helfen, Schädlingsbefall und Krankheiten in Wäldern zu erkennen. Durch den Einsatz von Wärmebildkameras oder anderen Sensoren können Drohnen abgestorbene Bäume, Krankheitsbefall oder Insektennester identifizieren, was es Forstwirten ermöglicht, gezielte Maßnahmen zur Bekämpfung dieser Probleme zu ergreifen.

Kartierung und Vermessung: Drohnen können genutzt werden, um präzise 3D-Karten von Waldgebieten zu erstellen. Diese Karten können Informationen über die Baumhöhe, -dichte und die -verteilung liefern, was bei der Planung von Forstmanagementmaßnahmen und bei der Erstellung von Bestandsinventaren hilfreich ist.

Brandüberwachung und -bekämpfung: Drohnen können dabei unterstützen, Waldbrände frühzeitig zu erkennen und zu überwachen. Sie können mit Wärme-

Bei Waldbränden liefern Drohnen für Feuerwehr und Waldbesitzer aussagekräftige Daten über Ausmaß und Entwicklung des Feuers.

© Andy Dean Photography/shutterstock.com

bildkameras ausgestattet werden, um heiße Stellen zu identifizieren und die Ausbreitung des Feuers zu verfolgen. Darüber hinaus können Drohnen bei der Koordination von Löscheinsätzen und der Überwachung der Effektivität von Brandschutzmaßnahmen helfen.

Forstliche Planung und Analyse: Drohnen können auch dazu verwendet werden, detaillierte Informationen über ein Waldgebiet zu sammeln, die dann für die Planung von Forstmanagementstrategien und die Analyse von Umweltauswirkungen genutzt werden können. Dies kann helfen, die Effizienz von Forstbetrieben zu steigern und gleichzeitig Umweltschutzaspekte zu berücksichtigen.

Überwachung der Holzernte: Drohnen können während des Holzeinschlags eingesetzt werden, um die Durchführung und Einhaltung von Forstpraktiken zu überwachen, wie z. B. die Einhaltung von Rodungsgrenzen oder den Zustand von Waldwegen und -infrastruktur.

Insgesamt bieten Drohnen eine kostengünstige und effiziente Möglichkeit, Forstgebiete zu überwachen, zu analysieren und zu verwalten, was dazu beiträgt, die Nachhaltigkeit und Produktivität der Forstwirtschaft zu verbessern. Angesichts der stetig fallenden Preise zahlt sich die Anschaffung einer Drohne als Hilfsmittel mittlerweile auch für kleinere Waldbesitzungen aus. Wesentlich hierbei ist aber, dass sich der Waldbesitzer über die rechtlichen Vorschriften informiert sowie ein klares Aufgabenprofil für den Drohneneinsatz entwirft.

Digitalisierung in der Forstwirtschaft

Die Digitalisierung spielt eine immer wichtigere Rolle in der Forstwirtschaft, da sie zahlreiche Möglichkeiten bietet, die Effizienz, Nachhaltigkeit und Sicherheit von Forstbetrieben zu verbessern. Hier sind einige Bereiche, in denen die Digitalisierung in der Forstwirtschaft angewendet wird:

Forstliche Informationssysteme: Digitale Karten und Geoinformationssysteme (GIS) werden genutzt, um Waldgebiete zu kartieren, Bestände zu inventarisieren und ökologische Daten zu sammeln. Diese Systeme ermöglichen es Forstmanagern, präzise Entscheidungen in Bezug auf Waldbewirtschaftung, Schutzgebiete und Nachhaltigkeit zu treffen.

Fernerkundung und Drohnen: Satellitenbilder und Drohnenaufnahmen werden verwendet, um großflächige Waldgebiete zu überwachen, Veränderungen im Baumbestand zu erfassen, Schädlingsbefall zu erkennen und Waldbrände frühzeitig zu identifizieren. Dies ermöglicht eine schnellere Reaktion und eine effizientere Bewirtschaftung.

Durch die Digitalisierung im Wald können zahlreiche Informationen per Knopfdruck zwischen Waldbesitzer, Behörde und Holzabnehmer ausgetauscht werden.

Digitale Werkzeuge für Planung und Management: Software-Anwendungen unterstützen Forstwirte bei der Planung von Pflanzungen, der Verwaltung von Beständen, der Berechnung von Holzerträgen und der Planung von Ernteaktivitäten. Diese Werkzeuge können auch helfen, Betriebskosten zu optimieren und den Einsatz von Ressourcen zu maximieren.

IoT (Internet der Dinge) und Sensortechnologie: Sensoren, die in Wäldern platziert sind, können Daten zu Bodenfeuchtigkeit, Temperatur, Luftfeuchtigkeit und anderen Umweltfaktoren sammeln. Diese Daten werden verwendet, um den Zustand des Waldes zu überwachen, das Risiko von Waldbränden oder Schädlingen zu minimieren und die Bewässerung oder Düngung bei Aufforstungsprojekten zu optimieren.

Holzverarbeitung und Logistik: In der Holzindustrie werden digitale Technologien wie automatisierte Sägewerke, Robotik und RFID (Radio-Frequency Identification) eingesetzt, um den Produktionsprozess zu optimieren, die Qualität des Holzes zu verbessern und die Rückverfolgbarkeit entlang der Lieferkette sicherzustellen.

E-Learning und Schulung: Digitale Plattformen werden genutzt, um Forstpersonal in den Bereichen Waldmanagement, Umweltschutz, Sicherheit und Technologie zu schulen. Dies trägt zur Weiterbildung und Qualifizierung der Mitarbeiter bei und erhöht die Effizienz und Sicherheit am Arbeitsplatz.

Die Digitalisierung bietet also vielfältige Möglichkeiten, die Forstwirtschaft nachhaltiger, effizienter und widerstandsfähiger gegenüber den Herausforderungen des Klimawandels und der Ressourcenknappheit zu machen.

AUS UNSEREM PROGRAMM

ISBN-978-3-7020-1564-0

ISBN-978-3-7020-1508-4

ISBN-978-3-7020-1723-1

ISBN-978-3-7020-0914-4

LEOPOLD STOCKER VERLAG
Graz – Stuttgart
www.stocker-verlag.com